空间规划的有效实践

Effective Practice in Spatial Planning

[英]珍妮丝·莫菲特（Janice Morphet）著

刘 颖 译

杨至德 审校

U0285447

中国建筑工业出版社

著作权合同登记图字：01-2021- 4728 号

图书在版编目（CIP）数据

空间规划的有效实践 /（英）珍妮丝·莫菲特
（Janice Morphet）著；刘颖译 .—北京：中国建筑工
业出版社，2024.5
书名原文：Effective Practice in Spatial
Planning
ISBN 978-7-112-29843-3

Ⅰ. ①空… Ⅱ. ①珍… ②刘… Ⅲ. ①空间规划
Ⅳ. ①TU984.11

中国国家版本馆CIP数据核字（2024）第094320号

责任编辑：戚琳琳
文字编辑：程素荣
责任校对：芦欣甜

空间规划的有效实践
Effective Practice in Spatial Planning

[英] 珍妮丝 · 莫菲特（Janice Morphet） 著

刘 颖 译

杨至德 审校

*

中国建筑工业出版社出版、发行（北京海淀三里河路9号）
各地新华书店、建筑书店经销
北京点击世代文化传媒有限公司制版
北京云浩印刷有限责任公司印刷

*

开本：787 毫米 ×1092 毫米　1/16　印张：16¼　字数：308 千字
2024 年 5 月第一版　2024 年 5 月第一次印刷
定价：**68.00** 元
ISBN 978-7-112-29843-3
　　（42345）

版权所有　翻印必究

如有内容及印装质量问题，请联系本社读者服务中心退换
电话：（010）58337283　QQ：2885381756
（地址：北京海淀三里河路 9 号中国建筑工业出版社 604 室　邮政编码：100037）

目　录

前　言 vii

缩略语 ix

作者和译者简介 x

第 1 章　什么是空间规划? **1**

导言 1

空间规划: 理论与实践 2

空间规划: 英国的做法 6

空间规划的起源 11

结论: 将它们都整合起来 17

第 2 章　英国空间规划系统的地方治理背景 **19**

导言 19

地方政府: 2000 年改革对规划的影响 20

结论 39

第 3 章　英国空间规划体系 **40**

导言 40

地方发展框架的组成部分是什么? 41

合理性测试（ToS） 62

结论 66

第 4 章　空间规划的证据基础　　　　　　　　　　　**68**

导言　　　　　　　　　　　　　　　　　　　　　68

证据为何重要?　　　　　　　　　　　　　　　68

证据收集与质量　　　　　　　　　　　　　　72

利用证据进行空间规划的综合方法　　　　　74

作为证据的协商过程　　　　　　　　　　　75

在空间规划中使用证据　　　　　　　　　　76

空间规划的具体研究　　　　　　　　　　　77

可持续性评估（SA）　　　　　　　　　　　84

基础设施　　　　　　　　　　　　　　　　86

将证据公开　　　　　　　　　　　　　　　87

结论　　　　　　　　　　　　　　　　　　88

第 5 章　社区参与空间规划　　　　　　　　　　　　**89**

导言　　　　　　　　　　　　　　　　　　　89

建立社会和机构资本　　　　　　　　　　　90

服务用户即客户　　　　　　　　　　　　　91

协商作为证据的作用　　　　　　　　　　　93

编制 LDF 的协商要求：社区参与声明（SCI）　93

协商方法　　　　　　　　　　　　　　　　97

让利益相关者参与其中　　　　　　　　　　107

规划援助的作用　　　　　　　　　　　　　108

结论　　　　　　　　　　　　　　　　　　109

第 6 章　营造场所：通过空间规划进行交付　　　　**110**

导言　　　　　　　　　　　　　　　　　　　110

基础设施转向　　　　　　　　　　　　　　111

准备交付　　　　　　　　　　　　　　　　114

共同制定基础设施交付计划（IDP）　　114

化散为整：循序渐进　　117

资金交付　　125

基础设施交付战略　　125

结论　　127

基础设施类别　　128

第 7 章　采用综合方法进行地方空间交付　　132

导言　　132

实现社会目标　　133

实现经济目标　　143

实现环境目标　　149

结论　　151

第 8 章　管理空间规划　　152

导言　　152

空间规划是否需要规划师进行文化变革?　　152

管理在有效空间规划中的作用　　155

技能　　159

项目管理　　160

绩效管理　　164

开发管理　　168

结论　　171

第 9 章　区域和次区域空间规划　　172

导言　　172

英国区域规划的欧洲背景　　172

英国特大区域　　175

次区域和城市区域 183

伦敦之谜 186

结论 187

第 10 章　苏格兰、威尔士和北爱尔兰的空间规划 **188**

导言 188

苏格兰 190

威尔士 194

北爱尔兰 199

结论：空间规划的发散系统还是汇聚系统？ 203

第 11 章　欧洲、北美和澳大利亚的空间规划 **206**

导言 206

欧洲空间规划的特点 207

欧洲以外的空间规划 217

结论 221

第 12 章　空间规划：这一切加起来意味着什么？ **222**

导言 222

空间规划的 7 个 C 223

空间规划的下一步是什么？ 227

参考文献 **228**

前　言

　　我的规划生涯开始于 1969 年 6 月，在随后的 40 年里，我一直以许多不同的方式和地点，以各种不同的角色——从业者、学者、首席执行官、中央政府顾问和顾问——讨论规划实践及其未来。在 1996~2006 年期间，我将注意力集中在地方政府上，当我回来更详细地研究空间规划时，我惊讶地发现这种关系变得如此密切。

　　通过 2007 年 RTPI（皇家城镇规划研究院）、CLG（社区与地方政府联盟）、GLA（大伦敦管理局）和约瑟夫·朗特里（Joseph Rowntree）基金会委托开展的空间规划有效实践（EPiSP）项目，探索这种关系的机会进一步显现，这表明了空间规划与新兴的地方治理架构的整合。它在提供名额方面的作用是核心，但理解这一点存在相当大的障碍。EPiSP 的报告指出这些问题，并就解决这些问题的方法提出了一些建议。正是规划咨询服务通过莎拉·理查兹支持的 EPiSPS 指导小组成员杰基·利斯克（Jackie Leask），开始解决这些障碍，并将我带回空间规划的核心活动。

　　本书阐述了空间规划的精神、目的、能量以及将综合交付方法带到各个地方的能力。它还确定了编制地方发展框架的正式流程，以及这些流程如何与合作伙伴关系相适应。本书将空间规划置于更广泛的治理背景下，并展示了我们这个时代的政策叙事是如何定位的。它集中于英国地方层面的空间规划，但也包括对其他空间尺度的讨论，尤其是区域和次区域。它还将英国的空间规划置于英国其他地区空间规划发展的背景下，在这些地区，区域和次区域尺度的实践正在演变。最后，它讨论了英国空间规划的起源，重点是交付，以及它对欧洲、北美和澳大利亚空间规划系统的亏欠。

　　如果没有 RTPI 前秘书长罗伯特·厄普顿（Robert Upton）的邀请，不会有本书的诞生，我感谢他给我这个机会，同时还要感谢许多其他人，他们提供了帮助，进行了令人振奋的讨论，并有机会发展我对空间规划的思考。其中包括 Bill Neill、Steve Barker、Will French、Marco Bianconi、John Pounder、Dominic Hewson、David Morris、Richard Blyth、Faraz Baber、Kay Powell、Tony Burton、Dave Shaw、Vincent Nadin、David Massey、Anne Doherty、Janet Beaumont、Matthew Carmona、Nick Gallent、Mark Tewdwr Jones、Cecilia Wong、Stephen Hill、Dru Vesty、Celia Carrington、Viv Ramsay、

Richard Ford 和 Nicl Williams。我还要感谢许多地方当局,我们在那里与规划师、其他官员、议员、地方战略伙伴关系成员和首席执行官讨论了空间规划、其工作原理以及如何实施。我一如既往地感谢我的家人,感谢他们一路的支持、鼓励和帮助。任何错误或遗漏都是我自己的。

珍妮丝·莫菲特
伦敦,旺兹沃思
2010 年 5 月

缩略语

AAP	地区行动计划	ESDP	欧洲空间发展展望
AGMA	大曼彻斯特当局协会	EU	欧盟
AMR	年度监测报告	FOI	信息自由
CAA	综合区域评估	GOs	各地区政府办公室
CDA	综合开发区	HCA	家庭和社区机构
CIL	社区基础设施税	IDP	基础设施交付计划
CLG	社区和地方政府部	IPPR	公共政策研究所
CPA	综合绩效评估	JSNA	联合战略需求评估
CPO	强制采购订单	LAA	本地协议
CSR	综合支出审查	LDF	本地发展框架
DETR	环境、交通和地区部	LDO	地方发展令
DfT	运输部	LDP	地方发展规划
DH	卫生署	LDS	地方发展计划
DPD	开发计划文件	LSP	本地战略伙伴关系
DTLR	交通、地方政府和地区部	MAA	多区域协议
EIP	独立人士的 EIP 考试	NLGN	新的地方政府网络
EiP	公开考试	NPF	国家规划框架

作者和译者简介

作者简介

珍妮丝·莫菲特（Janice Morphet）是一名规划师，其规划生涯开始于 1969 年 6 月，在随后的 40 年里，珍妮丝一直在许多不同的地点，以各种不同的角色——从业者、学者、首席执行官、中央政府顾问和顾问——讨论规划实践及其未来。

珍妮丝目前是伦敦大学学院（UCL）巴特利特规划学院的客座教授，也是 2012 年伦敦奥运会规划委员会的成员。作为一名学者和从业者，她的大部分时间都在研究空间规划及其与地方治理的相互关系。

译者简介

刘颖，毕业于天津师范大学，目前就职于天津市城市规划设计研究总院有限公司，高级规划师。作为城乡规划建设实践者，发挥 GIS 空间技术的专业优势，投身各级重点规划、评价与相关科研工作；作为天津市"131"创新性人才团队、天津市滨海湿地生态建设创新联盟成员，积极探索生态文明下的绿色生态、韧性城市、农林空间等创新实践。现已获得国家与省部级奖项数十项，发表论文十余篇，参编撰写专著 1 部，获得实用新型专利 1 项。

第1章

什么是空间规划？

导言

　　本书是关于英国空间规划的。英国空间规划的正式引入标志着 2004 年《规划和强制收购法》的实施，尽管关于空间规划作用的思想在此之前就已初具规模，此后还有了更大的发展。许多人试图定义空间规划，它常被描述为集成和关注交付。人们通常以为它源于欧洲空间规划的背景，但正如本书所示，英国的空间规划有着更国际化的起源。一种新的空间规划形式正在发展，可以描述为混合或过渡，在这种新兴形式中，它可能影响英国未来 10 年的空间规划。

　　2004 年，英国的空间转变标志着规划在地方治理结构中的作用发生了重大转变，从一套监管政策转变为一种交付机制。从 1979～1997 年，撒切尔主义多年来对市场的推动和对国家的破坏导致了规划的倒退。实现发展计划的提案主要掌握在私营部门手中，而在公共部门，经济危机意味着交付需要通过再生来实现。然而，无论是在 1947 年还是 1970 年，规划都被视为一种可靠的交付工具，尤其是在公共资助基础设施的支出和投资方面。从长远来看，1979～2004 年期间放弃直接交付计划模式可能被视为一个异常时期，历史将会证明这一点。

　　1979 年后，从交付到政策的转变留下了一个遗产，这个遗产将继续在整个系统中发挥作用。规划的积极作用和私营部门规划提案的前瞻性的剩余化，通常处于规划政策的边缘，意味着规划系统是在监管空间中进行的。一旦制定了政策和计划，系统中的重点就指向了维护这些政策和计划。开发商试图将它们扩展到极限，利用不完善市场条件的好处来自私营部门，在私营部门，打破计划政策可以大大提高土地和开发价值。

　　对许多规划师来说，规划的监管阶段是他们唯一的实践经验。在经济繁荣的地区，规划师将实施发展的作用留给了私营部门。除此之外，规划工作的重点是提取开发商盈余，以减轻开发的影响。在经济欠发达地区，主要是通过公共部门的复兴来引领开发建设。在英国，大多数地方政府内部及其之间的社会和经济差异都很大，因此，这两种发展方式通常是并行的。1979 年，大多数规划师受雇于公共部门，但到 2009 年，随着混合经济的发展，皇家城市规划研究所（RTPI）的更多成员受雇于私营部门，尽管他们中很多人仍然为公共部门的客户工作。2004 年引入空间规划时，并没有进行任何大张旗鼓的宣传。那些在所有空间尺度和所有部门参与执行新制度的人，对将要发生的事情毫无准备。作为回应，政府必须明确其在空间规划中的预期角色。同时，规划从业者正在开始发展这一新角色及其带来的相关活动。

然而，这并不是一个完整的故事。规划的历史是一个变化、进步的历史，有时还需要重新获得旧的技能和经验。规划的历史就是一个适应和变化的历史。规划的主线是改善地方，确保土地和建筑物的最佳利用，无论是通过开发还是保护，通过监管还是促进。重建导致交付的规划时代，特别是在 20 世纪 70 年代～90 年代，在当时是至关重要的，但潜在的邻避主义和英国中部对规划的反抗不仅代表着对变革的攻击，而且代表着更深层次的东西。令人担忧的是，这些地方已经成为次要市场。地方被认为不那么重要。那些不是变革重点的领域在某种程度上屈居第二，或者受到的关注较少。

规划的监管特征使人们有更少的时间考虑许多地方的个人决策的累积影响，除了那些有特定名称的地方，如保护区，规划的监管特性留给人们考虑个人对所在地决策的累积影响的时间更少了。空间规划可以在其新的角色中解决这一问题，这个角色，再加上新的发展管理方法，提供了一个"无处不在"的关键机会（Morphet，2007b）。空间规划汇集了关于场所的多种决策，无论是通过规划还是通过其他组织的活动，它建造的场所不仅仅是个人决定的总和。空间规划是这种塑造和建造场所方法的关键组成部分。

空间规划：理论与实践

空间规划有着广泛的理论基础，从将其定位于一般社会运动中的元理论到试图阐明什么是空间规划及其运作方式的中程理论。就本书而言，主要关注的是理解空间规划在其理论背景下的位置，然后确定如何使用这种理论基础来预测结果，特别是在实践中，理论的类型和作用各不相同，许多关于空间规划的著作可以被称为"直觉主义"或规范主义，基于一些自我证明的道德立场和公平原则，确定空间规划"应该"扮演什么角色（Alexander，2009）。沟通规划理论尤其如此，该理论将空间规划的关键作用确定为与包容性规划模式有关。它关注再分配，并强调话语分析，将其作为确定那些有不同权力机会的人的相对结果的一种手段。因此，该理论为一些人（如 Healey，2006；2007）所认为的规划应该是什么建立了一个模型。这是一个高层次的理论，通过案例研究方法发挥作用,尽管与操作背景下的空间规划的详细实践无关。在这些术语中,交际规划理论可以根据其中包含的关键原则,对空间规划的结果进行批判性论述。总的来说,它是有用的,是考虑规划的作用和目的以及评估其进步和改革的一种手段。

空间规划理论的第二种方法集中于其所涉及的政治维度,可以描述为结构主义。这是基于所有规划过程都具有基于阶级 / 权力关系的再分配结果的论点。这种规划理论的方法并不专注于过程,而是在理论框架内判断其是否成功。那些在政治背景下讨论空间规划理论的人更关心的是空间规划与政治过程在其中行使的分配杠杆之间的相互作用。这种理论方法既包括正式和非正式的政治过程,也包括拥有财产和其他主要资本资产的人以及做出具体决策的地方政客权力利益的作用。空间规划的政治解释提供了一个通常可以预测结果的模型,该模型基于关于权力问题的各种其他理论(Bevir 和 Rhodes,2003;Dryzek 和 Dunleavy,2009)。

空间规划理论的第三种方法基于治理中的决策。霍德(Hood)和彼得斯(Peters,2004)、波利特(Pollitt)和布科特(Boockaert,2004)等理论家认为,如果一个系统得到良好的监管和管理,如果决策得到更综合的行政安排的支持,而不是由具有不同和内在目标的独立组织做出,那么对个人来说,通常会有更好的结果。这种方法采取了一种“整体”或联合的方法,并认为公共政策和服务提供应该围绕个人和地方而不是由组织或行政原则来制定。这经常被描述为反映了空间规划中的有效实践用户和生产者对政策和交付的看法之间的差异。这种理论方法对空间规划的基础有着深远的影响。在许多方面,空间规划是最有必要和最有可能实施这种整体方法的方式之一,其重点是地方。整体方法可以被描述为水平整合,它通过将不同空间尺度的活动拉到局部处理这些活动之间的垂直整合问题。泰特(Tett,2009)将其描述为组织“晶格”,她认为这种晶格比筒仓或阶层更有弹性。

空间规划理论的第四种方法是将空间规划的可预测性作为地方和国家成果交付的一种模型。这种方法将再分配和公平这一更广泛的目标植入空间规划的优先权和为了确保某些具体结果的运作方式。在使用该理论的方法中,政府假设提供更多的住房将减少住房市场对经济增长的阻碍,而住房市场似乎降低了劳动力的潜在流动性(Barker,2004;2006;Gibb 和 Whitehead,2007)。然而,这种空间规划理论方法的一种更为成熟的形式假设,联合投资等具体行动将产生可衡量的结果,并对地方产生累积影响。然后,这就变成了一个空间规划的实证或实证模型,具有一系列具体且可测量的预期结果(Wong,2006)。

在考虑这些理论立场时,尽管空间规划经常不能满足整合了多标量行为的预期结果，但人们通常还是将其置于规范模式中（Albrechts, 2006）。这种方法假设规划者是实施者，他们用基于共享价值制度预先确定的方法做出了这些改变。然而，亚历山大（Alexander, 2009）和纽曼（Newman, 2008）持另一种观点。他们认为，一种认识到制度背景和实施者（包括规划者）动机的实证方法，能对规划的目标进行更好的评估。亚历山大认为，任何地区的人们都应决定什么对他们来说是最好的。空间规划在一个国家制定的框架内，提供了一种方法，以更好的交付场地。然而，它是当地对这种有价值的方法的使用和解释。纽曼认为：

> 我们建议，在强调当代规划实践的方法时，将重点从寻找理想的战略规划转移到更关注策略以及规划者对制度、政治约束和机遇的感知。

（2008：1373）

空间规划为积极实现变革提供了更多机会，但成功与否将取决于这些做法对地方的适宜程度，以及社区在选择这些行动时的参与程度。空间规划对证据库的依赖表明，交付可以整合在与社区和合作伙伴进行验证和三角化的本地解决方案中，而不是完全集中在监管环境中。

这四种理论方法都以不同的方式支持空间规划，但第三种和第四种方法目前更为突出。当考虑空间规划的实证主义版本在实践中的应用时，理解它将在什么样的环境中运行也很重要。政府还使用理论或元叙事解释和证明直接或通过他人采取的行动。

叙事学的选择通常会在基于人的叙事学和基于地点的叙事学之间摇摆。在撒切尔执政时期，政府的叙事是关于个人主义和国家限制个人进步的。个人是新自由主义的焦点，场所被认为阻碍了那些"市中心"人们的发展（Lawless, 1989; Imrie 和 Raco, 2003），而在撒切尔看来，个人主义的巅峰是拥有住房。同样的，人们认为支持地点的规划过程，让这种想要在绿化带或绿地选址的公司感受到了挫败感（Boddy, 1986; Hall, 1973），英国工业主要部分的重组是在没有任何追索权的情况下进行的。

在布莱尔政府的第一个任期，即 1997～2001 年，这种对个人的关注仍在继续。与地方的关系是"旧工党"大炮的一部分，在那里，必须不惜一切代价拯救地方，保护人们免受变化的影响。在追求健康和教育成果的目标时，布莱尔关注的是个人的潜力，他们如何才能更好地得到国家的支持，以及生活是否有了改善？在此期间，一些长期存在问题的"地方"通过社区更新得到了解决，但通过联合政府再次关注对个人及其生活机会的支持。

在布莱尔执政的第二个任期（2001～2004 年），开始从关注人转向关注地方，将其作为最重要的治理叙事（Morphet，2006；2008）。通过新的因地制宜的政策——"新地方主义"，人与地方之间的交集变得至关重要，并代表着一种 20 多年来从未发生过的地方性转变（Ball，2003；Corry，2004）。为什么在叙事学中的这种回归取代了个人主义？由于布莱尔在整个任期内一直是一名坚定的个人主义者，可以假设有更广泛的力量在推动这种转变。这种对地点的影响有各种来源。首先，有一种假设认为，个人主义可能只能自生自灭，个人主义无法解决剩余的社会剥夺、贫困和其他社会问题。解决这些问题需要当地文化的变革（英国财政部，2004）。教育程度低、旷课、犯罪、毒品和失业成为一系列难以通过个人手段解决的问题。那些可以得到帮助的人可能已经物尽其用。如何处理那些聚集在危房、贫困地区和家庭中的人？罗伯特·普特南（Robert Putnam）认为，社会资本作为一种影响本地化文化变革的手段，有着积极的作用（2000 年）。在这种概念的影响下，基于区域的方法得到了采纳。根据预测，有针对性的空间干预加上其他举措将产生有益的经济和社会成果。肯特郡的一项早期试验表明，跨机构干预可能会产生影响。阻止它的是组织的筒仓以及成本和节约的归属（Bruce Lockhart，2004）。

布莱尔第二任期的另一个关键问题是气候变化，特别是洪水。在 2007 年期间，发生了许多没有任何预警和超出现有风险评估参数的洪水事件（内阁办公室，2008）。为了应对气候变化，在所有空间尺度上的减缓和适应开发已成为政府优先考虑的问题。与此同时，对全球能源供应及其在国际安全政策中作用的日益担忧，使能源生产和潜在的自给自足政策成为人们关注的焦点（Wicks，2009）。这些问题对英国各个层面的空间规划都产生了影响。人们开始关注能源供应、水资源管理和消费。推动可持续发展、减少碳排放和实现气候变化的目标，也需要一种更本土化的经济方式，即在当地生产和消费商品及服务。英国的基础设施规划委员会于 2009 年成立，在政府指导下，该委员会独立确定国家重大基础设施项目，这是对诸如洪水等事件进行风险评估的另一个结果（CLG，2009f）。

这一议程的重要性，意味着它已成为政府审议的核心问题。内阁办公室、财政部和首相的交付部门对英国的未来规划进行了审查，结果可能并不令人意外，规划的作用更加全面了。这种转变必须在国家一级进行，因此空间规划名称的改变也标志着其作用和意义的改变。

空间规划：英国的做法

空间规划并没有一个大家都能认同的共同定义。作为一个概念，空间规划在不同的空间尺度上运作，在国家、地区和地方一级可以有不同的定义。"空间规划"一词在英国的引入，标志着与过去的明细决裂，并作为未来更广泛政策的指标。

"空间规划"一词的使用意味着"土地使用规划"的改变，过去的土地使用规划通常指的是土地的指定和使用。土地使用规划往往等同于监管性规划，是所有规划活动的基础。它也是限制性术语，意味着没有干预或实施，也没有脱离土地使用活动的分配性质，以及如何将这些活动与其他公共政策成果结合起来。"土地使用规划"一词本身的使用范围和含义主要是撒切尔主义的。另外，它也代表了一种明确的活动；这是规划师可以做的，当缩减其他类型的规划活动时，土地使用规划成为所有规划活动的基础。

继 2004 年《规划与强制购买法》之后，"空间规划"一词随后在规划政策声明 1（2005 年）定义如下：

> 空间规划超越了传统的土地使用规划，将土地开发和使用政策与影响地点性质及其运作方式的其他政策和项目进行了整合。这将包括可能影响土地使用的政策，比如，通过影响开发的需求或需要，但不能单独提出或主要通过批准或拒绝批准规划许可提出的政策，以及可以通过其他方法实施的政策。

因此，英国的空间规划被定义为包括这些更广泛的概念。正如纳丁（Nadin）在 2007 年建议的，任何对空间规划的定义都需要包含一些联合工作的假设，规划过程是决策和交付的纽带，决定了所有其他关于地点的政策事务的发生，并且还有其他作用，如：

1. 不同于土地使用规划，空间规划代表了一种范式变化；

2. 远景和政策目标的空间转换（经合组织，2001）；

3. 场地的质量；

4. 与整合相关；

5. 主要与交付有关。

空间规划是指公共部门主要用来影响未来空间活动分布的方法。

CEC 1997：24 引自阿姆达姆（Amdam）

需要考虑的一个关键问题是，为什么采用"空间"（spatial）这个术语，以及使用这个新术语对英国规划系统可能产生的影响。直到 2004 年，发展规划系统被描述为土地使用规划系统的一部分。

自 1991 年采用"以规划为主导"的规划方法以来，这种方法一直存在。该计划最初被视为一份政策文件，然后根据具体情况进行解释。它包括一些允许开发或保护特定地区的特定地点，但总的来说，它是一系列政策，这些政策共同提供了实现该地区未来目标的手段。然后根据任何特定地点或规划应用对这些政策进行解释。尽管规划师认为一些问题对交付很重要，但这些问题并未包括在这一过程中。其中包括按保有权考虑住房需求，而不是提供过高的住房目标。

这种形式的发展规划，并不涉及其包含的政策或拟采用的土地使用分配方案的交付。发展规划系统最初于 1947 年提出，后来于 1970 年修订，它作为一种制度来确定当地的投资需求，并为公共部门确定满足这些需求的资源。规划主要是一项干预性任务，包括通过各种工具执行发展规划的目标，包括综合开发区（CDAs）、土地集中和开发（包括强制采购订购单）（CPOs）以及行动区域的使用。在某些方面，正是这些过程在伦敦、利物浦和伯明翰等许多市中心地区的过度应用导致规划发生了变化。在这种变化下，伴随着就业政策的分散，产生了没有市场需求的荒地（Lawlish，1989）。

人们的这种担忧导致了一系列结果，包括由规划咨询小组（PAG）对 1947 年发展规划系统的审查（1968 年），以及随后在 1968 年《城乡规划法》和《发展规划手册》（1970 年）中对更具战略性的，指导投资的企业工具的审查。经济环境也发生了变化，公共部门用于住房开发和其他基础设施投资的资金正在枯竭。市中心地区成为人们的主要关注，尤其是当美国的"空心化城市"开始出现时（Neill，2004）。复兴和经济发展的作用，成为在地方一级实现干预的关键手段，虽然相同的工具仍在使用，但在市场和房地产主导的实施和交付方面有独特的作用。1969 年，《斯凯芬顿报告》发表后，规划师成为第一批支持公众咨询的专业人士之一。

在发展计划方面，PAG 和《发展计划手册》中提出的更具整体性的方法在 20 世纪 70 年代很难实现。在这 10 年里，世界遭受了一系列经济危机，英国不得不通过谈判从国际货币基金组织获得贷款（Morphet，1993）。

这些经济危机导致许多行业的结构改革，工厂关闭，失业率上升。这些变化发生在之前繁荣的地区，如西米德兰兹郡（Spencer），这是当时研究和政策倡议的主题，比如1978年的《内城区法案》。

尽管许多研究表明，在地方实施多项政策的影响产生了功能失调的影响，但不同的机构不愿意在一个协调的框架内工作，也没有可用的工具鼓励他们这样做。然而，在这一时期，基本上仍然坚持根据可持续原则管理发展的原则。大伦敦发展计划（1969年）和随后的莱菲尔德（Layfield）调查确定了伦敦各地基于公共交通节点的战略城镇中心。调查中的大部分辩论并非关于是否应该将中心指定为其他地点，因为地方当局认为（回顾过去是正确的），如果没有这样的指定，他们的中心的重要性和吸引投资的能力可能会下降。

撒切尔主义从1979年兴起，这意味着私营部门的影响力比1945年后的任何时候都大得多。规划系统越来越被视为经济增长的主要障碍，在20世纪80年代中期，玛格丽特·撒切尔（Margaret Thatcher）和当时负责规划的部长尼古拉斯·雷德利（Nicholas Ridley）即将废除。人们越来越多地通过规划上诉系统作出规划决策，而不是废除。国家政策允许城市边缘和绿地开发。市中心没有投资。人们认为，基础设施使用不足和人口滞留在某种程度上是造成这些失败的原因，但没有提供任何工具适应这些变化。到20世纪80年代初，时任政府高级成员的迈克尔·赫塞尔廷（Michael Heseltine）开始对内城地区采取不道德的干预措施，其中包括重建和"激进主义"。通过花园节、金丝雀码头和其他码头区开发的重建，开始提供一些发展就业和新地方的手段。其中一些举措是短暂的，比如利物浦花园节，大约30年后，该场地仍然闲置，但从这一时期开始，利物浦发生了其他变化。利物浦有信心在2008年赢得欧洲文化之都的称号。在其他地方，如盖茨黑德，在波罗的海 Flour Mills 创建了一个新的美术馆，横跨泰恩河的千禧桥获得了奖项，Sage 音乐厅和北方天使都提高了当地的自豪感，吸引了游客和其他投资到该地区。这种想法大多是从那时开始的。

规划申诉决定产生的规划结果可能导致投资不协调，并导致人们担心发展以不可持续的方式实现。这种更为零星的发展往往意味着大多数新住宅区无法使用公共交通或社区设施。人们越来越期望能开车上班。主要高速公路投资的完成，包括伦敦周围的 M25 和曼彻斯特周围的高速公路系统，导致了新的通勤模式，而两份工作和两辆车的家庭加剧了这种模式，因为双方都要长途出差，经常朝相反的方向。

1991年，政府引入了对规划系统的审查和规划主导的办法，确定了合适投资地点，并在地方一级进行更加协调的一种方式。在这种方法中，规划的作用极其简单；人们并没有期望它能交付或协调其他组织的投资。《2001年规划和补偿法》修订了《1990年城乡规划法》第 54a 条，规定在规划主导的系统中，空间规划在关于开发地点的决策和规划申请的确定方面具有重要地位（Cullingworth 和 Nadin，2006）。然而，这也取决于是否有最新的规划使其发挥作用。在此期间，规划的制定过程没有明显加快。人们为规划在提供更多住房用地和投资地点方面的作用担忧，这种担忧也造成了规划的延迟。政治家们发现，在地方一级推进计划并不受欢迎，而且可能导致选举失败。

在 1947 ~ 2004 年期间，通过发展计划的机制一直保持不变。它由开发计划准备的许多特定和正式阶段组成，最终导致公开考试（EiP）。在这里，规划中的提案和政策由一名独立的规划检查员通过对抗性程序进行了测试，他在准司法的基础上确定了每一个论点的是非曲直。尽管组织和企业参与了计划制定过程，但 EiP 成为辩论的主要焦点，即支持政策适当性的证据。住房数量及其与潜在开发地点的联系等问题是这一过程中关注的主要焦点。毫不奇怪，这些 EiP 经常需要几周的时间才能完成，而且时间和辩护费都很昂贵。

在 1991 ~ 2004 年期间，发展计划有两种形式。在实行单一地方政府的地区，制定了统一发展规划（UDP）。由于实行双层治理，县议会制定了结构规划，区议会制定了地方规划。这两个规划在地方一级共同制定了决策政策。这两种类型的发展计划都属于为每个地区编制的《区域规划指南》（RPG）中提供的区域规划背景。在截至 2004 年的这段时间里，RPG 越来越关注将要建造的新房数量以及这些新房的位置。尽管区域住房战略于 2003 年出台（ODPM 2003b），但在 2004 年及以后，RPG 越来越关注住房交付，而不是所有其他战略、经济和投资考虑，经常代表对新住房需求的集中看法，通过 RPG EiP 的政府办公室或小组表达。

《规划绿皮书》（DTLR 2001b）通过重申规划的作用，解决了体制改革的必要性。它总结了规划系统面临的关键问题：

- 复杂性——规划有太多的空间层，没有人能理解它；
- 速度和可预测性——人们认为该制度是监管性和消极的，无法确定开发的方向，从而造成了制度的滞后和低效；
- 共同体参与——人们和共同体感到被该制度剥夺了权力；
- 很少关注客户——在提供规划服务方面需要更好的技巧；
- 强制执行——对于那些回避规划程序的人来说，需要加强。

绿皮书提出了一个新的规划角色，该角色与地方治理结构的其他部分更加融合。

社区战略现在为地方制定了愿景，每个地方当局都有义务制定一个愿景（《2000年地方政府法》）。规划即将在积极和直接实现变革方面发挥新的作用。发展计划作为确定规划申请的独立政策文件的作用正在转变为空间规划过程。虽然当时很少有人注意到，但《规划绿皮书》与《地方政府白皮书》和《强有力的地方领导，优质的公共服务》（DTLR 2001a）一起发布，为未来的地方治理提供了组织背景。绿皮书是在早期白皮书《现代地方政府与人民的联系》（DETR 1998）的基础上创建的，它促进了地方一级各机构之间更大程度的联合工作。《2000年地方政府法》规定，促进经济、社会和环境的良好发展是地方当局的一项责任，还规定了制定共同体战略的责任——每个区域的愿景和交付文档。《2001年白皮书》延续了这种更加联合的方式，特别关注共同体战略和本地战略伙伴关系的作用。

本地战略伙伴关系是一个新成立的地方咨询机构，是通过强有力的正式建议，而非立法手段成立的。许多地方当局的政客不支持本地战略伙伴关系，因为他们认为本地战略伙伴关系是不民主的，是为了行使权力的竞争对手。然而，自2001年创建以来，本地战略伙伴关系在地方治理中变得越来越重要。

本地战略伙伴关系现在"拥有"大部分地方治理的领域，包括资源监督、咨询、绩效管理和审查（CLG 2008d）。它们现在还在发展规划的背景和运作方面发挥引领作用。

《2000年地方政府法》建立了一个将发展规划更加融入这些地方治理结构的进程。2001年出版的《地方政府白皮书》和《规划绿皮书》进一步强化了这一意图，尽管当时人们很少注意到它们（见方框1.1）。在规划绿皮书中指出：

> 新的地方当局政策和方案正在取代地方规划。地方当局必须制定《共同体战略》……此外，在更多的地方一级，还有复兴和邻近地区翻新的倡议。此战略的实施，比地方规划更灵活和包容。我们必须确保本地规划能更好地融入这个新框架，使它们成为土地使用和开发的交付机制，从而落实共同体战略拟定的目标和政策。

（§4.7）

将规划的作用转变为实现社区战略中制定的目标的原因，与《欧洲空间发展展望》（ESDP）（CEC 1999）中所述的欧洲规划模式，以及欧洲实施部门政策的空间方法更为密切。欧盟一直在通过领土凝聚力的概念发展其所有政策制定的空间方法，这一概念的影响力越来越大。但这并不是全部。与2000～2006年期间的所有公共政策的发展一样，也受到了包括南非、澳大利亚、新西兰、美国和加拿大在内的世界其他国家和地区的强烈影响，所有这些都成为英国空间规划的结合来源，英国空间规划是在 2004 年《规划和强制购买法》的《规划绿皮书》之后引入的。规划现在有了一个新的、综合的角色，即空间规划。

规划者专注于具体的规划过程，而不是理解规划被设计运作的背景的变化。正如奥尔门丁格（Allmendinger）和霍顿（Haughton）所说，1992 ~ 2004 年间实行的规划制度有三个"无法解决的矛盾"（2006：17），这些需要解决的矛盾如下：

- 制定和采纳的速度与公众参与；
- 详细的指示与灵活性；
- 承认现实世界的复杂性，同时希望规划实践中的简单性。

因此，将名称改为空间规划非常重要。它代表着与过去的决裂。它将规划重新转变为交付模式和整体作用。然而，这并不容易。更改名称没有得到沟通计划和再培训计划的支持。正如肖恩（Shaw）和罗德（Lord）指出的，这不仅涉及实践的变化，还涉及从业者和利益攸关者的价值体系的变化（2007：75-76）。

2005 ~ 2008 年支付给每个地方当局的规划交付补助金（PDG）用于通过更多的员工或新的 IT 系统提高规划服务在确定规划应用方面的绩效，而不是解决文化问题（Newman，2008；Alexander，2009）。虽然中央政府将绩效管理作为最重要的规划交付物，但 PDG 正是这样做的。对于规划在更广泛的治理体系中的作用，没有明确的沟通。正如政府举措可能发生的那样，情况最终是完整的，但具体举措和组成部分的不均衡交付可能会令人困惑，并推迟成功实施。英国的空间规划就是这样。

空间规划的起源

空间规划的作用现在被整合在更广泛的地方治理架构体系中，并发生了变化，更加强调交付，而不是源自 SCS 的政策领导力。2004 年引入的空间规划更正式地标志着这种转变，可以说，这种转变的根源不仅来自新的公共管理模式，也来自规划。这可能是因为许多国家对公共服务和交付的组成部分给予了更广泛的重视，而且新的综合组织仍在出现（Barca，2009）。

方框 1.1 《2001 年规划绿皮书与发展规划改革》

改革——2001 年绿皮书的重要议题

- 更及时的规划和决策过程，使规划机构能够积极塑造过程而不是报告结果。
- 一个更加包容和有效的参与和协商的过程，让公众对规划和决策更有信心。
- 与其他部门的决策者和利益攸关方进行更有效的合作，从而实现整体目标和联合政策。
- 在制定战略和政策以及管理变革方面，进行更积极、基于证据的论证。
- 注重在国家、区域和地方一级交付确定的、更广泛的优先成果，以便规划能够更有效地为更广泛的治理目标服务。

资料来源: Nadin，2007: 45

2004 年法案引入的综合空间规划的发展有三个不同的政策来源，创造了一种混合体，这种混合体现在成为英国整体空间规划的主导形式。这些政策来源于不同的传统和地域。第一个起源于欧洲，与空间凝聚力和整合政策有关。第二个主要以经济为中心，源自一个更大西洋主义的经济增长和复兴的观点（Brenner，2004）。第三个是利用规划系统对资产进行更系统的管理，包括开发商的捐款，南非、澳大利亚和新西兰广泛采用这种政策。在任何制度中，这三个组成部分都分别作用，但有时也会重叠和相互作用。在实践中，它们提供了一种理解英国正在进行中的规划功能和作用转变的手段。

人们认为，空间规划的起源及其整合的相关作用源于欧盟内部更广泛的政治和治理压力。正如格里森（Gleeson）所指出的（1998: 221），这种整合源于《单一欧洲法案》（1987）和始于 1992 年的监管协调，并正在成为欧盟政策发展的关键组成部分，如领土政策整合（TPI）（Faludi，2004；Schout 和 Jordan，2007: 836）. 在这种方法中，空间规划是将分层的空间政策纳入欧盟交付方案的一个重要组成部分，这些方案具有公开的欧盟来源，如 INTERREG 和结构基金；或间接的欧盟来源，如街区更新或运输项目。在英国，政策的纵向整合一直是土地使用规划制度的主要原则之一，纵向整合主要侧重于筛选区域和地方计划，并越来越多地通过绩效管理制度来实现国家目标（Hood，2000）。

自 2004 年以来，英国的空间规划过程也引入了横向整合，尽管人们还没有真正地讨论或理解这种整合作用。在新的制度中，横向整合以两种主要方式体现。首先，要求地方发展框架在相关政策方面与邻近地区保持一致和协调。这也延伸到提供服务和设施的范围，支持跨越行政边界的共同体（国家服务规划审查局，2005；2009）。最近，空间规划的成果被纳入 2008～2011 年的局部区域协议。

在这一模式中，地方当局在一个政策工具内以"定契约"的方式交付具体成果，其主要目的是实现各机构之间的横向整合，从而为地方交付具体成果。在这一过程中，空间规划与通过新的政府机构 [国家规划和住房咨询处（NHPAU）] 以及区域规划流程确定的区域目标更加紧密地联系在一起，但也与地方合作伙伴以定契约的交付形式横向联系在一起。

在这一举措中，英国规划的性质已经从一个通过对抗过程产生的规划，转变为一个通过在发展规划编制的早期阶段商定的，以合同形式交付的规划。地方规划当局已经从参与经过准司法程序检验的规划批准流程，转变为签订合同交付具体成果的流程。这些包括住房、减少二氧化碳和废弃物排放、改善获得公共服务的渠道等 198 项国家指标和地方目标。《地方区域协议》（LAA）由地方战略伙伴关系"拥有"，这种关系由来自私营、公共和志愿部门的利益相关者组成（CLG 2007c）。公共部门在这种关系中，有一些具体的作用和责任。首先，地方当局是"召集人"，其他公共机构有责任为《地方区域协议》的目标成果的交付进行合作。此外，本地战略伙伴关系对一些关键的流程进行监督，如任何区域的公共部门支出、《地方区域协议》的目标和磋商的完成情况。空间规划就这三项责任中的每一项，都对本地战略伙伴关系负有责任。这标志着与以前的制度相比，空间规划有了重大变化。在以前的制度中，地方规划制度通过纵向整合模式，通过公开审查发展规划的采纳情况实现区域目标。

人们很少讨论这种新的《地方区域协议》规划合同制度，该制度与更传统的地方规划形成和采纳模式一起继续实行。然而，规划采纳过程已经转变成一个本质上是"审问"的过程（国家服务规划审查局，2008），并侧重于行政测试而不是公开检查。如今，独立人士检查（EIP）是由一个独立的人（规划检查员）进行审查，出具关于规划"可靠性"的有法律约束力的报告。这些可靠性测试从 2005 年开始实施，并于 2007 年反馈了测试在实践中的使用，人们越来越清楚，这些测试的某些方面在实践中很少受到重视。在 2008 年发布的《规划政策声明》的修订版（CLG 2008c）中，这些测试被重新重视，并分为可交付性和灵活性两类。可交付性测试强调与基础设施规划的联系（同上：§4.8 和 4.9），需要证明合作伙伴和利益相关方能够交付，没有法律障碍，并且在不同的国家交付是一致的（同上：§4.45）。欧洲对空间规划的纵向、横向和整合运作的做法，可以在 2004 年法案的空间规划版本中找到，但它没有对目前正在发展的整体空间规划的作用提供完整的解释。

2004 年后，经济成为对英国空间规划作用的第二个主要影响。这是将空间竞争力与治理联系起来的国际趋势的一部分。正如布伦纳（Brenner）所说，这可以理解为"复杂的、跨国形式的政策转移和意识形态扩散的结果"（2003：306），尽管布伦纳将这种方法主要与西欧联系起来，但它也是经合组织的地方经济和《就业发展方案》（LEED）

的一个关键政策。英国政府对世界经济在英国，特别是在英格兰的运作方式的解释，已在若干报告（英国财政部，2004，2006）中给出，其中包括最近的《经济发展和复兴次级国家审查》（SNR）（英国财政部，2007a），并附有中央政府部门的 30 项交付协议，这些协议加强了对地方一级的经济在促进增长中作用的解释（英国财政部，2007c）。这种经济增长的方法被认为在地方一级管理中最成功的方法，它既鼓励更多的地方创业，又对在劳动力市场表现不佳的人施压，要求他们提高技能并就业。这些政策是根据对技能水平较低的人的社会成本的长期估计，以及希望在当地市场促进更可持续的生产和消费制定的。

尽管全球经济形势在 2007～2008 年间发生了变化，但地方经济增长作为一种政策工具得到了加强。英国地方当局被赋予了一项新的经济职责，并开始通过地方协调应对当前经济危机，在这一领域发挥一些引领作用。这种经济优先的政策正在空间规划中出现，特别是区域层面，区域战略将成为经济关注的重点（CLG 和 BERR，2008a；GLG 和 BIS，2009）。

空间规划的经济作用与其说是确定就业用地或相关基础设施的需求，不如说是提供更多住房的需要，这也是经济增长的主要障碍之一（Barker，2004；2006），尽管目前经济衰退，但其作用仍然如此。在需要基础设施的地方，主要是社会、有形和绿色基础设施在支持住房。尽管政府出台了非规划性的激励措施，鼓励地方当局支持新企业在其地区选址，然而这些都不代表对就业用地供应的担忧（英国财政部和 CLG 2009）。新的立法要求地方当局对其所在地区进行经济评估，并将建立次区域经济改善委员会（《2009 年地方民主、经济发展和建设法》）。在对次国家一级审查的答复中提出的两项措施，（CLG；BERR，2008a）似乎可能对空间规划的内容和重点产生相当大的影响，尽管仅通过这些手段，无法改善经济情况。同样的，空间规划将被整合到更广泛的公共部门治理和交付方式，而不是关键的整合机制。

对 2004 年后空间规划作用的最后一个，也可能是迄今为止最不被认可的关键影响，是来自布莱尔执政后期对公共服务的方法，该方法提出了公共服务提供价值多少的问题（HMG 2007a）。这次讨论的重点大多是教育和保健服务，但自 1997 年以来一直是政府对规划交付的持续关注，现在开始从不同的角度看待规划的作用。起初，人们对规划在确定规划申请方面的不佳表现，以及似乎未能为政府的住房需求项目提供足够的土地感到沮丧，现在，这种情况在澳大利亚和新西兰的实践中已经出现。不仅要求规划通过其正常的制定和开发管理过程带来实质的变化，而且必须在两个方面超越这一点。首先，是以更整体和"变革性"的方式管理基础设施的交付；其次，是实现私营部门投资者更一致的贡献水平。同时要求规划通过监管增加价值，在英国实践中使用"发展管理"取代术语"发展控制"，就标志了这一点。

正如毕晓普（Bishop）等人（2000：312）所指出的，当空间规划于 2004 年引入英国时，假设整合主要侧重于更广泛的政策目标，空间规划涵盖了许多活动类别（在实践中，这些活动可能会重叠），包括：

- 城市和区域经济发展；
- 影响城乡人口平衡的措施；
- 运输和其他通信基础设施的规划；
- 对栖息地、景观和特定自然资源的保护；
- 土地和财产开发利用的具体规定；
- 协调部门政策的空间影响的措施。

但几乎没有人期望空间规划会成为这些地方横向措施的一部分。

在英国，这一方法已转变为考虑规划所做的贡献，以换取其获得的公共资金（Morphet，2007b）。这通常解释为更详细地了解规划过程如何保持房地产价值、保护特定环境和确定新住房用地。人们开始询问："规划有什么公共价值？"

在这种方法中，通过公众对工作人员和民主进程的支持评估规划中的财政投资，该评估是以规划活动产生的财务和共同回报权衡的。

这一新的规划评估使其在利用现有资产和资源方面发挥了更积极的作用。目前，地方层面还没有计算所有三个部门的年度资本投资价值，这正成为综合空间规划任务的一个关键利益。到目前为止，规划在这一过程中的主要作用集中于开发控制过程，在开发控制过程中，它一直是实现开发商贡献的核心，尽管它更多的是一个零星的过程，而不是人们普遍认为的只有 14% 的新住宅促进了发展（审计委员会，2008b）。空间规划的可交付性作用与当地投资的管理有关，包括公共部门，而通过采用社区基础设施税或者对当前方法的更严格应用，发展贡献是过程中更系统的一部分。

更好地利用现有资产和投资也在中央政府层面实施，根据《公共服务协议》（PSA）20（英国财政部，2007c）的规定，现在要求政府部门每季度报告其资产使用情况。这一过程旨在使政府支出更加协调和一体化，并对公共部门资金流产生深远影响。

空间规划的第一步是通过基础设施规划，并对现有和新区域进行适当的规划（CLG 2008c）。它包括管理现有资源、公共部门投资和私营部门捐款。托蒂斯被添加为向不断变化的人口提供新公共服务的地点。此外，规划必须提供所谓的转型议程，即公共机构之间的联合服务提供，以提高公共服务效率并提高公民的可及性（英国财政部，2007b）。如图 1.1 所示，所有这些都可以看作是一种基于地方发展框架（LDF）的分层融资方法。

在英国，地方当局已经采取了更系统地收集发展捐款的方法，引入了"屋顶税"门户网站，如米尔顿·凯恩斯、阿什福德和切姆斯福德，所有这些都是中央政府支持的新方法的试点。这些方法预计将转化为社区基础设施税（CLG 2008e），该税在根据所有开发的规模和类型协商开发商贡献时建立了一致性。在这种新模式中，空间规划是以一种新的方式整合地面基础设施的交付以及金融投资。

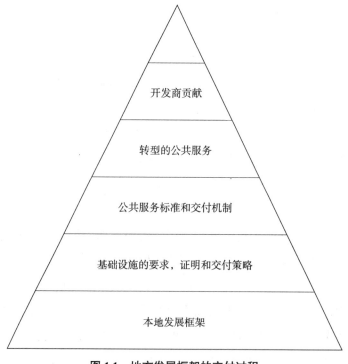

图 1.1　地方发展框架的交付过程

这种方法与澳大利亚类似，澳大利亚的开发贡献计划用于产生开发商的贡献，并根据 1979 年《环境规划和评估法》第 94 条及其修订版进行制定。开发贡献计划为贡献提供了一个行政框架，以确保提供公共设施满足新开发的累积需求，并确保现有社区"不会因未来开发所需的公共设施和公共服务的提供而负担"（悉尼市，2006：15）。开发贡献计划是在基线上制定的，以便保持或改进当前的标准。确定了特定地区的基础设施需求，并将"贡献计划中的工程分配给所有新开发项目，无论大小"，捐款计划还包括管理费。

结论：将它们都整合起来

自 2000 年以来，英国制定了规划系统改革并引入空间规划的方法，这些方法由内阁办公室的政府核心和负责规划的财政部领导。高级部长和领导官员在内阁办公室和财政部工作了一段时间，致力于改革，然后调到负责地方政府、住房和规划的部门，领导改革的实施。澳大利亚政治顾问和官员是制定公共服务改革的团队的一员。尽管政府对规划的兴趣最初源于对腐败的担忧（Morphet，2008），但它延伸到了住房数量交付的延迟以及规划对减缓经济的潜在影响。这一领先优势来自财政部，当房地产市场状况成为英国经济增长的五个关键测试之一时，财政部进一步产生了兴趣（英国财政部，2003）。

财政部的兴趣最初是通过凯特·巴克（Kate Barker）对住房的审查产生的，她曾是货币政策委员会的成员，2003 年被财政部任命对住房供应进行审查。2005 年，她受命对土地使用规划进行独立审查，这也是政府委托财政部进行的。与此同时，2003 年成立的首相交付小组正在对国家的作用进行研究，包括审查来自一系列国家的证据。这项工作是在 2000～2007 年间由公共服务改革办公室进行的，该办公室审查了改善公共服务中客户导向和提供的方法。此外，还有关于国家在不同空间尺度上的作用的研究（HMG 2007b）。

"交付"一词在这里至关重要，因为在 2004 年后的规划体系中，交付只是指在实地完成的开发，而非既可能实施又可能不实施的计划。所有关于 LDF 的政府文件都强化了这种交付作用，从业者和地方治理机构又迫使政府在政策文件中更加明确这一点。LDF 的稳健性测试（国家规划监察局服务，2005；2007；2008b；CLG 2008c）通过每一项测试强化了这一作用，无论应该有证据基础，还是 LDF 应该是可持续社区战略（SCS）的空间表达，以及与其他地方当局计划的必要一致性。这也体现在为引入社区基础设施税所做的准备工作中（CLG 2008e；2009g）。

将这种方法转化为各级政府是通过多种手段实现的，包括利用现有的未充分利用的资源——人员、财产、投资和场所。在地方一级，通过地方当局促进经济复兴的经济责任（CLG 和 BERR；2008a）以及国家指标集，表明了 2009～2012 年期间经济作用的优先性。尽管中央政府没有将其作为一个连贯的政策流进行沟通，但旨在将社会住房与工作联系起来的一系列基于地区的举措，确定了那些领取丧失工作能力津贴的居民人数最多的地区（英国财政部，2004；2006），向地方当局提供 14～19 次培训，并改善城市内的公共交通（Lucci 和 Hildreth，2008），这些都是实现这些总体目标的因素。

资本资产的使用也可能出现类似的活动流。目前，所有政府部门和机构都面临着卫生服务提供者管理其固定资产的压力，要求他们以有助于提供服务的方式管理固定资产。所有政党都支持这种方法，并将其推广到地方一级，特别是通过转型协议（英国财政部，2007b）。这种方法主要将公共资产视为向公民、企业和其他机构提供支持的手段，而不是"属于"任何一个机构或服务的资产（英国财政部，2009b）。因此，埃塞克斯郡议会最近提出的管理邮局的建议、区议会与肯特郡议会合作在阿什福德开发多个服务中心，以及威查文区议会的单一公共机构服务，都证明了这种以客户为中心的资产管理新方法。目前正在为所有空间尺度的公共和私人投资制定一个单一的资本计划，该计划将与实现这些变化的手段相结合。尽管该国不同地区的市场各不相同，但一个机构内部的差异可能与各地区的差异一样大，正是这种细粒度的方法，现在有望通过基础设施规划来获得投资，无论是通过使用公共资源还是开发商的捐款。

尽管很难确定构成综合空间规划的政策链是如何从这种联系中产生的，但很明显，在这一时期，政府在全球范围内广泛寻求成功的公共政策。结果是，空间规划方法与其他公共服务更加融合，重点是提供基础设施，成功与否将取决于它在地方一级提供更有效的公共服务投资的程度，这有助于实现该地区更广泛的目标。尽管这种方法与1947 年最初的规划重点有很大的协同作用，但它被打上了地方的烙印（Lyons，2007）。

第2章
英国空间规划系统的地方治理背景

导言

从 2000 年开始，很明显，地方发展计划将在社区战略设定的愿景范围内发挥作用，而不是期望这两个计划是平等和平行的，即不公开相互接触（Morphet，2002）。2000 年，地方政府权力和宪法的重大改革为规划活动创造了新的运作环境。它将规划政策的制定和交付与规划在确定规划应用中的监管作用分开。这些地方治理开启了一个变革的过程，将成为 2004 年《规划和强制购买法》的基础，并赋予空间规划新的作用。本章更详细地概述了这些变化，以便更好地理解 2004 年后空间规划的作用。新的立法包括 2007 年《地方政府和公众参与卫生法》、2007 年《可持续社区法》和 2009 年《地方民主、经济发展和建设法》等。

2004 年，空间规划作为重建规划系统的一部分引入，并成为地方治理结构的重要组成部分。空间规划的实施作用已在规划和地方政府的政策中详细阐述，例如 PPS 1（ODPM 2005e）和 PPS 12（CLG 2008c）、"共同规划"（CLG 2009a）和《2006 年地方政府白皮书》（CLG 2006a）。然而，很少有人考虑空间规划如何在这些新的安排中发挥作用，这些安排比以往任何时候都更紧密地结合在一起，以证据为基础，以地点为中心，并进行绩效管理。

在 2004 年改革之前，发展规划经常被视为与地方治理结构、合作伙伴和机构的其他部分相分离。它按照自己的节奏运作，其漫长的时间尺度和基于过程的方法常常使地方组织中的其他人不愿意与之合作。对过程的关注不可避免地掩盖了规划的作用和它可以作出的更广泛的贡献。缓慢的速度经常使组织内的其他人感到疏远。更重要的是，规划过程往往被认为采取行动的障碍，因此无法对当地情况的任何变化作出快速反应，例如，一个重点企业的关闭或与其他地区有竞争基础的新资金或投资的可用性。尽管有规划系统，但地方、区域和国家政府机构还是经常制定对策。

对于那些在 2004 年之前提供发展规划系统的人来说，使用专业语言和程序导致了分离和孤立。由于人们认为发展规划的战略贡献在减少，规划服务越来越多地纳入更大的组织活动团体中，以达到管理目的。规划服务部门的负责人经常从地方当局的管理团队中退出，因为他们的作用和贡献似乎更多的是程序性而非战略性的（CLG 2006a）。中央政府对地方政府绩效（包括规划服务）的压力增加，鼓励地方政府首席执行官将首席规划师的工作重点放在提高发展控制的绩效上。那些因失去地位、对规划系统采取基于规则的方法和更广泛的参与而感到沮丧的规划师经常离开规划，转而从事私营部门或其他公共服务角色（2007 年期间）。

规划在不断变化的地方治理环境中运作，尽管这一点在地方规划系统中并没有得到内化。这些地方治理改革的规模和程度增加了规划服务与组织其他部门之间的距离。长期以来，发展计划一直是该地区和地方当局的主要战略计划，但在 2000 年《地方政府法》之后，这一计划被每个地方当局都有责任制定的社区战略所取代。它从一开始就被认为是该地区的"计划中的计划"，这在《规划绿皮书》（DTLR 2001b）中也得到了认可。由于社区战略没有像发展计划那样有审查和通过的过程，许多规划者对其强大和日益增长的作用认识缓慢。然而，它要求有一个可持续性评估，作为一个总体的政策文件，保证该地区的优先事项和支出。

地方政府：2000 年改革对规划的影响

（1）行政和监管的作用

地方政府的改革意义重大，范围广泛（Morphet, 2008），是自 1997 年上台以来工党政府的重要议程，延续至今。改革计划在跨党派的承诺下继续进行，并被尼克·雷恩斯福德（Nick Raynsford, 2004）描述为从 2004 年起至少是一个十年计划。在保守党政府执政 18 年后，这是准备实施的一系列改革之一。其中一些改革，如苏格兰和威尔士的权力下放，在工党执政期间已经承诺了很长时间，现在正努力推进实施。对于地方政府来说，改革是由各种原因促成的，包括过去对地方政府在规划问题上的腐败的担忧，认为地方政府在不透明的"密室"环境中工作，社区的意见没有被系统地征求或考虑到。政府还担心，地方政府可能成为其致命的弱点，表现不佳，选举投票率低，这将破坏任何即将到来的国家选举的成功（Morphet, 2008）。正如 1998 年的白皮书所说：

> 人们需要为他们提供良好服务的议会。议会需要倾听、领导和建设他们的地方社区。我们希望看到议会与他人合作，为实现我们改善人民生活质量的目标作

出贡献。

要做到这一点，议会需要摆脱老式的做法和态度的束缚。议会为其社区服务有着悠久而自豪的传统。但是，今天的世界和生活方式与我们的地方政府系统建立时有很大差别。议会试图规划和管理大多数服务旧模式是没有前途的。它不能提供人们想要的服务，当今亦然。同样，那些故步自封的议会也没有未来——他们更关心的是维持结构和保护既得利益，而不是倾听当地民声和领导社区。

（现代地方政府与人民的联系，DETR 1998）

1997 年开始的改革方案最终通过了《2000 年地方政府法》。此后，每个委员会都有自己的书面章程和新的道德框架，都必须将行政部门的作用与其他职能分开，包括监管。后一种变化对规划有直接的影响。自 1888 年以来，每个委员会都通过一个系统运作，将权力从委员会下放给专家委员会。各委员会职责的具体分配由每个委员会决定，但在 2000 年改革之前，绝大多数委员会都有一个小组委员会，包括规划政策和规划申请。规划委员会的工作经常被分解，因此，规划政策和主要的规划申请由委员会审议，而大多数规划申请由小组委员会审议，小组委员会也可以为地方当局的不同地区设立。在 2000 年之前，大多数规划申请都是由规划委员会决定。

在《2000 年地方政府法》颁布后，议员的角色被划分为三个独立的要素，每个要素的权力都通过这项立法确定。新的治理模式的主要特点是将议会中不仅在地方当局而且在该地区作出决定和发挥领导作用的部分（称为行政部门）与议会的其他成员分开。行政部门可以采取多种形式，包括直接选举产生的市长或由最多 10 名议员组成的行政部门，或两者兼而有之。对于那些不再担任委员会决策职务的议员来说，他们的主要职能是监管、审查和选区议员，继续向议会提出其代表选区的意见和需求。由所有议员组成的议会作用是商定关键战略和计划，并批准预算。地方当局的管理现在更像一个三脚凳，权力分配给三个部分中的每一部分，而没有提供三个部分中的任何一个行使其他两个部分的权力。因此，理事会、行政部门（无论其形式如何）和审查的个人角色得已确立。

规划法规与规划政策的分离导致了现有规划委员会的解体。同时，在处理规划申请时，对速度和效率的追求导致越来越多的规划申请由官员根据当地的授权决策计划来决定。这些变化是非常重要的，但其背后的原因却不为人所知。行政部门和参与规划管理的议员之间的分离，是实施权力分离的一种手段，自 1997 年以来，政府一直在重塑权力。例如，这包括最高法院与上议院的分离（HMG 2007b），以及在规划方面，建立基础设施规划委员会（CLG 2009f）。第二个原因是，行政部门目前正在为当地发挥关键的领导和推动作用（见方框 2.1）。这种分离将使行政议员能够制定合作方式，促进当地的投资和发展计划，而无需为他们推动的计划给予规划许可。参与规划决策的议员们日益明确的行为准则也加强了这种分离（规划咨询处，2008e）。

然而，对于那些现在由行政部门组成的议员来说，在这个新的政治框架内有一定程度的不适应。后备议员感到受排斥，他们的游说以非正式的方式通过宣传媒介或咨询委员会纳入决策过程。尽管根据新的立法，允许行政成员行使权力，并迅速自行作出决定，但许多新的议会章程以某种方式复制了以前的委员会制度，行政成员经常在内阁会议上共同作出决定。

方框 2.1　地方当局行政人员的职责

行政部门的责任

- 将社区的愿望转化为行动。
- 向外界代表当局及其社区利益。
- 与社区各部门以及社区外的机构（包括商业和公共部门）建立联盟并开展合作。
- 确保有效实施其当选的计划。
- 制定政策计划和建议。
- 就资源和优先事项作出决定。
- 起草年度预算，包括基本建设计划，并提交给全体理事会。

资料来源：DETR 1998：§3.39

自 2000 年以来，地方当局行政人员的作用有所发展。通常，执行成员被描述为投资组合持有人，负责一系列需要共同运作的服务和活动。这一角色已经从以前的委员会制度下常见的单一问题领导转变为专题领导，如住房和再生、环境、邻里和场所。在某些情况下，这进一步降低了规划在行政部门考虑中的作用。对于规划者来说，负责规划的主要议员往往是主持规划委员会的人，在那里进行规划监管。发展计划和现在地方发展框架的要求，是行政部门交付作用的关键组成部分，但由于缺乏理解和关注，这些要求已经失去了意义。

所有这些变化都是缓慢而局部地演变的，没有真正考虑它们的影响。对于没有意识到正在发生的更广泛的变化的规划者来说，一直试图通过以其可以理解的方式运作，以应对这些变化。毫无疑问，随着地方治理体系的改变，这种缺乏平行发展的情况对公共和私营部门的规划者都有影响。在公共部门，特别是在地方政府，处理变化的需要有时被抵制或被视为地位的丧失。对于私营部门的规划者来说，他们对行政部门在促进和倡导该地区的变革和交付方面的作用理解较少。

行政机关的另一种形式是直接选举产生的市长。市长是一个人，他是这个地方的形象代言人，提供透明的问责制。

根据美国和欧洲的城市市长所发挥的作用，市长也被认为是激励支持和实现经济增长的一个基本特征。这种行政管理模式最著名的形式是自 2000 年以来在伦敦设立的直选市长。其他一些地方当局也选择了这种方式，尽管它没有获得预期的民众支持。在一些地方，直选市长与其他议员关系不佳，如唐卡斯特和斯托克。然而，各党派（CLG 2009d；保守党，2009）继续推动行政部门的市长方案，作为他们的首选方法，特别是对于大城市。2006 年《地方政府白皮书》（CLG 2006a）提出了这种模式的变体，即通过全体议员的间接投票，让一名直选议员成为议会四年任期内的领导人。最近，这种类型的治理模式被提议用于城市地区，与直选市长方案并列（CLG 2009d）。

在一些较小的议会中，仍然保留着 2000 年前的地方政府制度。在所谓的"第四种选择"议会中，《2000 年地方政府法》允许保留以前的制度。然而，2006 年的《地方政府白皮书》提出，采用第四种选择的地方政府应与其他议会一样进入相同的治理结构。一些第四选择的议会正在反对这一举措，并希望保留其目前的运作模式。在这些机构中，仍然有可能设立一个结合政策和监管的规划委员会，尽管在这些地区仍然有适用议员在做出规划决定时的其他准则。

在地区层面上，人们对议员守则在决定规划申请中作用的关注仍在继续。所有议员都必须将他们的个人和财务利益放在一个公开的登记册上，这些利益包括他们的近亲成员和任何商业伙伴或他们可能服务的社区组织的利益。对这一制度潜在的不确定性和规避风险的方法在地方层面产生了更严重的影响。由于未能理解将议员的促进作用和监管作用分开的必要性，导致一些地方当局没有执行 2000 年制定的议员规划职能的划分。这导致了地方当局在执行监管守则时的混乱。没有按照要求将执行委员和监管委员分开，而是保留了一个混合系统，引起了人们的关注，即执行委员不能积极主动地促进发展，毕竟他们也是监管者。

这降低了议会通过行政部门促进他们认为重要的变革的潜在效力，并经常使主要议员疏远规划事务，他们认为规划事务更多的是一种专业兴趣，而不是变革的主要动力。对规划感兴趣的议员经常被认为是对细节和过程感兴趣的人，而不是具有战略眼光的人。在规划监管委员会任职需要培训和许多时间的相处，包括实地考察的时间。对规划监管感兴趣的议员经常会形成一种纽带，这种纽带在一定程度上是由于他们对规划监管不感兴趣的同事们的嘲笑形成的。

（2）纵向一体化：目标的作用

2000 年实施的新的地方治理安排的第二个重要特点，是引入了更多有针对性的交付。这种纵向一体化的延伸主要是通过引入公共服务协定（PSAs）来实现的，该协定将各个政府部门与实现特定的结果联系起来。PSAs 的建立是为了实现财政部在全面支出审查（CSRs）的三年期限内制定的目标。PSAs 的目标与具体的绩效措施相关。对于一些政府部门来说，其绩效目标的实现取决于地方当局和其他地方组织（如学校和医院）。这导致政府部门为公共机构制定的绩效目标越来越多，包括警察、卫生领域的初级保健信托、学校和规划。这不可避免地导致了对政府部门和地方当局之间的垂直整合的关注，在这种情况下，越来越多的支出或设定结果的规定方式以及衡量标准得以确立。

直到 2006 年，《公共服务协定》目标的制定在很大程度上是由每个政府部门单独进行的。中央政府各部门都有各自的目标，它们内部或之间没有任何相互关系或相互依赖。不可避免地，传递给地方当局和其他地方机构的目标也是在一个孤立的框架内制定的。这导致了目标和绩效文化的应用，可能是相互矛盾和自相矛盾的。为关注地方结果而设定的目标更为成功（Van de Walle 和 Bovaird，2007）。通常会有一些不同的政府目标，以不同的方式衡量同一个结果，根据中央政府的说法，2005 年政府各部门有 14 个不同的衡量目标。

地方政府越来越关注这些个性化目标在地方上的影响。这些目标是集中制定的，必须在真实的社区内，通过与政府部门以不同方式划分的工作人员来实现。这些目标还经常伴随着对资金使用的限制，尽管资金的自由度和灵活性在不断增加，但一些政府部门为满足自己的目标而给资金戴上了"金手铐"。这大大降低了当地最重要的工作潜力。其他地方组织的情况也是如此。例如，警察可能有减少家庭盗窃的国家目标，而汽车犯罪在某个地区可能更受重视；关注国家目标会减少用于解决地方问题的资源。

由于 2000 年实行了新的管理制度，地方当局也在发生变化。各个地方政府的绩效每年都在提高，而在这种提高的过程中所承诺的自由似乎比以往任何时候都更加遥远。2004 年对地方政府进行了 10 年审查，这是加强地方治理的一部分。这个概念称为新地方主义，最初被认为是一种政治"时尚"，而不一定会塑造地方和中央政府之间关系的未来（Morphet，2006）。地方政府可能希望获得更多的权力，并且随着其绩效的提高产生了期望获得权力的权利。然而，地方对变革的渴望与一些中央部门公务员的观点之间存在着明显的差异，他们希望保持对他们所认为的"自己"的资金的控制，并实现财政部为他们设定的交付目标。大卫·米利班德（David Milliband，2006）创造的"双重权力下放"是由当时的副总理办公室、财政部和内阁办公室推动的，以加强地方主义。其他部门则以不同的方式展示某种下放的服务，但仍保留控制权（Blears，2002）。

这种有针对性的方法开始在规划中发挥更大的作用。通过交给负责规划的部门的 PSA 目标（ODPM 2002-2006），需要更多的住房交付。ODPM 提供资金以鼓励实现这些目标，并通过规划交付补助（PDG）支付给地方当局。规划局还负责提供更快速的规划监管服务，这也是使用 PDG 的重点。在这个阶段，发展计划在准备未来住房交付方面的作用基本上被忽略了。

（3）地方和地方主义

关于地方理论（Healey，2009）及其与空间的相互关联的意义（Soja，1996）已经写了许多文章——如果地方是确定的，那么空间就是概念性的，更多地属于想象中的社区（Anderson，2006）。地方可以被认可，生活在其中，但也可以通过正式的手段——障碍、门槛或距离，或通过阶级、性别或种族等非正式的手段进行排斥，成为"其他"。然而，地方是一个身份和认同的一个点；它们在人们的生活中是有意义的，人们花了很多精力改善他们或保持他们的原状（Neill，2004）。地方对于个人福祉也很重要，因为对某些地方的犯罪或其他反社会行为的恐惧会划出领地并排斥他人。

在过去 50 年的公共政策中，国家政策干预的参考点在人和地方之间存在着相互作用，尽管主要的政策模式总是伴随着对另一方的干预。在这一时期的大部分时间里，基于地方或地区的政策是最有效的方法，从教育优先区（1968 年）、改善区（1987 年）、住房重建区和邻里更新。对个人的关注产生了一些积极的结果，但单独的、全国性的目标所带来的更大的不经济性导致了资金和干预的孤岛，而这是从来没有想过的。人们寻求一种更全面的方法，这导致了作为关键政策决定因素的地方回归。

《2000 年地方政府法》赋予地方当局促进经济、社会和环境福祉的责任提供了一种关注地方的手段。审计委员会（2004 年）发现，由于多种目标和资金流经常相互矛盾，而且全国性的重点并不代表当地最重要的东西，因此地方当局履行这一福利义务的方式受到了阻碍。审计委员会将此描述为"驼峰式垃圾"效应，即政府对地方的分散方法必须在地方一级进行整合，以形成一个更加连贯和有用的方法。该报告还确定了地方领导层改善地方福祉的一系列关键方法，这些方法已经成为许多后续举措的基础框架（2004：3）：

- 根据当地的需求和机会，制定连贯的变革方案；

- 利用不同的资金流，而不受其驱动；

- 与社区接触，以确保干预措施对当地的关切作出反应；

- 充分利用所有部门的技能和资源，确保该地区有能力实现其雄心和优先事项；

- 从以前的活动中获取经验教训，并将其转移到新的干预措施中；

- 关注干预措施的可持续性，确保长期的主流化。

　　该报告影响了实现这些变化的方法。 第一个是在公共部门机构和国家之间制定了一个地方合同，以实现基于地方的变革。这是以 LAA 的形式出现的，并且是在早期的地方 PSA 方法的基础上进行的。第二个结果是 LSP 的出现，作为联合地方工作的协调中心。尽管这一方向的转变是明确的，但中央和地方机构也花了一些时间来理解，地方已经取代个人主义成为国家政策的主要驱动力，而且这将在地方而不是国家层面上得到实施。为了支持这种理解，还提供了进一步的说明。关于地方政府未来的里昂报告（Lyons，2007）指出，地方政府的关键作用是通过他们在地方层面对其他机构的领导和协调来"塑造地方"。在北爱尔兰重新实行权力下放，苏格兰和威尔士实行权力下放之后，里昂报告也为英格兰的地方政府确立了新的角色。里昂报告确定了地方政府在地方塑造中的作用的几个组成部分：

- 建立和塑造地方身份；

- 代表社区；

- 监管有害和破坏性的行为；

- 保持社区的凝聚力，支持社区内的辩论，确保弱势的声音也能被听到；

- 帮助解决分歧；

- 努力使当地经济更加成功，同时对环境的压力保持敏感；

- 了解当地的需求和偏好，确保为当地人提供正确的服务；

- 与其他机构合作，应对复杂的挑战，如自然灾害和其他紧急情况。

　　里昂将地方当局确定为其地区的召集人。这包括协调各机构和倡议，以提供一个更加联合的方法，解决问题和促进地方经济的发展。这种对地方的领导被认为是一种积极的作用，它基于愿景、证据、交付和召集所有参与实现更好的地方的人。里昂还认识到，公民和中央政府部门对地方政府的信任和信心都很低，这将使综合作用的发展更具挑战性。里昂认为，如果地方政府要发挥这种地方领导作用，在目前的体制下会面临相当大的障碍。这些障碍包括资源使用的灵活性有限、混乱的问责制和持续的服务压力，如对老年人的服务压力。里昂认为，实现更好的地方的另一个潜在障碍是，地方当局并不欣赏他们所拥有的可以用来促进和发展地方的工具的力量。在里昂看来，地方当局已经过度依赖中央政府的指导，有时，地方当局还利用这种依赖关系作为借口，采取政治上不受欢迎的行动。空间规划就属于后一种情况，特别是在提供新住房、废物处理设施和新建道路方面。

里昂关于地方政府的报告代表了英国地方政府的新宪法方案。它提供了一个安全的角色，并确定地方当局是在地方一级负有领导责任的人。这是对地方政府是中央政府的执行部门以及其所有活动都由立法控制的观点的重大改变。将"地方"确定为这种政策叙述变化的执行工具是非常重要的。它也支撑了空间规划的大部分内容。在确立了地方政府的机构角色之后，又发布了《地方政府白皮书》（CLG 2006a），即《强大而繁荣的社区》作为地方塑造方法的第二个实施手段。白皮书的重点是地方和生活在其中的社区，被描述为未来的"新定居点"。它还引入了一种越来越"自下而上"的地方工作方式的观点。这与辅助性测试的概念相近，辅助性测试也已成为地方提供服务的一个潜在的重要工具（Hope 和 Leslie，2009）。对于一个高度集中的国家来说，在1997～2004 年期间，制定和应用目标等工作，代表了重大的变化。它标志着摆脱了制定和执行政策的集中化方式，并认识到继续集中化会适得其反。它还未能与地方文化和实现变革和改善所需的行动证据联系起来。现在，地方化已经成为一个得到各党派政治支持的概念。保守党为 2010 年的大选进行了自己的政策审查（保守党，2009），在思想上更进一步。

那么，空间规划在交付场所中扮演什么角色呢？白皮书确定了空间规划的作用，它将"土地使用、经济和社会发展、交通、住房和环境作为这种地方塑造方法的关键基础"（§4.55）。每个地方都面临着不同的挑战，政策要更加本地化。这进一步发展了空间规划作为一个横向整合工具的作用。

（4）横向整合：联合的公共部门

地方化原则的应用和将地方作为主要的政策驱动力，导致了大多数地方当局内部工作方式的改变。地方当局与合作伙伴的工作方式也发生了变化。地方当局保留了对其工作的法律责任，但现在是由它召集的 LSP 对该地区内的地方机构的关系和表现负责。这些变化出现在 2007 年的《地方政府和公众参与卫生法》中。这些变化对地方当局的影响是巨大的，许多地区正在制定一个更综合的方法以进行地方交付。对地方的关注和摆脱以筒仓为基础的目标的需要，带来了对地方机构间横向整合的新关注。目标仍然是推动这些变化的手段，但它们已经减少到每个地方当局地区的 198 个，其中许多需要跨机构合作才能成功。

LSP 是本地横向整合的核心。LSP 是一个非法定机构，鼓励地方当局从 2001 年开始建立。LSP 是所有关键的地方利益相关者会面的地方，他们决定如何通过各自机构的行动，并越来越多地联合起来，改善该地区的成果。LSP 由地方当局召集，尽管可能有一个来自合作伙伴的主席，如警察局、卫生或私营部门。2001 年发布了关于地方政府服务计划如何运作和建议成员的非正式指南。此后，2007 年的《地方政府和公众参与卫生法》规定，地方政府服务局的公共部门成员有义务相互合作。这种合作的义务现在已经扩展到学校。LSP 不是一个法人团体，没有自己的员工，尽管会有员工支持它。

自 2007 年法案以来，LSP 被赋予了一些关键的领导责任，包括：

- SCS；
- 地方区域协议（LAA）；
- 综合区域评估（CAA）；
- 资源概述和调整；
- 联合使用证据；
- 协商；
- 绩效管理；
- 认真审查。

LSPs 需要有一个由决策者而不是地方负责人组成的执行委员会，以及由所有部门的成员组成的跨领域的专题小组（CLG 2008d）。LSPs 的这些新职责于 2009 年 4 月 1 日生效，许多 LSPs 可能还不符合这些工作安排。这一点通过 CAA 进行评估，其中审计委员会（2009a）审查了地方的成功联合工作，以满足当地的需求。随着时间的推移，地方政府的做法可能会趋于一致。

LSPs 的作用是收集证据，确定在该地区需要如何做、做什么以及由谁来做。这个证据基础是由在该地区工作的所有组织的贡献组成，包括调查、数据分析、审查报告、教区计划和咨询报告。SCS 是一个 20 年计划中表达这种愿望和行动相结合的地方（CLG 2008a）。在新的地方治理结构中，是 SCS 提供了总体框架，取代了规划者传统上确定的发展计划的作用。地方战略计划在地方一级的作用仍在进行中。一些政府部门，特别是卫生部（DH），已经了解地方战略计划在管理资源方面的权力，并开始鼓励卫生部门领导在一些关键的地区主持地方战略计划（CLG 2008b）。

地方政府对地方服务局的一些反对意见，是基于 2001 年首次引入 LSP 时对失去控制的担心，但自从明确了地方政府的"召集"作用后，这些反对意见已经减少了。虽然对缺乏民主授权的批评仍然存在，但地方当局对卫生、警察局和其他公共机构的监督权正在增加。2007 年的《地方政府和公众参与卫生法》中规定的公共机构的合作义务也将产生一些影响。这种地方方法的最后一个组成部分是要求政府部门有"移交的义务"，将中央国家的活动移交给地方，从而体现出辅助性的实际应用（Hope 和 Leslie 2009）。正如 Bounds（2009）所言，这种通过城市区域将地方政府和机构之间进行横向整合的地方一体化趋势正伴随着逆向工程，因为城市区域可能开始运行在地方一级运作的中央政府服务。一个类似的倡议正在通过总体位置（Total Place）（HM Treasury，2009a；Morphet，2009c）制定，其目的是通过类似的横向和纵向整合应用来提高所有公共部门提供者之间的效率。这种方法旨在减少英国中央国家的规模，使之与苏格兰、威尔士和北爱尔兰更具有可比性。

这种地方横向整合的方法伴随着三个新的相互关联的制度，这些制度都是由目标驱动的。它们也都对空间规划产生了重大影响。这三个制度是：

（a）地方区域协议（LAAs）

LAAs 是中央政府和地方之间的"合同"，以地方战略伙伴关系为代表。每个地方有多达 35 个单独的目标，地方政府及其合作伙伴承诺在三年内实现这些目标。每个目标都有一个高级责任人（SRO）和一个交付计划。高级责任人和为某一特定目标工作的人不一定包括地方当局。这些目标涉及许多问题，包括健康、减少二氧化碳、独立生活等，每个地区都可以在社区网上看到。每个 LAA 都有与实现 LAA 选择的 35 个特定目标相关的数字目标，这些目标可以在相关网站上看到。

LAA 现在是空间规划过程的一部分，地方当局必须证明开发计划是如何实现 LAA 的（CLG 2008c）。这包括所有的目标，而不仅仅是那些具有明显规划相关性的目标，例如提供额外净住房（NI 154）、额外经济适用房总额（NI 155）和可用住房场地（NI 159）的目标。诸如那些专注于减少肥胖或积极参与体育活动的目标可能对提供足够的体育和休闲设施产生影响。二氧化碳减排目标将通过土地使用分配和政策来实现。

（b）国家指标

每个 LAA 中规定的目标都来自于一套 198 项国家指标。除了交付 LAA 之外，地方当局还必须每年根据这些指标监测其进展情况。

（c）CAA（或一个地方）

审计委员会从 2009 年起通过 CAA 评估地方当局及其合作伙伴在实施 LAA 和实现国家目标方面的进展情况（审计委员会，2009a）。这种方法沿用了类似的本地基于绩效的系统，如最佳价值（Carmona 和 Sieh，2005）和综合绩效评估（CPA）。与"最佳价值"（Best Value）和"综合绩效评估"（CPA）不同，CAA 将提供有关该地区和地方当局的报告。以地区为基础的报告表明了各机构如何合作应对他们面临的问题。它还将审查如何将资源一起用于改善服务和降低其他成本。它还通过"资源使用"评估，以综合方式关注土地和建筑资产的使用。这三个绩效流程的监督和所有权现在由 LSP 的成员承担。

这些制度都将 LSP 的重点放在交付上。LAA 提供了一个短期的交付重点，主要目的是通过在三年内鼓励更健康或可持续的生活方式来改变人们的行为。涉及土地、建筑和设施投资的长期交付是通过持续 15 年的地方发展框架实现的。地方发展框架包括一个具有良好交付前景的基础设施需求的交付计划，同时还包括一个交付战略，其中包括在地方发展框架所需的 15 年剩余时间内协调地方投资决策的治理安排，特别是公共部门的投资决策。LSP 是这一过程的核心领导，LDF 是其主要的交付机制之一。这些关系如图 2.1 所示。

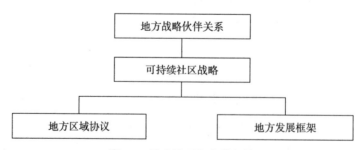

图 2.1 地方治理和交付架构

有许多迹象表明，这种对地方以及加入或整合地方公共机构的日益关注，得到了英国三个主要政党的支持。对于保守党来说，更多的地方性方法已经在伦敦以最详细的形式发展起来。在这里,市长和伦敦议会(代表伦敦所有地方当局的团体)签署了《伦敦城市宪章》(2009 年 4 月),其中有一些重要特点,包括:

- 辅助性原则的应用,即"地方和地区决策尽可能贴近人民"(4)。
- 重塑市长在规划方面的角色以及他行使权力的方式。
- 在市长和各行政区之间建立一系列关键的联合行动领域,包括:
  - ——交通;
  - ——经济复苏;
  - ——青年暴力;
  - ——气候变化;
  - —— 改善警察问责制;
  - ——医疗保健;
  - ——为伦敦赢得资源。
- 为伦敦所有地方当局建立一个领导人大会。
- 成立一个由地方当局和其他公共机构的首席执行官组成的特许委员会,该委员会将至少每季度召开一次会议,以协调伦敦各机构的工作,确定年度优先事项,并向大会提出建议。它还可以邀请任何其他公共服务机构的首席执行官作为观察员参加会议。由其首席执行官代表的特许董事会机构包括:
  - ——地方当局;
  - ——警察局;
  - ——消防和救援;
  - ——交通专员;
  - ——伦敦发展机构;
  - ——家庭和社区机构;
  - ——伦敦战略卫生局。

保守党在地方一级的政策上的更广泛前景在两个关键文件中阐述,即控制权转移,将权力还给地方社区(保守党,2009)和开源规划(保守党,2010)。这两份文件提出了一种"激进的权力下放"的方法(2)。这些文件提出了一系列的方法,让当地人能够更好地控制地方决策和收入增长,包括:

- 帮助当地社区从住房开发中受益；
- 保留新商业利率带来的经济利益；
- 为地方当局提供一般权限；
- 废除目标；
- 让当地人控制中央政府的资金在其所在地区的使用情况；
- 逐步取消资金的圈定；
- 废除区域规划和住房权力，并允许地方当局根据这些目标的取消来修改他们的地方发展框架；
- 废除伦敦政府办公室；
- 废除区域发展局；
- 取代基础设施规划委员会；
- 推动大城市直选市长的公民投票。

那么，如果这是一个提供更多地方控制权的所有党派方法，会使横向整合更有可能发生吗？这里的一个关键问题将是立法改革和公务员控制权改革的结合。在过去，公务员的生存策略是减少人数和预算，但保留控制权，包括：

- 建立非部门公共机构；
- 建立下一步机构；
- 前公务员在与他们紧密合作的其他机构中担任领导角色的居住策略。

作为下一个生存战略出现的新方法，似乎是霍普和莱斯利（Hope 和 Leslie，2009）提出的对地方政府关键职位的接管。然而，无论是通过"总体位置"还是"城市区域"倡议，地方化的压力正朝着一种新的横向整合形式发展，这在英国可能是前所未有的。在某些方面，这种新形式可能代表了1888年地方政府成立时的结构，拥有筹集资金和以各种方式满足地方需求的全方位权力。这种统一的方式随着国家规模的扩大而被打破。当国家缩小规模以满足其更广泛的经济目标时，它可能会回归。

（5）满足更广泛的国家目标

除了本章阐述的地方治理发展的总体趋势外，还有一些关键的主题问题超越了所有这些，并随着时间的推移不断出现。这些问题是：

- 住房供应；
- 采购效率；
- 共享服务；
- 转型服务；
- 气候变化；
- 经济。

　　自 2000 年以来，其中许多问题一直是在财政部主持下进行的具体审查的主题，并经常被称为"个性"审查。这些审查一直是让政府接受建议的一种手段，然后他们改变了政策。个性评价经常由从事商业或对这些问题有特殊了解的人进行。因此，尼古拉斯·斯特恩爵士（Sir Nicholas Stern）审查了气候变化（2009 年），凯特·巴克尔（Kate Barker）审查了住房和规划（2004 年），罗德·爱丁顿（Rod Eddington）审查了交通（2006 年），菲利普·汉普顿（Philip Hampton，2005）审查了监管，彼得·格申（Peter Gershon，2003）和现在的迈克尔·比查德（Michael Bichard）（英国财政部，2009a）审查了效率。这些审查是有影响力的，可以在政策方向的变化中起关键作用。审查的负责人有公务员团队与他们一起工作，在某种程度上，他们是政府改变政策方向而不失面子的一种手段。如果公务员提出了完全不同的政策，就会显得政府走错了方向，并受到批评。另一方面，委托专家提供导致变革的意见，会显得更加负责任。这种作用也由智囊团承担，如新地方政府网络、政策交流中心、公共政策研究所（IPPR）和社会市场基金会。

　　在这些审查中，有两项与规划及其包括住房在内的基础设施的交付有特定的关系。在凯特·巴克尔的领导下，他们对更广泛的土地市场系统和住房提供的机构投资进行了研究。这些对土地使用规划系统的审查也考虑了开发商通过该系统为基础设施规划和交付提供支持的方式。然而，尽管与规划关系不大，但《瓦尼评论》（Varney Review，2006）研究了公共使用的土地和建筑的分布，并推广了一种更系统的方法来使用共同位置和共享后台。这种方法已直接转化为发展规划过程（CLG 2008c）。

　　关于效率和地方政府改革的工作现在由尼古拉斯·斯特恩爵士在《运营效率审查》（HM Treasury，2009a：69）中继续推进。在这份报告中，他延伸了里昂报告中关于地方政府的作用、地方塑造和资金的工作，该报告为 2010 年的支出审查提供了一份关键的背景文件，该审查于 2012 年完成（见表 2.1）。比查德建议以里昂和瓦尼的建议为基础并加以扩展，包括一些其他建议，其中大多数建议在提供场所方面具有重要的潜在作用。

全面支出审查程序 表 2.1

CSR 1	CSR 2
年 1	
对新问题进行背景研究，对以前的方案进行有效性评估	
年 2	
对各部门资源的竞标和游说	
年 3	年 1
最后完成审查和出版—通常在秋季	对新问题的背景研究，对以前的方案进行有效性评估
年 4	年 2
准备实施；试点工作	对各部门资源的竞标和游说
年 5	年 3
执行情况	最后完成审查和出版——通常在秋季

- 引入"总体位置"，按地点全面绘制公共支出和交付的地图；
- 加快所有公共部门机构（包括中央政府部门）在当地的联合工作；
- 加强地方战略伙伴关系；
- 发展跨越教学界限的能力；
- 改进公共服务创新和电子化服务。

　　为了实现这一目标，比查德指出，地方领导人必须继续以更综合的方式合作，而中央政府部门将需要改变国家交付结构的应用，以实现这一差异（同上：72）。如前所述，如果没有任何具体的激励措施扩大联合工作，这些声明可能会更具说服力。然而，地方支出计划和交付计划的发展作用可以为改变行为和结果作出重大贡献，而空间规划在地方交付中的作用对于实现这一目标至关重要。为考虑"总体位置"方法进行的"Counting Cumbria"试点研究（LGA 2009）表明了地方一级公共支出的范围。这项试点研究的重点是支持人民服务的收入支出，但不包括对资本支出的任何重大审查。然而，如上所述，地方支出报告的公布安排现在已将资本支出作为该过程的一部分。与此同时，为了促进交付，比查德还建议进一步减少资金围栏，以便预算越来越多地成为地方资金的一部分，以满足地方需求（同上：75）。同时，他建议将目前在地方政府、警察局和卫生部门运行的地方绩效框架扩大到整个公共部门，这似乎有可能从 2012 年开始。

　　资产管理和财产也是地方政府重组的一部分，因为它们提供了在地方一级联合起来所需的手段和交付。然而，正如卡特报告所显示的，"获取和汇编公共部门拥有和使用的总财产规模的数据具有挑战性"（HM Treasury 2009b：4）。在所有公共部门拥有的财产中，卡特估计，三分之二是由地方政府拥有的，2008 年的价值为 2400 亿英镑，尽管账面价值和处置价值在两个方向上都可能存在差异，即上升和下降。审查和利用公共房地产是为其他所需的基础设施筹集资金的一个关键途径，同时可以减少运行成本，并资助其他服务。在中央政府，据估计，办公人员目前的占地面积可以减少三分之一，使其符合私营部门的标准。这将再次释放资产并降低运营成本。

为了获得这些回报，卡特报告建议将政府的房地产政策和支持集中起来，将所有的财产纳入公共部门，包括地方政府。这项建议并没有提议直接管理财产，而是建议采用一种更综合的方法来使用财产资产并释放其潜力。这种方法在支持地方基础设施规划和交付方面创造了一个有用的工具，支持公共部门的合作伙伴成为这一变革过程的积极参与者，尽管需要明确激励各方释放这些资产并将筹集的资金用于服务和新基础设施。如果以某种方式应用，它可能会降低联合工作的意愿，并阻碍重大基础设施的规划和交付。

（6）交付

通过地方一级的联合方法，越来越关注交付问题，这来自于 LSP 的发展。

- LSP；
- LAA；
- 地方发展基金（LDF）；
- 绩效管理制度；
- 住房和社区机构（HCA）单一对话；
- 社区基础设施税（CIL）。

地方当局及其合作伙伴预计将展示它是如何通过地区层面的地方塑造来实现变革和改善。地方政府、卫生机构和第三部门之间已经通过调整和汇集工作人员和支持的收入预算提供联合服务。统一和集中的资本预算的发展并没有那么先进。然而，2007 年预算案指出，每个地方当局都需要制定一个基础设施交付计划（IDP）（财政部），这一点在 PPS 12（CLG 2008c）、HCA 指南（2009）和 CIL 法规（CLG 2009g）中得到重申。这种基础设施的交付实际上是在 LSP 的主持下，在其 2009 年起实施的权力范围内进行的，包括：

- 发展共同的证据基础以确定赤字；
- 增加合用场所；
- 审查投资计划的选择标准；
- 释放资产的联合开发计划；
- 加强发展伙伴关系工作；
- 通过执行委员和发展管理程序，所有地方合作伙伴采取积极主动的方法满足赤字要求。

（7）监督和概述

如果理事会要对其政策、绩效和执行情况负责，那么新的审查职能的作用至关重要的。对许多民选议员来说，监督的作用似乎仅次于参与委员会的决策，尽管他们可能没有在这些决策中发挥主导作用。普遍的看法是，监督的角色意味着被排挤、排除在过程之外。这种观点进一步得到证实，因为这个过程的明显公开性可以由地方决定。由每个地方当局决定如何将审查过程纳入自己的宪法，存在很大的差异。在一些地方当局，审查委员会有权要求行政部门作出决定，而在其他地方，他们将集中于对现有或拟议政策的详细审查。另一种做法是，所有的决定在作出最终决定之前，都要提交给审查委员会。这种做法在新兴的政策领域是很常见的，虽然它为每个地方当局提供了以其喜欢的方式使用审查的能力，但这种地方性的自由裁量权也削弱了其对当局问责的核心作用（Ashworth，2003）。

除了地方当局内部的决策过程外，通过最佳价值和审查过程对绩效的强调为专业主义提供了一些最大的挑战。正如伍德曼（Woodman）所说，由部门等级制度发展起来的专业"建立了强大的权力基础"（1999：211）。从 1976 ~ 1995 年间，地方政府的监管者增加了 20%，准公共机构的监管者增加了 133%（Hood，1998：62）。只有不属于行政部门的议员才能成为任何审查程序的成员。

在每个地方当局中，监督的运作方式是不同的（Sweeting 和 Ball，2002）。监督更有可能用于其他目的，包括早期决策的结果质量、最佳价值审查或对议会的交叉审查。斯内普和里奇对概述和审查的良好实践进行了审查，发现在地区层面的良好实践有几个关键要素，其中包括：

- 摆脱传统委员会制度的挑战；
- 对重大问题进行"深入"研究的价值；

- 更加非正式的 "小组"（和个人）工作的价值；
- 对外部（或跨领域）问题进行（有选择的）研究的价值；
- 向其组织和公众开放审查过程；
- 对关键决策进行决策前审查的价值（通过前瞻计划）；
- 确保监督工作得到有效（和直接）支持；
- 发展一种支持性的高级官员文化；
- 参与最佳价值和绩效监督，但要有选择地参与；
- 确保监督和检查的工作得到适当协调；
- 在行政部门和监督部门之间建立起沟通渠道；
- 为 "专门委员会" 和 "专家证人" 类型的工作做好准备。

实际上，在实践中，围绕引入监督和审查职能的问题仍然存在。在没有政党压力的情况下，通常很难保持考虑问题的能力，而且在行政部门和监督部门之间可能存在着不信任的气氛。斯内普和里奇也将此描述为 "关键朋友" 的困境。里奇等人（2003）进一步解释了这个问题：

对多党领导的监察和审查的程度是有限制的……除了全体理事会会议之外，他们还为反对派成员提供了表达反对意见的主要机会，尤其是在一党内阁的多数控制的议员中。指望不在行政部门的成员 [无论是反对党还是控制党] 在进入审查会议时轻易忘记他们的政党原则和优先事项是不现实的。重要的问题是他们如何表达这些原则和优先事项。监察和审查的合法语言是理性辩论的语言。因此，反对党成员 [或者说是感到不安的多数党成员] 所面临的挑战是如何将他们的 "反对意见" 转化为对行政政策或决定的基于证据的批评，或政策的通过或修改基于证据的依据。这种挑战的适当性是议会特别委员会运作背后的关键假设之一。

尽管审查是英国地方当局内部的一个新程序，但在引入之前，它受到了许多批评。许多议员认为这个过程没有任何作用（Sweeting 和 Ball，2002），而且对行政决策没有实际影响。正如斯内普和泰勒（Taylor，2000）所指出的，审查的主要目的之一是在决策之前和之后对行政部门进行问责。审查过程可以将决定提交给全体理事会，但这可能仅限于重大的政策问题，而不是许多详细的决定。这可以通过要求决定被 "调用" 来实现，即以某种方式重新考虑。然而，审查与规划申请有关的决定的能力则更为复杂。《2000 年地方政府法》规定，只有那些不在地方当局行政部门任职的民选成员可以决定规划申请。然而，个人规划申请不能接受审查。

目前，地方当局的审查现在，越来越像议会中同样具有审查作用的特别委员会的职能。这些特别委员会成立于 1980 年，自成立以来，其风格已经发生了变化。他们也在接受审查，以赋予更多的权力（Brown，2009）。正如阿什沃思（Ashworth，2003）所指出的，这两种模式之间的关系可以突出地方当局审查模式的一些弱点，例如，缺乏中央界定的权力，审查委员会可以行使其对资源的影响能力，以及对地方一级提供支持的依赖。阿什沃思还指出，在议会中，国会议员有相当多的专家支持来开展工作，而这在地方一级不太可能是常态。然而，在她的研究中，阿什沃思发现，审查委员会中的议员确实对他们的权力有信心，这代表了对斯内普和里奇（同上）报告的最初观点的改变。

议会制度的一个弱点是，那些在专门委员会任职的人希望成为行政部门的成员，因此，不要通过这些方式对行政部门提出过多的批评。虽然过去可能是这样，但现在有一些议员认为他们的职业生涯是在这些委员会的领导下进行的，例如交通部的格温妮丝·邓伍迪（Gwyneth Dunwoody）和公共行政部的托尼·赖特（Tony Wright）博士。尽管与行政部门仍有一些"来往"，但主席职位也成为前部长们发挥领导作用的场所。然而，在官方反对派较弱的时候，议会特别委员会的知名度一直很高，在某种程度上，受到本党成员的批评可能比受到反对党的批评更难被推翻（Mullins，2009）。

审查是提高地方政府中"用户声音"的一种方式（Wright 和 Ngan，2004），尽管它不是唯一可用的模式。然而，将审查职能常规地纳入地方政府可能需要一些时间才能在议会中成熟，对审查的大部分反应仍然是负面的（Johnson，Hatternd）。地方政府审查的未来似乎是安全的，并且在格林威治大学设立了一个国家审查中心。在这个中心，所有地方政府的审查报告都被保存下来，同时为支持地方政府和议会审查工作的人共同提供培训课程。

自 2000 年实行审查以来，它的作用得到了扩展。现在，地方当局除了自己的活动外，还能对其他地方公共机构进行监督。如果居民对议会关于公众请愿的回应不满意，他们现在可以向审查委员会提出上诉，审查报告可以作为决策证据的一部分。即将提出的建议（CLG 2009d）表明，审查的权力将扩大到：

• 扩大可受审查委员会监督的机构的数量；
• 加强审查委员会的权力；
• 使审查委员会能够提出报告和建议，并使各机构正式对审查委员会作出回应。

　　所有这些额外提案都将支持空间规划及其实施。审查小组的结论及其报告构成了空间规划过程中需要考虑的证据基础的一部分。审查小组可以审查空间规划的方法及其结果可能的有效性。它可以考虑方法和需要的时间。将审查范围扩大到 LSP，可能意味着将直接考虑交付 IDP 的更多联合方法，并要求公共机构对其在这些过程中的贡献和作用负责。

结论

　　地方治理的模式和框架正在发生变化。在最初的改革之外，空间规划现在是这些改革的核心，需要考虑具体的影响。地方治理正在发生变化，变得更加协调一致。地方合作伙伴意识到，他们需要与其他人一起努力。治理过程、汇集资源的机制、证据和评估地方成果的质量都在变化。作为一项基于场所的活动，空间规划与所有这些都有关系。

　　英国地方治理改革对空间规划的影响是相当大的。其中，空间规划具有以下特点：

- 位于场所塑造中心的位置；
- 实现地方变革中发挥关键和积极的作用；
- 与一系列其他组织和流程合作，以实现有效交付。
- 对其他组织提供的证据和咨询答复作出答复，而不是自己进行证据研究（除非它有具体要求），然后提供给其他人；
- 处于纵向和横向整合的核心位置。

第 3 章
英国空间规划体系

导言

2004 年，英国通过地方发展框架（LDFs）和区域空间战略（RSS），引入了空间规划系统。2004 年的《规划和强制购买法》使其所采用的方法从开发或土地使用规划转变为空间规划。地方发展框架（LDF）是一种包含独立发展计划文件（DPD）的区域空间规划编制的松散方法。发展计划文件包括核心战略或总体文件、重要事件或主要文件、区域行动计划（AAPs）。除发展计划文件外，我们还可以编制规划补充文件，这些补充文件无需进行相同的审查流程，但可以用于当地。每份地方发展框架文件的编制都应包含在地方发展计划（LDS）中，其流程文档中必须附有社区参与声明（SCI）。根据上述方法，应在对抗性的公共程序中审查统一发展计划（UDP），确定其是否可以作为该地区的发展计划。根据 2004 年后的方法，在审查流程中，规划审查员应审查每份发展计划文件。当有发展计划文件提交时，即启动审查流程。尽管审查流程中可能会包括听证会，但听证会仅是审查流程的一部分。

我们可以预测到，在引入空间规划后，在规划实践中会出现一些重大差异。首先，空间规划会被整合到地方治理结构中，并且由可持续社区战略（SCS）领导。其次，空间规划不是以政策为基础的发展规划方法，而是转化为一种交付角色，整合了各种投资要求和地方一级的各种交付手段。在实现地方的其他目标方面，空间规划也会起到一定作用，包括实现地方协议（LAA）中规定的目标和改造提供公共服务地点等。空间规划还负责对需要公开的公共部门资产进行审查和确定。在发展规划中，由其他方负责提交计划提案。在空间规划中，交付在发展管理中起到主动作用。在旧体系中，监管方法侧重于实现促进发展方（主要是私营部门）在基础设施中所起的作用。在空间规划方法中，地方发展框架负责尽可能整合所有部门的投资，并协调公共部门的投资。这种综合交付作用是在地方治理架构内承担的，特别是在地方战略合作伙伴（LSP）的领导下。

地区、个体、大都会和伦敦管理部门负责地方发展框架。县议会则负责编制废弃物和矿物地方发展框架。在两级地方政府地区，县议会必须与区议会合作编制地方发展框架。在区域一级，区域议会编制区域空间战略，并进行了公开考核。关于区域空间战略，地方发展框架必须与其保持一致。规划审查员会对此进行审查。2010 年，区域战略取代了区域空间战略（CLG 和 BIS，2010）。

　　本章阐述了英国通过地方发展框架进行空间规划的方式。它确定了地方发展框架的关键组成部分。为了能够成功，地方发展框架必须在地方一级以实用和正式的综合方式开展工作。本章给出了地方发展框架的组成部分，并讨论了它们的协同工作方式。本章还讨论了规划审查员（定义为独立人员）审查发展计划文件的方式，评估发展计划文件是否"完备"。对整体地方发展框架而言，无正式审查。

地方发展框架的组成部分是什么？

　　虽然 2004 年的《规划和强制购买法》中规定了地方发展框架的组成部分，但自那时起就已经确定了地方发展框架的地方治理架构。规划政策声明，2008 年 6 月的《地方发展框架》（CLG 2008c）和 2007 年 7 月的《创建强大、安全和繁荣的社区》（社区和地方政府部 CLG 2008d）中详细阐述了地方发展框架治理框架。这两套指南可以相互参照。将两套指南合并为单一陈述指明地方发展框架内的主要交付任务，可以在基础设施规划和交付的步骤方法中找到（Morphet，2009a）。

　　地方发展框架是一个活页文档，其中包含最适合本区域的文档的文件夹。这些文档应包括发展计划文件和规划补充文件（SPD）。卡林沃思和纳丁（2006：119）已指出，地方发展框架是一个非法定术语，在法案中未对其进行定义，但这些文件共同构成了区域的规划政策和交付计划。在地方发展计划（LDS）中包含了地方发展框架各组成部分的交付时间表和执行顺序。方框 3.1 列出了地方发展框架的组成部分，接下来依次对其进行审查。

方框 3.1　地方发展框架组成部分

地方发展框架组成部分（LDF） 1　发展计划文件 2　当地发展方案 3　社区参与声明 4　年度监测报告 5　规划补充文件 6　地方发展订单和简化规划区地方发展框架文件分为两类：必需和可选

1. 发展计划文件（DPD）

地方发展框架必须包括核心战略和通过的提案清单。发展计划文件还可能包含其他可选的发展文件，例如，区域行动计划。这些文件属于发展计划文件，并概述了地方发展框架的关键发展目标。

发展计划文件必须经过严格程序，社区参与、咨询和独立审查。除非指明另有规定，否则，一旦采用，则必须根据发展计划文件做出发展控制决策。发展计划文件还需接受可持续性评估，确保计划的经济、环境和社会影响符合可持续发展目标。

1.1 核心战略（必需）

核心战略是地方发展框架中的主要发展计划文件。核心战略规定了地方发展框架的总体空间愿景和目标，还可以包括战略点位分配。核心战略是地方发展框架的重要组成部分，其原因是，核心战略将理事会定位为战略制定者和成果交付者。

通过阐述空间方面并提供长期的空间愿景，在理事会 SCS 的实施过程中，核心战略还会起到关键作用。必须不断更新核心战略，所有其他发展计划文件必须符合核心战略和区域空间战略（或伦敦的空间发展战略）。

1.2 通过的提案清单（必需）

通过的提案清单应以地图的形式说明所有通过的发展计划文件中全部具体点位的政策。

通过的提案清单还应指明保护区域，例如，国家保护景观和当地自然保护区、绿化带土地和保护区。

可使用单独的插图显示管理部门部分区域的各政策，例如，区域行动计划的政策。在每一份新的发展计划文件通过时，必须对通过的提案清单进行修订。并且，通过的提案清单应反映该区域的最新空间规划。

1.3 区域行动计划（AAP）（可选）

区域行动计划是发展计划文件，应侧重于具体位置或受保护或重大变化影响的区域。这可能包括主要更新项目或发展区域。

区域行动计划应注重实施——提供重要机制，确保在机遇、变革或保护的关键领域进行适当规模、组合和质量的发展。

区域行动计划应概述对变化敏感地区的保护，并旨在解决受发展压力影响地区的冲突目标。

1.4 其他发展计划文件（可选）

这些文件可以包括与住房、就业、零售发展等主题相关的文件。

然而，只有在真正必要且核心战略无法指导和／或交付的情况下，才可编制其他发展计划文件（即核心战略之外的发展计划文件）。

2. 地方发展计划（LDS）（必需）

地方发展计划是公共"项目计划"，确定以何种顺序和时间编制哪些地方发展文件。

地方发展计划是社区和利益相关者了解管理部门针对具体场地或问题的规划政策以及这些政策的状态的起点。地方发展计划还概述了在三年期间编制构成地方发展计划的所有文件的细节和时间表。

地方管理部门在 2005 年 3 月底前向国务卿提交了它们的地方发展计划。

3. 社区参与声明（SCI）（必需）

社区参与声明给出了规划管理部门在编制文件时打算如何以及何时咨询当地社区和其他利益相关者。

社区参与声明的关键成果是鼓励"提前加载"——这意味着在每份文件的早期编制阶段就开始咨询，以便社区有充分的机会参与计划制定，因地制宜。

每份社区参与声明都必须提供公开的信息获取渠道，鼓励社区积极提出其想法和意见，并定期及时地提供进展反馈。

4. 年度监测报告（必需）

地方规划机构向政府提交年度监测报告，评估地方发展框架的进展和有效性。

年度监测报告应评估:（必填）
· 各项政策正在实现其目标，取得可持续发展
· 各项政策已产生预期效果
· 各项政策背后的假设和目标仍然相关
· 正在实现地方发展框架中设定的各目标

为实现这一目标，年度监测报告应包括一系列地方指标和标准（核心产出）指标。还应强调是否需要对地方发展计划进行调整。

5. 规划补充文件（SPD）（可选）

规划补充文件会拓展发展计划文件中政策或现有发展计划中保留政策，或添加发展计划文件中政策或现有发展计划中保留政策的详细信息。这些文件可以是以下形式的：设计指南、区域开发概要、总体规划或基于问题的文件。

这些文件可以使用插图、文本和实际实例来扩展管理部门政策的实施方式。

地方管理部门必须让社区参与规划补充文件的编制。发展计划文件还需接受可持续性评估，确保计划的经济、环境和社会影响符合可持续发展目标。

6. 地方发展令和简化规划区（可选）

地方发展框架还可包含地方发展令和简化规划区。为扩大某种形式发展的许可权利，由规划管理部门发出地方发展令，涉及相关地方发展文件。

简化规划区是地方规划管理部门希望刺激发展和鼓励投资的区域。在无需正式申请或支付规划费用的情况下，简化规划区会通过授予特定的规划许可来运作。

资料来源: 规划门户

（1）地方发展计划（LDS）

地方发展计划必须提交给地区政府办公室并获得同意。这是政府办公室在实施地方发展框架过程中唯一发挥的正式作用。然而，政府办公室希望与管理部门保持联系，并提供有益的建议，而各地方政府会自行决定准备接受多少建议。地方发展计划还会使地方政府能够确定他们希望保存早期计划中的哪些政策及相关证据。规划审查员会对此进行审查。卡夫（Cuff）和史密斯（Smith, 2009）在为一家中间偏右翼智囊团撰写的文章中建议，为了简化流程，可以废除地方发展计划。

（2）社区参与声明（SCI）

地方发展计划必须包含社区参与声明。社区参与声明规定如何将公众咨询作为编制发展计划文件和规划补充文件过程的一部分。直到 2009 年，作为完备性测试的一部分，规划审查员对社区参与声明进行审查；在这之后，社区参与声明会被当作审计委员会咨询地方管理部门整体方法的一部分。地方发展框架非常强调"证明引导"，这意味着居民、社区、土地所有者和利益相关者均需从一开始就积极参与其中。这是与 2004 年以前的制度不同标志。在 2004 年以前，与社区和其他利益相关者接触主要集中在公共审查中，对计划的反对意见进行审查。

自 2004 年以来，其重点一直是让社区更广泛地参与愿景制定，包括使用证据。我们还能预计到，发展计划文件的编制后期更可能是实证性的，而不是破坏发展计划文件的基础——确定新的证据。自 2009 年以来，社区参与声明被纳入了 2007 年《地方政府和公众参与卫生法》中规定的更广泛的地方当局参与义务。

（3）发展计划文件的编制

无论是核心战略、其他发展计划文件，还是区域行动计划，每份发展计划文件的编制和采用过程都应遵循通用方式。在当地治理背景下编制发展计划文件，编制发展计划文件过程还可能需要进行计划管理，确保按时完成编制，并在必要时进行调整与其他流程配合。编制发展计划文件包括：

1.确立可持续社区战略和地方协议中规定的愿景和目标。

2.审查地方管理部门和合作伙伴的其他相关战略和政策文件，这些文件包括：

  a 战略住房政策；

  b 经济和更新战略；

  c 联合战略需求评估（JSNA）；

  d 文件完备概述；

  e 地方交通计划；

  f 环境和景观策略；

  g 学校组织计划；

  h 警察局、消防和救援、救护车、PCT 的商业计划；

  i 大学和继续教育学院的商业计划。

3. 使用共同的人口预测、健康结果、能源消耗、旅行模式、教育结果进行证据评估,并审查作为 LSP 一部分的所有地方公共部门机构的所有咨询证据。委员会的具体研究,例如:

  a 洪水风险评估;

  b 战略住房市场评估(SHMA);

  c 战略住房土地可用性评估(SHLAA);

  d 开放空间审查。

4. 审查公共部门服务和资产,促进公共服务的同地办公和资产交付。

5. 审查与邻近地方管理部门方法的一致性和协调性,特别是在有联合住房市场、次级区域工作或使用当地服务的情况下。

6. 编制基础设施交付策略和时间表。

7. 编制关键事件和备选方案。

8. 给出首选策略。

9. 提交(现应包括提交前六周的咨询)。

10. 由独立人员(即规划审查员)针对完备性测试进行的预审查;这将自提交之日起生效。

11. 确认计划是否完备。

12. 采纳审查员编撰的报告和计划。

(4)核心战略

  每个地方发展框架都必须有一个核心战略,其中必须包括一个提案清单和交付战略。核心战略应阐述如何实现 SCS 中规定的区域长期愿景的空间要素。尽管核心战略是地方发展框架中的首要文件,但最初并不需要首先进行编制。这就使得一些地方管理部门可以就当地的其他重要问题推进发展计划文件,但地方管理部门会越来越认识到它们需要核心战略来为其他地方发展框架文件设定背景,因此,在 2008 年,要求在流程开始时编制核心战略(CLG 2008c)。

  核心战略必须以证据为基础,其中包括数据分析和咨询部分。数据分析要包括对下列各方面的评估:人口变化、经济、交通系统、健康、生活质量指标和环境指标。由地方政府的其他部门或合作伙伴提供大部分证据。作为该证据的补充,可进行的具体研究。联合战略需求评估现在包含人口的基线信息。地方政府和卫生服务部门为各自地区编制联合战略需求评估。同样属于这一类别的还有当地证据,例如,教区计划和单一利益集团的调查,这些证据可能会放大其他数据。还应通过定性审查和仔细审查进行分析,这些审查和仔细审查通常会提供"在当地起作用"的证据。这些专门为当地发展框架进行的研究还会提供证据。这些研究包括战略洪水风险评估研究、战略住房市场评估研究和战略住房土地可用性评估研究。当地发展框架委托的所有具体研究都可以放在证据库中供他人使用。

第二个主要证据来源是来自咨询过程的证据。直到 2009 年，SCI 中规定的咨询方法一直是主要考虑因素。自 2009 年以来，必须考虑地方管理部门及其利益相关者在该领域中进行的所有磋商。此外，在 2009 年 4 月之后，在可能的情况下，协商过程都需要与其他相关方共同进行。审计委员会将审查所开展咨询的充分性及其在地方一级的使用方式，作为对地方管理部门（包括 One Place）的定期审查程序的一部分，这是对公共机构在地方管理部门为其利益而合作的方式进行的全面区域评估。

核心战略的关键作用是确定所需领域，实现可持续社区战略（SCS）和地方协议（LAA）所述愿景。尽管与苏格兰和威尔士不同，英国并没有国家规划框架，但核心战略必须与规划政策声明（PPS）中规定的国家规划政策和中央政府的指导保持一致。核心战略必须与区域空间战略保持一致，区域空间战略为该区域提供了总体政策框架，并规定了其对住房、交通、环境和经济的要求。本框架确定了该地区的一些要求，例如，提供新的住房单位，除非地方管理部门能够通过使用证据证明这些住房要求不适合其所在地区，否则必须通过地方发展框架对其进行解释和交付。地方协议（LAA）规定了必须在本地区提供住房的具体要求。这些要求可能适用于所有住房或仅适用于经济适用住房或确定住房地点。核心战略通常会通过确定战略地点来解释这些住房要求。

然后，核心战略确定了该地区当前和未来人口的需求和不足之处。通常，我们将此称为基础设施，其范围从能源供应到游戏区域、从大学到社区中心。基于对现有基线规定的评估、与当前人口变化相关的未来需求、可能的人口密集地点和确定进行新开发的战略地点，确定这些基础设施要求。基础设施的定义包括物理、绿色和社会类的设施（CLG 2008c）。包含所有类型的设施，包括公用设施、交通、社区设施、日间托儿所和绿地。（第 6 章末尾给出了基础设施类型）。

基础设施由公共、私营和志愿部门通过其资本计划提供。这些资本计划必须在其年度账目中给出。可能需要三个部门共同提供某些类型的基础设施，例如，运输或早期的供应。可以通过特定的资金提供基础设施，如由家庭和社区机构或欧盟提供的资金；也可以通过开发商与规划应用相关的捐款提供基础设施的费用。邻近的地方政府可能会提供一些基础设施。相反，来自其他地方政府的社区和个人可以使用拟编制发展计划文件地区的基础设施。在住房市场、学校集水区、交通、废弃物管理和排水等问题上，邻近地方政府也会有重叠的关系。

然后，核心战略必须制定一项战略，以展示如何交付这些需求。该交付策略包括两个主要组成部分。在核心战略中制定第一个组成部分，确定规划和交付基础设施的流程和方法。它包括通常通过地方战略伙伴关系、发展管理政策、年度监测报告（AMR）和风险评估的治理方法。此外，核心战略还必须包括基础设施时间表。应将该时间表确定为具有良好融资前景的所需基础设施。还将确定需要但尚未获得资金的基础设施。具有良好融资前景的基础设施会提供支持核心战略的证据基础，但不属于核心战略。需要但尚未获得资金的基础设施位于其他地方，但最好位于 SCS 内。这也是证据基础的一部分。

（5）联合核心战略

一些地方当局正在实施联合核心战略。目前正在以各种方式出现，原因多种多样。在北安普敦郡西部，4 个地方当局成立了联合规划单位，向联合规划委员会报告。该委员会负责编制核心战略，作为支持和实现本区域增长目标的手段。英格兰西部伙伴关系的四个地方政府（布里斯托、北萨默塞特、南格洛斯特郡、巴斯和东北萨默塞特）正在开发不同的做法。英格兰西部伙伴关系以经济为重点，旨在发展次级区域经济。四个地方政府正在实施统一的核心战略，这些战略可以结合在一种交付做法中。英格兰西部伙伴关系没有整合规划、技术人员或治理安排来管理这项工作。

大诺丁汉的做法是另一种变体。大诺丁汉伙伴关系成立于 2006 年，旨在为次级区域工作制定计划。大诺丁汉伙伴关系中地方政府领导人同意制定各自的地方发展框架核心战略，而这些战略会彼此保持一致。各地方政府都会向各自的理事会执行官提交共同报告，征求他们的同意。在诸如切尔滕纳姆、泰克斯伯里和格洛斯特等其他地区，他们正在研究核心战略联合方法。虽然切尔滕纳姆会提供许多服务，支持新建住房，但住房增长会以特克斯伯里为基础。此外，还需要任命共同的工作人员来支持流程。此外，县议会也建立了战略基础设施伙伴关系，制定了战略基础设施交付计划。这还包括其他三个格洛斯特郡区议会，它们处于制定核心战略的不同阶段。兰开夏郡三个部门联合工作的另一个实例是南里布尔、乔利和普雷斯顿。这些管理部门也在为增长进行规划，并得到兰开夏郡议会工作人员的支持，郡议会已经成立了联合规划小组。

在英格兰中部地区东部，北安普敦郡成立了联合规划技术单位，其包括四个地方政府——科尔比、东安普敦、威灵伯勒和凯特琳。该技术单位拥有首个完备的核心战略（包括多个区域），并会继续致力于编制其他发展计划文件。与英格兰西部和北安普敦郡西部的合作伙伴关系一样，这项工作也有强大的经济和更新动力，每个地方政府都有交付工具，实现已确定的住房增长。

在英格兰制定更多次级区域方法的政策举措表明，可能会制定更多的联合核心战略，中央政府对此也给予了支持（CLG 2008c）。然而，当前进展缓慢，在解决与增长地点和其他设施（例如，废弃物焚烧能源中心）有关的问题方面可能存在问题，这些设施通常会在地方一级存在争议。

方框3.2　除核心战略外，编制发展计划文件的原因

- 区域空间战略或核心战略的范围和细节
- 市场条件，包括 LPA 所面临的发展规模挑战（绝对的和相对的），无论是增长还是管理变化
- 交付方法，包括可用于新开发的土地的大小和类型，以及如何充分利用现有建筑/住房存量
- 土地集会/强制采购订单 CPO 的需求
- 公用设施/基础设施提供商的要求
- 需要解决环境压力、制约因素和风险（例如，洪水风险或海岸侵蚀）
- 时机，特别是在提出其他区域和地方战略方面
- 资源和时间表

资料来源：PPS 12（CLG 2008c：§ 5.1）

（6）其他发展计划文件

地方发展框架中可以包括其他发展计划文件，其可以给出需要解决的问题或领域，并且在核心战略和/或区域空间战略中并没有对其充分分析。规划政策声明（PPS）12（CLG 2008c）确定了在编制发展计划文件前需要考虑的问题。方框3.2给出了这些问题。这些发展计划文件可能涉及一系列问题，包括提供开放空间、开发管理政策或开发商的作用。

在编制发展计划文件时，要求发展计划文件应符合 PPS 12 中规定的一系列原则，这些原则包括：

- 参与和利益相关者；
- 不报告国家和区域政策；
- 可持续性评估；
- 合理性和有效性；
- 实时进度。

（同上：§ 5.2）

根据规划政策声明 PPS 12，发展计划文件还必须：

- 根据地方发展框架编制，并符合社区参与声明和法规；
- 接受可持续性评估；
- 考虑国家政策；
- 总体上符合区域空间战略；
- 考虑其所在地区（即县和区）的任何可持续社区战略。

（同上）

最后，与核心战略一样，发展计划文件必须满足合理性测试，但其不能替代核心战略。一些地方管理部门试图通过住房选址发展计划文件将战略住房选址推迟到流程后期。规划政策声明（PPS 12）的修订版解决了这一点："核心战略应明确发展方向的空间选择"（同上）。核心战略具有分配战略场地的作用，但"如果必须分配核心战略中尚未分配的场地，则必须使用发展计划文件来分配这些场地"（同上：§5.3）。

发展计划文件也提供了一定的灵活度，使人们可将注意力集中在对当地影响较大的问题上。规划审查局提交并认为合理的发展计划文件应包括广泛的问题，包括：

- 小型住宅区（苏塞克斯中部）；
- 发展政策（雷德卡和克利夫兰，汉布尔顿）；
- 开发土地分配（坦布里奇韦尔斯）；
- 一般发展控制政策（霍舍姆）；
- 就业（豪恩斯洛）；
- 可持续资源（乔利）；
- 休闲娱乐（西威尔特郡）；
- 教育场所（巴恩斯利）；
- 更新（米德尔斯堡）。

（7）区域行动计划

针对因压力或其他必要变化，可能会对需要更详细方法的区域制定区域行动计划。如果需要更细致的加强做法，也可以准备这些文件。在规划政策声明（PPS 12）（社区和地方政府部，CLG 2008c）中，对于成长区域等类型，可能需要制定区域行动计划。

还应指出，当需要为重大变化或保护的地区提供规划框架时，应使用区域行动计划。区域行动计划应：

- 提供计划的增长区域；
- 刺激更新；
- 保护对变化特别敏感的区域；
- 解决面临发展压力区域的冲突目标；
- 重点实施基于区域的更新计划。

（同上：§5.4）

规划政策声明（PPS 12）还说明，在支持强制采购订单（CPO）和实施区域的变革方面，区域行动计划都很有用。规划政策声明（PPS 12）还说明，核心战略可以确定选择区域行动计划的标准（同上：§5.5）。与核心战略一样，区域行动计划应在适当的情况下制定交付计划、实施时间表和场地分配。如果将区域行动计划用于支持保护，则该计划应足够详细，表明在何处使用具体政策（同上：§5.6）。

2005～2009年3月，地方政府已将41份区域行动计划提交给规划审查局进行审查。一些区域行动计划专门处理了增长问题，如南剑桥郡通过诺斯敦区域行动计划（2007年7月通过）和剑桥郡东部区域行动计划（2008年2月通过）的增长问题。区域行动计划中的方法可用于建议制定总体规划，而不是将区域行动计划视为总体规划过程。在某些情况下，它们遵循了完备的核心战略，例如在普利茅斯。在其他情况下（例如，斯温登、泰晤士河畔金斯顿和雷丁），在提交总体核心战略之前就已经提交了区域行动计划。所有这3份区域行动计划都是针对市中心地区的。在这41份区域行动计划中，已发现有1份不完备，6份被撤销，8份正在等待确定。其余的区域行动计划均是完备的。在PPS 12的修订版（CLG 2008c）中，建议在编制其他发展计划文件或制定区域行动计划之前完成核心战略，并且自2008年9月1日（PPS 12）生效以来，提交的区域行动计划数量有所减少。考虑到已经采取的区域行动计划做法，成功的区域行动计划已着手处理需要进行重大变革的区域的具体空间问题，包括：

- 更新，例如，伯明翰的长桥（Longbridge）；
- 成长区域，例如，南剑桥郡的诺斯敦；
- 其他用途的主要土地放开场地，例如，米尔山东部的前国防部军营；

• 市中心，例如，雷丁、斯温登、金斯顿、罗姆福德、伊尔福德、贝德福德。

自 20 世纪 70 年代初以来，区域行动计划首次作为工具回归主流规划系统，当时通过使用行动计划有了类似的做法（Cullingworth 和 Nadin，2006：119）。标题和角色的相似性可能会使它们的角色混淆。一些人认为，区域行动计划代表了当地发展框架的重点，"弥合"了核心战略与地方交付之间的差距（Gallent 和 Shaw，2007：632），或者这类计划是空间规划过程中的"变革性和综合性"部分（Albrechts，2006）。然而，在英国的空间规划方法中，如果需要，区域行动计划是补充工具，可以更详细地考虑某个区域，而不是一个单独的交付机制。采取这种方法表明，交付是局部的，仅集中在需要具体变化的区域，而如上所述，整体交付是核心战略的关键任务。

（8）规划补充文件（SPD）

编制规划补充文件可以支持核心战略，但不需要经过独立人员的正式审查程序。由于这一原因，它们可以更快速、更容易地编制，但另一方面，在正式程序（例如，特定地点的规划诉求）中其却没有那么重要。除地方发展框架管理部门外，其他机构也可编制和发布规划补充文件。其中包括：

• 政府机构；
• 区域规划机构；
• 县议会；
• 任何其他机构，例如，AONB 委员会。

（同上：§6.3）

正在编制的规划补充文件实例包括：

• 公共艺术战略；
• 住宅设计指南；
• 街景策略；
• 自然保护；
• 住宅停车标准；
• 社区安全；

- 区域管理计划；

- 高层建筑；

- 考古学。

2007 年的《规划白皮书》（CLG 2007j）建议，现在可以放宽在地方发展计划中列出的所有规划补充文件的要求，以便地方发展框架能够更灵活地应对不断变化的需求。然而，如规划政策声明（PPS 12）所述，"编制规划补充文件的目的不应是为了避免对应审查的政策进行审查"（CLG 2008c：§ 6.1）。

（9）地方发展令（LDOs）

2004 年《规划和强制购买法》通过修订 1990 年《城乡规划法》引入了地方发展令。地方发展令使地方政府能够"将其区域的全部或部分'国家'许可开发权扩展到具体的开发或一般开发类别"（Cullingworth 和 Nadin，2006：156）。将地方发展令当作加速规划系统的手段，但这一做法受到了一些人的质疑，他们怀疑这种做法可能会引起冲突（同上）。事实上，地方发展令会保证某些类型的开发项目得到规划许可，并在提出具体规划申请时消除规划流程中的自由裁量权。卡林沃思和纳丁认为，这种方法"借鉴了大陆国家的发展管制方法，因为'监管计划'决定了许可证的授予"（同上：156-157）。

地方发展令也可能有更多用途，2008 年《规划法案》对 1990 年《规划法》第 61 节中的权力进行了修订。规划管理部门可以利用这些信息来推进具体措施。其中可包括：

- 扩大"许可开发"权利在其部分或全部区域的适用范围，包括了更广泛的房屋所有人和微型可再生设施；
- 为基于现有发电站的区域安装供热网络提供总体框架许可，对现有住房提供服务；
- 为发电设施分散的区域网络提供框架许可，对多个开发地点和 / 或现有住房提供服务。

迄今为止，地方发展令尚未得到广泛使用，因此，我们尚不清楚它们在实践中的作用。现在似乎没有引进它们的需求。在空间规划中，地方发展令的作用是支持交付机制，可在核心战略和区域行动计划中识别出来。

已委托 Entec 进行规划咨询，对其作用进行进一步研究，并表示现在有充分的理由审查地方发展令的使用（2009 年），其原因在于：

- 政府一直明确关注如何通过流程改进和在适当的情况下消除规划许可的需求以减少规划申请的难题。尽管人们对由此带来的变化有较强的看法，但他们却能够更容易地接受我们如何管理小型发展过程中变化的原则。
- 《Killian Pretty 评论》（2008 年）强调了促进地方发展令作为减少规划应用工具的潜在作用的必要性，这既适合当地环境，又能为客户和地方管理部门带来利益。
- 2008 年《规划法》中的一项重要规定使得地方规划管理部门更容易引入地方发展令。《2008 年法案》规定，应制定地方发展令实现通过的地方发展文件中规定的政策，《2008 年法案》去除了对制定地方发展令的要求。地方规划机构均可以制定地方发展令。

（10）废弃物和矿物地方发展框架

虽然没有明确说明这一点，但 PPS 12（CLG 2008c）适用于废弃物和矿物地方发展框架。在两级地方政府的地区，理事会负责废弃物和矿产地方发展框架；在其他地方，统一的主管部门负责废弃物和矿产地方发展框架。在区域空间战略框架内制定废弃物和矿产核心战略。PPS 10《可持续废弃物管理规划》（ODPM 2005a）及其配套指南（CLG 2006b）规定了废弃物规划的背景。本政策声明阐述了区域空间战略和地方发展框架在废弃物规划方面的作用。从配套指南中，我们可以清楚地看出，中央政府认为区域空间战略在制定废弃物规划政策方面的作用至关重要。PPS 12（CLG 2008c）给出了关于废弃物的一些关键原则，包括：

- 将废弃物作为一种资源；
- 将处置视为最后的选择；
- 提供框架，让社区对自身的废弃物承担更多责任；
- 实施国家废弃物战略；
- 满足欧盟废弃物管理和处置要求；
- 使废弃物能够在当地得到安全处置；
- 确保新开发项目的设计和布局会支持可持续废弃物管理。

（同上：§3）

PPS 10 还给出了废弃物核心战略的作用规定：

• 根据区域空间战略制定废弃物管理政策和建议，并确保在适当地点给予足够的空间以提供废弃物管理设施（包括废弃物处置）；

• "通过相关的城市废弃物管理战略"进行通知，并相应地得到通知；

• 规划自采纳之日起至少十年的时间；

• 应着眼于区域空间战略中规定的长期时间范围。

（CLG 2008c：§ 16）

核心战略还需要确定和分配场地，以支持区域空间战略中规定的废弃物管理模式，并每隔五年对未使用的场地进行审查，推进废弃物管理。需要根据环境标准选择具体地点，并应考虑废弃物向地点的转移。虽然废弃物管理的背景是减少废弃物处置，并普遍支持废弃物作为可产能原料，但 PPS 10 未包含核心战略中推进这一点的实际方法。在使用过程中一些显而易见的考虑因素是：

• 地方一级的废弃物转化能源设施，在欧洲大陆很受欢迎且经常使用，其可为区域供热计划提供能量；

• 较大的废弃物转化能源设施，其可为可持续能源政策做出重大贡献；

• 制定管理政策，为收集住宅内外的可回收物提供更大空间；

• 每个带花园的新住宅对堆肥箱的潜在需求；

• 经济和就业用途的可回收物空间设计，包括学校、办公室、商业园区和零售区；

• 确定"废弃物英里数"，即转运处理废弃物的距离；

• 明确邻里和社区回收点的位置，并提供这些回收点；

• 考虑有关新开发项目中废弃物和废弃物收集车辆的大小和街道布局问题。

2007 年 6 月，地方发展框架经验教训：规划审查局（2007 年）发行的《学习审查发展计划文件》，专门解决废弃物核心战略问题。如 PPS 10 中所述，空间规划应支持可持续废弃物管理的实施：

• 通过制定适当的增长、更新和谨慎使用资源战略；

• 在适当的地点和时间为适当类型的废弃物管理新设施提供充足的机会。

规划审查局表示，核心战略"应制定废弃物管理政策和建议，确保在适当地点提供足够的废弃物管理设施，包括废弃物处置"（同上：§14）。规划审查局建议，在实践中，这意味着废弃物核心战略应统一考虑废弃物的产生，包括收集和处置：

- 以实证为基础；
- 阐明所面临的问题；
- 给出确定和分配场地的标准；
- 广泛寻找场地的位置；
- 确定实现可持续废弃物管理的潜力；
- 考虑所有选项；
- 接受可持续性评估；
- 做出关键决策；
- 使用建议的解决方案制定战略；
- 应制定交付计划；
- 应形成监控框架。

规划审查局还确定了废弃物"良好"核心战略的特点：

- 具有独特性和可区分性的地方和区域，因此，各战略应具有空间性和定制性，而不仅仅是发展控制政策的集合。
- 通过引用国家或区域政策（不要重复），避免在核心战略中给出指向支持性证据基础时包含不必要的细节，以证据为基础，简明扼要地给出战略。
- 充分利用图形材料的策略，包括关键图表，这有助于理解，并使材料简洁。
- 避免对技术问题等作出不必要的规定，除非这是选择共同构成新废弃物管理能力的土地平台的区域和交付场地的组成部分。
- 积极引入；给出核心战略，帮助确保交付。规划是充分、及时提供设施的关键，需要将废弃物管理提升到废弃物分级。

（同上：§15）

在 PPS 12 修订版（CLG 2008c）发布后，规划咨询服务部门（2008g）为制定废弃物核心战略的内容和流程提供了更多建议。它指出：

无论有关废弃物的规划机构是否为编制核心战略的废弃物部分的通用统一管理部门，或是否为在矿产和废弃物开发框架内开展工作的州议会，都不会影响核心战略中有关废弃物内容的形成、改善和展示。

无论在什么情况下，废弃物规划管理部门都应制定核心战略：

- 有助于确保交付安全，并确保及时提供将废弃物管理提升到废弃物层次所需的设施。
- 通过确定适合的新型或先进的废弃物管理设施的场地和区域，确保有机会在适当的位置提供足够的废弃物管理设备。这应包括指导实际分配和废弃物管理设施场地的标准。
- 分配对战略愿景的实现至关重要的战略场地和区域。这包括根据区域空间战略确定的广泛场地，分配场地以支持区域空间战略中规定的废弃物管理设施。
- 避免在技术等问题上制定不必要的规定性政策，除非这是选择和交付共同构成新废物管理能力土地平台的场地的一部分。
- 充分利用图形材料识别场地／区域，包括关键图，这有助于理解，并使内容简洁。

在一些地区，当地团体已同意编制联合废弃物发展计划文件，包括大曼彻斯特、英格兰西部和蒂斯谷。大曼彻斯特是最大的合作伙伴，并得到大曼彻斯特管理部门协会（AGMA）的支持。在 GMGU（2008 年）进行的一项研究中，在正在编制联合废弃物发展计划文件的所有区域中，这项联合工作带来了一些关键效益：

- 使跨地方政府边界地区能够进行适当的废弃物规划；
- 更好、更有效地利用资源；
- 使行业和社区能够参与到一个流程之中；
- 建立了专门的团队来开展工作。

同时，我们还发现了一些风险，其中包括：

- 在获得政治批准的同时，该流程可能会延迟，所有人都必须在不同的委员会周期内开展工作；
- 这种做法使项目变得非常大，需要进行大量的协调工作；
- 技术难点，例如 GIS；

- 负面舆论；

- 政府退出流程；

- 必须与其他地方发展框架流程保持同步，例如社区参与。

（同上）

在 PPS 12（CLG 2008c）中，还规定了地方发展框架在交付 LAA 中所起的作用（§1.6），许多地方政府在其 LAA 中都制定了与废弃物管理相关的目标。任何地方政府可通过以下链接从 198 项国家指标中选择的具体目标。如果纳入 LAA，则可能对核心战略产生影响的具体指标如下（括号中给出了地方政府在其 LAA 中所采用目标的数量）：

- NI 186 地方政府区域内的二氧化碳排放人均减少量（100）；
- NI 188 适应气候变化规划（56）；
- NI 191 每个家庭的剩余生活废弃物（38）；
- NI 192 用于再利用、回收或堆肥的家庭生活废弃物的百分比（68）；
- NI 193 城市废弃物填埋场的百分比（32）。

在选择废弃物处置场地时，PPS 12 提供了选址标准，包括：

- 水资源保护；

- 土地不稳定性；

- 视觉侵扰；

- 自然保护；

- 历史环境和建筑遗产；

- 交通和可抵达性；

- 空气排放，包括灰尘；

- 气味；

- 害虫和鸟类；

- 噪声与振动；

- 铺草。

（同上：附录 E）

在许多情况下，可以通过规划应用的条件管理这些潜在问题，包括：

- 工作时间；
- 轮胎清洗；
- 车辆尺寸；
- 员工通道；
- 大规模生物多样性规划。

总体而言，通过发展计划文件提供的废弃物规划建议几乎完全集中于确定处置场地问题，并没有就减少废弃物或将废弃物转化为能源战略提供太多建议。这包含在PPS 22（ODPM 2004a）中，其中人们对小规模的地方废弃物发电厂进行了思考，并认为不应"仅仅因为产量小"而拒绝它们（同上：§8）。鼓励地方政府在发展计划文件中纳入该政策，要求"考虑到拟建开发项目的类型、位置和设计，设备的安装是可行的，所以，在新住宅、商业或工业开发项目中使用一定比例的能源"（同上：§10），但不应因为采用这种方式而给开发商带来过度负担。

PPS 22 的配套指南（ODPM 2004b）确定了可被视为可再生能源的废弃物转化能源计划。其特别强调了生物过程和热过程。对废弃物采用可再生能源处理方法的主要好处之一是减少了填埋场的使用。随着填埋税的逐年增加，这样做更具成本效益，而且从长远来看，这会减少甲烷排放和恢复问题。配套指南指出，废弃物焚烧发电厂的位置可能不太适合城市环境，而是更接近目前的废弃物填埋场、污水处理厂或农场，其原因主要是它们处理废弃物过程中会需要大型烟囱。

然而，目前正在城市地区制定废弃物转化能源计划，包括伦敦东部的两个奥运会场地，该计划为韦斯特菲尔德购物中心、奥运村及其后续用途以及所有奥运场馆提供电力。

废弃物也可以通过生物过程（包括厌氧消化、废弃物填埋和废气处理）转化为能源。在某些情况下，木材和纸张副产品和边角料被用于通过燃烧产生能源，约98%的城市固体废弃物被确定为能够通过这种方式产生能源（ODPM 2004b：86）。利用废弃物产生能源的所有流程均表明，这应该成为废弃物核心战略中占有更大的相对密度，而不是目前这样，原因就在于目前的重点是处置场地，这可能是未来需要考虑的问题。

2006 年，有人担心地方发展框架不会解决 PPS 22 中规定的可再生能源问题，并对此进行了审查，结果表明2004 年后的地方发展框架中约有 26 个包含 PPS 22 §1 中的相关政策。然而，应该注意的是，许多计划随后被撤回。因此，现在所纳入政策的数量可能比最初预期的要少。

编制矿物地方发展框架的方法与所有其他方法相同。国家政策指南（CLG 2009h）中规定了计划总量水平的目标，该指南包括了区域和地方发展框架。该指南是基于全国性的建筑材料使用方式的模型，并假设会有更多的再生材料作为所需的建筑材料。提供回收材料也需要成为矿物地方发展框架的一部分。许多地方管理部门已在废弃物处理的同时开展了矿产地方发展框架，例如，威尔特郡和斯温登。坎布里亚郡（Cumbria）等其他地区将它们合并为一个核心战略。

（11）社区基础设施税（CIL）和开发商的捐款

开发商的捐款已被用于产生资源、减轻开发等方面发挥作用，并通过具体的规划应用进行协商开发商的捐款。这一做法已在一些地方政府内进行推广，形成了可适用于每栋房屋或每平方米就业建筑面积的税收，例如，米尔顿·凯恩斯和阿什福德。这些捐款被用于提供基础设施，包括高速公路、学校、开放空间或卫生设施等一系列设施。第 5/05 号通告中规定了可通过开发商协议获得资金的设施类型的方法，并由 1990 年《城镇和乡村规划法》第 106 条规定予以保障。这些捐款作为住房计划一部分，为经济适用住房提供补充。

关于开发商捐款，在地方一级的使用情况一直无法统一。在一些地方政府，可能出现了一些新的开发情况，地方政府可能已经能够通过使用这些捐款为新的基础设施提供资金（Ennis，2003）。然而，一些地方政府并没有筹集到很多开发商的捐款（如果有的话），在 Crook 等人（2008）研究中发现：

> 规划部门有权决定是否寻求规划协议，而且这种自由裁量权似乎得到了广泛行使，因此在类似的开发压力下运营的相邻规划部门获得了数量和价值差距都非常大的协议。

政府的观点是，应通过主流预算为基础设施提供资金，但开发商也应为基础设施提供资金（CLG 2008e；2009g）。政府建议，引入社区基础设施税（CIL），该税收与作为地方发展框架（特别是核心战略）一部分编制的 IDP 相关，而不是采取逐点方法来确定基础设施需求。然而，各地方政府可自行决定是否使用社区基础设施税，如果未使用社区基础设施税，则将继续使用 s106 协议。社区基础设施税只能用于资助与该地区发展需求相关的基础设施，而不是需要通过主流资金等其他方式来弥补现有不足。政府正在开展工作，使政府部门的具体流程与地方保持一致。另一方面，如果因新的开发将对现有设施造成压力，则可能有理由使用捐款来提高其能力。

从地方发展框架基础设施计划开始设立社区基础设施税的流程，从该计划开始，将起草收费计划，并将与其他发展计划文件一样经过独立人员审查的流程。社区基础设施税中收取的金额与基础设施交付计划（IDP）相关，并以未来基础设施的可能成本为基础。社区基础设施税将按与指数相关的建筑面积收取开发费用。应将社区基础设施税和基础设施交付计划联系起来，以便在基础设施交付计划发生变化时，社区基础设施税也会随之变化。2010年4月，社区基础设施税法规生效。

开发通过法律协议提供基础设施之间的联系一直存在，但引入社区基础设施税为我们提供了一个途径，通过该途径，我们可以在一开始就确定基础设施的要求，然后可以使用提供基础设施的所有资源来满足要求。社区基础设施税将被应用于基于基础设施交付计划中列出证据预先确定的需求清单，并将整合基础设施融资方法。迄今为止，我们的做法是将开发商的捐款与其他资金分开处理，而且几乎没有必要用证据基础来支持该要求。社区基础设施税的发展将进一步加强地方发展框架作为该地区本地资本项目的交付作用。

方框3.3　监测框架的原则

年度监测报告的数据收集原则如下：

- 利用现有信息
- 符合国家和区域监测方法
- 制定目标、政策、目标和指标
- 采取前瞻性的方法。

年度监测报告的分析原则：

- 透明度
- 灵活性
- 连续性
- 简单性
- 相关性
- 时间关联性，即正确的时间框架

资料来源：ODPM 2005d

（12）年度监测报告（AMR）

监测是当地证据库中一项日益重要的组成部分（CLG 2008d）。地方政府应定期审查其证据基础，并确保不断对其进行更新（审计委员会，2008a；2009b）在"计划、监控和管理"的原则内对地方发展框架进行监控，年度监测报告需要灵活地监控正在变化或与实施相关的问题。人们预计监测方法还会与其他机构联合起来，并与实现其他目标相结合。这已在上一页的方框 3.3 中已进行阐述。

在此背景下，年度监测报告需要对 2004 年《规划和强制采购法案》中规定的五项关键任务进行报告，这些任务旨在：

- 根据地方发展计划中的时间表和重要阶段，审查当地发展文件编制的实际进度；
- 评估地方发展文件中政策的实施程度；
- 解释政策未得到实施的原因，并说明正在采取哪些措施确保政策得到实施；或是否要修改或替换该政策；
- 确定在地方发展文件中实施政策的重大影响，以及这些政策是否符合预期；
- 规定政策是否要修改或替换。

（ODPM 2005d：9）

制定指标及其在政策变化中的应用仍然是一项具有挑战性的工作。在某些方面，可以衡量的通常是可计算的，这可能并不是评估结果所需的信息。在某些情况下，随着时间的推移，需要进行监测，并且需要更快地为更广泛的政治目标取得结果（Davies，2004）。政策和方法之间的这种相互作用是 Wong 工作的核心，他指出："指标的方法和概念发展在很大程度上受新政策议程的影响"（2006：184）。Wong 还建议，尽管也需要在良好的概念指标与地方共识之间取得平衡，但监测可以成为更集中地控制政策执行的工具。

年度监测报告需要成为地方一级更广泛的证据收集流程中的一部分，地方政策结果的相互作用会被全部纳入监测过程。在某些情况下，例如，监测空间结果或物理活动率，如果所有现有设施都得到了充分利用，则空间规划的结果可能就是提供充足的设施。对空气质量和地表水收集的其他监测可能会导致规划政策的改变或有针对性的干预，例如，在特定地点进行改造，支持缓解或适应变化。年度监测报告还可用于告知社区在其领域内实现的投资规模，并确定哪些地方需要合作伙伴或通过发展管理采取更积极的方法。

合理性测试（ToS）

作为地方发展框架系统实施的一部分，我们引入了一个新特点——规划审查局制定的合理性测试。2005年底发布了这些测试，其旨在使所有地方管理部门都能够清楚了解审查员在审查发展计划文件时所考虑的内容。在该审查过程中，审查员的报告具有约束力，因此清楚了解所需内容非常重要。在开始合理性测试时，审查员默认发展计划文件是完备的，并且只调查那些可能不完备的领域。这意味着，如果审查员认为计划的其余部分是合理的，那么审查过程中，其可能只关注几个关键领域。地方政府需要任命一名计划官员，该官员是地方政府和规划审查员之间的纽带，负责组织所需进行的会议。

审查员可以使用一系列方法来审查发展计划文件的完备性。其中包括：

- 案头审查；
- 书面陈述；
- 圆桌讨论；
- 非正式听证会；
- 正式听证会。

这种对发展计划文件的审查方法是一种新方法。首先，尽管这是"由独立人员进行的审查"，但这是一种审查而非对抗性的过程。与以前的公开审查制度相比，这是一个明显的突破。事后看来，对这些审查流程使用单词审查和同一组首字母缩写（EIP）可能没有充分区分这两个过程及其根本性不同的方法。区域空间战略继续使用公开审查程序，尽管通过使用圆桌会议进行更广泛的讨论，采用了较少对抗性的方式，但对于关键问题，仍然采用与法庭程序更为相似的方式进行审查。这包括使用大律师和通过使用专家证人的方式对证据进行反驳。此外，如果审查员认为他们有一点值得考虑，则他们可以允许任何人作证。

由于审查是询问式的，审查员会在提交发展计划文件时开始审查。对于公众或其他利益相关者而言，对发展计划文件的反对意见必须基于证明发展计划文件的各个方面是不完备的这一基础。审查员会决定如何考察完备性。审查员应用合理性测试得到观点，并将考虑其他人对完备性提出的质疑。审查员可以要求准备更详细的证据，讨论计划的具体内容，并可以审查所用证据的有效性。反对该计划合理性的个人无权发表意见。整个过程需要长达一年的时间才能完成，包括编制和发布审查员报告。

尽管已明确列出合理性测试，但在实践中却很少被理解，并且被认为过于复杂。这是由于操作人员不熟悉其内容。特别是，编制发展计划文件的地方规划者已经适应了区域空间战略自上而下的强大文化，并得到了地区政府办公室（GOs）的支持（Morphet 2007a）。这经常会导致过度强调区域空间战略，特别是在区域空间战略提供的本地住房数量框架中，而忽视合理性测试的其他部分。在合理性测试中，需要证明发展计划文件与区域空间战略的一致性是 3 项合理性测试中 1 项的三分之一。因此，许多发展计划文件要么被发现不完备，要么被撤销。

合理性测试有两个版本。在 2005 年发布的第一次迭代中，有 9 项单独的测试，每项测试最多有 3 个子部分。虽然增加了每项测试的子部分的数量，但 2008 年发布的合理性测试的第二次迭代仍包括 3 项测试。实际上，尽管测试方式不同，但两套合理性测试都包含了相同的点。表 3.1 和方框 3.4 列出了这些内容。

2005 年合理性测试　　　　　　　　　　　　　　　　　　　　表 3.1

		测试
程序性	i	根据地方发展计划编制发展计划文件
	ii	发展计划文件的编制符合社区参与声明或法规中规定的最低要求（如果没有社区参与声明）
符合标准	iii	该计划及其政策受到 SA 的约束
	iv	这是一个符合国家规划政策的空间规划，并且总体上符合该地区的区域空间战略或空间发展战略（如果在伦敦），并且适当考虑了与该地区或邻近地区有关的其他相关计划、政策和战略
连贯性、一致性和有效性	v	其已考虑到管理部门的社区战略
	vi	规划中的战略 / 政策 / 分配在管理局和邻近管理局编制的发展规划文件中以及与跨境问题相关的发展计划文件之间是一致
	vii	在考虑了相关替代方案后，战略 / 政策 / 分配在所有情况下都是最合适的，并且这些都是基于可靠的证据基础之上的
	viii	有明确的实施和监测机制
	ix	其足够灵活，能够应对不断变化的环境

资料来源：国家服务规划审查局，2005

方框 3.4   2008 年合理性测试

（i）合理性

- 建立在有效、可靠的证据基础上
- 利益相关者和当地社区参与的证据
- 在考虑替代方案时，这是最合适的策略

（ii）有效的（可交付）

- 健全的基础设施交付规划
- 对于实施监管或规划，不存在障碍
- 已签约的实施合作伙伴
- 与相邻管理部门的战略保持一致
- 灵活
- 能够被监控

（iii）符合国家政策

- 如果该计划偏离国家政策，则应该有明确和一致的理由

资料来源：国家服务规划审查局 2008b

在应用 2005 年版本的合理性测试时，独立审查员的关键作用之一是确保适当地测试了地方编制发展计划文件的证据。程序性测试是流程的一小部分，在早期筛选阶段进行。一致性测试旨在考察发展计划文件的过程和内容。特别是，有必要确保发展计划文件是在地方管理部门及其合作伙伴的其他政策文件的背景下编制的，特别是在 SCS 内制定的。

有关连贯性、一致性和有效性的测试可能是 3 组测试中最重要的，也可能是实践中最容易被人们误解的。连贯性、一致性和有效性的重要特征是，发展计划文件与邻近地方政府在考虑跨境问题时所采取的方法应保持一致。这可能与公共住房市场区域、国家公园或地方政府区域以外的城镇为居民提供关键服务的方式有关。交通和就业也可能是跨境考虑因素。如果地方政府实施联合核心战略，则需要考虑联合核心战略区域的外围管理部门。这组测试中的第二个主要问题是使用实例证据形成计划提案和政策所依据的选择在向规划审查局提交的一些早期核心战略文件中，缺乏证据基础，无法形成替代方案，这是一个关键问题。在没有任何基础理由的情况下，早期计划的提案得以推进；在当时的情况下仍然是合适的，但这会导致计划被认为是不合理的。

然而，人们对最初的合理性测试最误解的可能是测试 viii，该项测试涉及实施和监控机制。这一测试是计划可实施性的核心，但许多地方政府和一些政府官员认为这意

味着地方政府办公室内参与计划制定的工作人员数量不属于交付内容。在 PPS 12 的第二版（CLG 2008c）中，对这一测试做出了最为清晰解释，并受到关注。这些连贯性、一致性和有效性测试的最后一部分与随着时间的推移提案的时效性有关。这不仅意味着风险评估，还意味着一些替代方案，这些方案可以作为确保发展计划文件能够承受潜在重大变化过程的一部分进行审查。

在这些合理性测试发布后，一些地方政府提交了他们的发展计划文件。2005 年，4 份核心战略被提交审查，只有 1 份被认为是合理的（霍沙姆）。2006 年，38 个地方政府提交了其核心战略进行审查，其中 9 份被撤销，6 份被认为不完备，还有 1 份待定。其余的 22 份均是完备的。此时，地方政府还提交了其他发展计划文件，例如，区域行动计划、开发政策、废弃物和矿产等。

这一进展不如预期。这比预期的速度要慢，不完备和撤回的核心战略的数量也比预期的多（Wood，2008）。规划审查局决定发布另一份文件，通过这一过程支持地方管理部门。2007 年 6 月出版了《地方发展框架：审查发展计划文件的经验教训》。在这方面，规划审查局报告说，已被认为合理的核心战略正在朝着正确的方向发展，但仍存在需要澄清的问题。经验教训分为 3 个关键部分——提交前、提交后和审查。在提交前这个阶段，审查员希望有完整的证据基础。一旦提交了发展计划文件，则无法提供新的证据。还有人建议，最有帮助的是，在提交发展计划文件前提交核心战略，而将全部发展计划文件一起审查并没有帮助。有人指出，需要在核心战略中做出主要考虑因素和"艰难决定"，而不是留待后续发展计划文件中做出。例如，有人指出，在完成场地分配发展计划文件之前，不能保留住房场地的分配，"该策略应推动场地分配，而不是反过来"（§5.2）。最后，规划审查局确认，发展计划文件应专注于实施，"迄今为止，许多核心战略在实施和监测方面特别薄弱"（§5.9）。

第二年，尽管规划审查局提供了这一额外建议，但提交的核心战略数量似乎仍在减少而不是增加。2007 年，提交了 19 项核心战略，其中 5 项被撤回，没有一项被认为不完备。如果要在 2011 年之前在英国实现地方发展框架核心战略的全面覆盖，则我们需要采取行动。CLG 于 2008 年 6 月发布了 PPS 12 的修订版，旨在简化合理性测试，但确认"需要完备的标准保持不变"（CLG 2008c：3）。规划审查局发布了更多建议，以配合修订后的 PPS 12（同样在 2008 年 6 月），作为地方发展框架审查发展计划文件：合理性指导。表 3.1 中列出了经修订的合理性测试。规划审查局确认，2008 年版的合理性测试包含了 2005 年版的所有内容。二者的主要区别在于加强了对实施能力的关注，这一点以前未明示。这种改变的格式重新平衡了测试，并使地方发展框架作为本地基础设施规划的关键实施过程的作用更加明显。

除了这项关于合理性测试的指南外，规划审查局还发布了两套新的发展计划文件审查程序建议。2009 年，出版了《一般咨询指南》和《审查发展计划文件程序指南》，并出版了《参与者简要指南》（2009 年）。这些文件强调了与以前的准司法系统相比，发展计划文件审查方法的一些变化。第一份也是较短的文件阐明了一点，即审查不一定是逐点进行的，而是在审查员考虑发展计划文件是否完备的整体时间内进行的。在这两份文件中，都强调了审查的"审问"性质。在第二份程序指南和更长的程序指南中，审查员列出了审查过程中每一周可能发生的事情。

结论

英国引入地方空间规划的速度比预期的要慢。现在回想起来，这是很多原因造成的，可能在 2004 年人们就已经预料到了这些原因，但现在更清楚地理解了这些原因，这有利于事后回顾。这些都在《塑造和交付明日之地——空间规划的有效实践》中确定的（Morphet，2007）。总之，这些原因是：

- 未能解释空间规划在更广泛的地方治理架构中的实施作用；
- 对空间，即基于场地的交付方法缺乏了解；
- 对新工作方法的培训和发展不足；
- 更广泛的地方政府架构的某些方面的实施速度较慢，这本来应起到补充地方发展框架的实施作用；
- 未能向首席执行官、领导和其他人传达地方管理部门内部角色的变化；
- 对政府办公室空间规划的变化性质缺乏了解。

另外，最近的倡议和出版物阐明了地方发展框架的作用，加上规划咨询服务部门提供的基础设施交付支持，人们对这一作用有了更深入的理解。通过发布其他建议或政策文件提供了其他确认，包括：

- 共同规划 2（CLG 2009a）；
- 地方交通计划指南（DFT 2009）；
- s106 指南和独立对话（HCA 2010）；

- 社区基础设施征费咨询（CLG 2009g）;
- 区域战略咨询（CLG 和 BIS 2009）。

　　所有这些文件都加强了地方基础设施交付计划的作用。在区域层面，将区域空间战略重塑为以经济为重点的区域战略（RS），这将在第 9 章进行更详细的讨论。然而，与地方发展框架一样，区域战略将有一个交付计划，这会与地方发展框架相关联，以便在地方一级实施。

第4章
空间规划的证据基础

导言

证据在支撑空间规划中的作用至关重要，这一点在发展规划中已经得到了很好的理解。在本章中，证据在空间中的作用是在更广泛的政策制定背景下考虑的。这些内容现已应用于包括空间规划在内的公共政策中。本章还将回顾目前已在英国地方一级应用并且正在形成空间规划关键基础的综合证据库的作用。自2009年起，咨询反馈被纳入这个地方范围内的证据库，现在是与其他数据一起考虑的证据来源。这种使用和应用证据的地方化方法对空间规划所需的基础证据做出了重大贡献。这种（咨询反馈）证据也是为了更加透明化。空间规划过程也将为这个信息库提供证据并支持更广泛的空间解释。本章重点讨论证据对空间规划本身以及数据分析的贡献，下一章将讨论咨询证据。

在讨论了提供整个地区可用的证据库之后，本章将继续讨论在空间规划过程中如何考虑证据。本章介绍了一些需要作为空间规划证据库的一部分进行的一些关键研究，以及将它们整合到一起所需要考虑的因素。最后，本章讨论了如何通过使用网站和地方证据库，使那些有兴趣审查或添加空间规划证据的人更容易获得空间规划证据。

证据为何重要？

证据在公共政策和空间规划中一直扮演着重要角色。它可以被认为是"掌握问题"的必要基础（Osborne 和 Hutchinson，2004），从而用于创造以结果为导向的方法。尽管在处理挑战、问题或难题时，往往会倾向于考虑投入而不是结果（Osborne 和 Gaebler，1993）。寻找证据本身并不是目的，然而，对循证决策的日益关注引起了人们关于证据作用的新的激烈辩论。Boaz 等人认为，证据在组织和政策制定中的使用已经开始产生"明显的转变"（2008：247）。

证据有许多作用。首先，它可以帮助确定地方如何运作，识别人的生活方式以及他们的需求类型（CLG 2007i）。证据可以衡量公共干预的有效性，如改变出行方式、提高识字率或使更多人重返工作岗位。证据可以被视为单一的数据测试，衡量一个问题或结果，也可以将它们结合起来，考虑区域、组织或人的协同相互关系的影响。所有的证据都是"拥有者"或赞助商所"拥有"的，这种"拥有"的过程意味着，通过这些证据所解决的问题，甚至是收集证据的方式，都可能反映出其"拥有者"的主要利益。

　　近年来，人们越来越多关注循证决策的政策制定。这种在医学领域最为普遍的循证方法，也越来越多地被用于公共政策的制定。以证据为基础的政策制定主要通过以下三种方式来确定：

- 需要做什么？
- 什么方法在这里或其他地方已经奏效？
- 这种方法对解决问题或改善结果是否有效？

　　使用基于证据的方法确定需要解决的问题一直是公共政策的一个长期特征，其根源在于费边主义（Fabianism）。在某些情况下，证据被用来确定需要关注的问题。例如，较短的预期寿命或较差的空气质量。这种方法也可以用来识别存在多种问题的地区，这些问题可能不是一个机构的责任，这种方法已在社区层面和"联合政府"中被采用。在某些情况下，证据被用来证明对个人和地区的干预或提供更大的财政支持的必要性。燃料贫困、旱地农民和失业率较高的地区问题，都是通过相关证据来理解的，这些证据显示了某一地区与其他处于或高于全国平均水平的地区的对比。Wong 指出，近年来有一个强烈的趋势，即"以研究为基础、以证据为基础的政策制定"，而挑战仍然是如何在"科学合理性和复杂的政治现实"中找到出路（2006：38）。

　　第二类证据是用于找出在其他地区行之有效的方法。人们越来越关注的是，在进行重大投资之前，公共干预措施需要一些证据来证明其可能产生的结果。试点项目是在全盘投入资金之前测试方法的一种手段，尽管试点项目经常没有被普遍使用。这可能是因为它们没有完全达到预期的效果，或者因为潜在的问题或条件已经发生了变化（Davies，2004）。有时政治压力可能会促使某项措施在试点结果出来之前被实施。寻找成功的例子并不局限于英国，其他国家的经验和方法也被考虑在内（内阁办公室，2009）。正如柯林斯所评论的，在中央政府中，"很少有政策是在没有某种证据的情况下制定的。尽管如此，通常是政策先行，想法往往引导对证据的寻找，而不是反过来"（2009：15）。虽然国家之间存在着根本性的文化差异甚至是制度差异，但解决问题的国际方法可以激发对问题的更广泛考虑。在政府中，这种对其他国家的倡议和方法的全方位搜寻是整体方法的一部分。例如，社区基础设施税的引入，与澳大利亚长期使用的方法非常相似（McNeill 和 Dollery，1999；Morphet，2009b）。

证据的最后一个主要用途是事后检查，看干预措施是否有效，以及下次可以学到什么。这一阶段的证据收集工作通常不太完善，但可以通过审计和监督的作用得到增强。审计委员会和国家审计署办公室的角色已经从单纯的财务审计转向对结果及其资金价值（VfM）的更广泛考虑，并对公共政策的实施和审查方式产生了广泛的影响（Power，1997）。绩效和结果评估都是基于这种方法。在地方层面，审计过程包括大量的个人服务绩效管理方法和一些区域性的制度，包括：

- 最佳价值（BV）（1997–2003，在某些领域仍有贡献）；
- 综合绩效评估（CPA）（2003–2009）；
- 地区综合评估（CAA）（2009）；
- 地方区域协议。

针对一些特定服务，包括规划（审计委员会，2006a；2006b）和房地产（英国财政部，2009b）进行审查和研究，收集在地方层面运作良好的证据，然后将其发布为良好的实践建议。这两种类型的证据，无论是基于绩效管理还是具体研究，都用于评估未来的绩效，并用于实现改进（Van de Walle 和 Bovaird，2007）。

审查方法在结果评估中的作用和影响力也不断增强。在议会中，由于斯蒂瓦斯（Stevas）改革，特别委员会的权力得到了扩大，并已发展到特别委员会主席的意见有时被认为比内阁大臣的意见更加重要（Mullins，2009）。在最近的时期，特别委员会的这些作用变得更加公开，媒体也经常征求特别委员会主席的意见。特别委员会的报告越来越有影响力，他们的审查权也影响了新的立法和政府政策的方向。特别委员会在公开场合收集证据，然后发布报告。例如，在规划方面，社区和地方政府部（CLG）的特别委员会的报告调查了规划技能的短缺问题，然后花时间通过政府部门寻求改善（下议院，2009）。

在地方层面，审查工作自 2000 年开始实施，尚未发展到与议会相当的程度。与议会一样，地方层面的审查小组可以审议任何问题，不过尽管他们可以提出建议，但他们没有权力实施这些建议。方框 4.1 显示了有效审查的四项原则，最终的一项原则是，有效的公共监管应该对公共服务产生影响，这一点确定了其在对证据的贡献中的作用。

地方审查小组可以邀请人或组织提供证据，而且可以公开进行，虽然小组无权确保这些证据会被提供。尽管有可能存在交叉问题，但大多数审查还是集中在地方政府当局的工作方式上，如在特定的地方如何提供公共服务，或者关注老年人等特定群体的生活。实际表明，在审查住房供应、重建、交通的使用和供应以及服务干预的具体方法方面，监督是有效的。

在地方决策中使用证据也会产生影响，特别是在将个人视为消费者的情况下。人们的观点可以通过市场调研而不是民主参与来收集。当然在现实中，观点的收集可能介于这两者之间。2009 年，英国所有地方当局的地方调查结果证明，尽管具体服务的满意度很高，但公民和社区对其地方领导和服务的满意度并没有得到提高（CLG 2009c）。还有人主张将人们的主导作用从消费者向公民过渡。桑德尔（Sandell，2009）指出，将人们更多地作为公民而不是消费者来对待，可以更好地理解民主参与过程。另一方面，Bevir 和 Trentmann 则认为，当使用消费主义方法时，地方推理在做出选择和提供对市民和社区最重要的证据方面发挥了作用，这不能简单地被视为自我利益而忽视（2007：174）。政策选择的证据是一个重要因素，这不可避免地导致与消费文化的联系。在接受调查时，人们不一定会区分提出这些问题的服务提供者的类型。虽然可以使用不同的形式对人们进行调查，或采用更具质量和讨论性的方法来提高对市民角色的理解，但这不可能替代服务质量的感知。

> **方框 4.1　有效监督的原则**
>
> **有效的公共监督者：**
>
> - 向行政人员以及外部机构和部门提供批评的友好挑战
> - 反映公众和社区的关切之声
> - 应代表公众领导并拥有监督过程
> - 应对公共服务的提供进行优化
>
> 资料来源：The Centre for Public Scrutiny 2007

在使用证据做出决策方面也存在一些问题。正如审计委员会所指出的："做出决定时所提供的信息永远不会像人们所期望的那样相关、完整、准确或及时，而那些做出决定的人往往没有能力从现有的信息中得出适当的结论"（2008a：5）。2007 年的《地方政府和公众参与卫生法》及其相应的指导文件（CLG 2008d）强调了地方层面使用证据的重要性。该法律依照"参与的义务"对地方政府的责任进行了规定，既包括收集和发布证据，也包括更系统的地方咨询方法。审计委员会也强调了证据在提供服务和资源使用的决定中的重要性（2008a；2009b）。然而，正如 Davies（2004）所指出的，政治判断的作用和证据的应用之间总是存在一种紧张关系。

不可避免的是，在研究哪些问题和选择这些问题的过程中总是存在问题。证据收集可以是一个政治过程，研究总是可以被改变方向，要么是出于增加范围，要么是为了避免某些可能的结果（O'Brien，2008）。虽然证据可能是透明的，但研究问题的选择可能并不透明。一些研究已经证实了证据的力量及其在新信息时代的意义。Mayo 和 Steinberg（2007）在国家背景下考虑了这一点，他们的研究发现，数据的增加可使公民更加关注可用的信息，并且更有能力发现和使用信息。此外，他们发现，许多公民现在正在生成自己的内容（Brabham，2009），并期望与提供的信息进行互动。这对于服务或政策的落实以及优先事项的反馈尤为重要。他们还发现，美国现有的开放获取公共资助信息的政策可能对经济有利。它扩大了现有信息的使用范围，减少了重复，并提供了一个可以开发新服务和业务的平台。这也会对现有信息的透明度产生影响，正如 2009 年议员费用问题波及公共生活的其他领域所展示的那样。当时的反对党领袖戴维·卡梅伦（David Cameron）将这种转变描述为将每个人都变成"谷歌治理"的背景下"纸上谈兵的审计员"。

证据收集与质量

证据的质量可以通过多种方式进行验证。首先，有一种实证主义的测试叫作"复制"，即如果在相同的条件下使用相同的方法，应该得出相同的结果。其次，收集数据以形成证据库的方法应该是健全和可靠的。在选举前公布民意调查时，人们总是关注所使用的方法——电话、互联网、面对面调查、样本量和结果的统计误差范围。这些因素应尽可能得到控制。收集证据通常由益普索 MORI、NOP 和 U-Gov 等专业公司进行。使用民调机构被认为是保证独立性的一种手段。一些公司已经从事本地层面的民调收集工作多年，现在能够提供比较和变化的数据。

证据有多种来源，并有许多不同的格式，包括方框 4.2 和方框 4.3 中的格式，而数据的质量可以根据方框 4.4 中的一些指标进行评估。

正在收集定性证据的研究也需要确定其参与规则。定性研究可以通过讨论的方式进行，如重点小组讨论，即为人们提供一个机会来表达对一个确定的问题或话题的意见。它们也可以在汇集关于特定地点和社区重要性的观点方面发挥重要作用（Goodsell，2009）。在定性研究中，确保被研究的问题和研究过程的目标清晰很重要。如果没有这一点，更多的讨论可能会导致更大的偏离，从而削弱研究结果的质量（Clark 和 Hall，2008）。在这种方法中，重点小组成员的选择很重要（French 和 Laver，2009），重点小组需要经常使用独立的主持人，以提高参与者的信心和研究过程结果的可靠性。当任何数据被收集和使用时，它的质量和出处都需要被明确。当然，如果对其结果的依赖受到数据质量程度的影响，那么以不太独立的方式收集的证据还是可以使用的。

方框 4.2　如何收集证据

证据的收集有许多不同的方式，包括：

- 通过调查、研究收集初级数据
- 二级分析
- 根据指标衡量的绩效数据
- 结果数据
- 用户感知研究
- 咨询
- 纵向研究
- 仔细审查和更具反思性的研究

方框 4.3　数据类型

数据可以是以下类型之一：

- 定量的
- 定性的
- 可测量的
- 给人印象深刻的
- 实时的或延迟的
- 原始的
- 解释性的
- 孤立的
- 聚合的

资料来源：Audit Commission 2008a：16

方框 4.4　定义数据质量

数据的质量可以通过以下方式定义：

- 准确性—数据对于预期的目的应该是足够准确的
- 有效性—数据的重新编码和使用应符合相关要求
- 可靠性—数据应反映稳定和一致的数据收集过程，在收集点和时间上保持稳定和一致
- 及时性—数据应在事件或活动发生后尽快采集，并且必须在合理的时间内用于预定用途。数据必须快速地提供并足够支撑需求，以支持信息需求和影响服务或管理决策
- 相关性—获取的数据应该与使用的目的相关
- 完整性—数据要求应明确基于机构的信息需求，并将数据收集过程与这些要求匹配

资料来源：Audit Commission 2008a

利用证据进行空间规划的综合方法

在《创建强大、安全和繁荣的社区》（CLG 2008d）中，提出了在当地治理框架内采用综合方法使用证据的发展方向。其中，LSP 有责任根据当地和人口的证据和数据来准备 SCS（§2.4）。"参与的义务"包括提供信息以支持社区参与决策。作为这一过程的一部分，信息在支持咨询和参与方面的作用得到了肯定，因此当地代表应了解以下信息：

- 可用的不同选项，每个选项的利弊以及任何其他相关的背景信息；
- 决策过程（即如何做出决定，由谁做出最终决定以及考虑哪些证据）。

（同上：22）

除此之外，还有一项要求，即信息活动不应孤立地进行，"而是作为整个地区综合方法的一部分"（同上：25）。最后，作为空间规划过程的一部分，需要考虑一些关键的信息测试，即当局应该能够证明：

- 他们了解当地社区的利益和要求；
- 他们对正确问题的信息有充分理解，针对正确的人，并让目标人群能够获得这些信息；
- 他们在提供信息方面有一个适当的整体方法。

（同上：25）

方框 4.5　数据收集的效率：使用 COUNT 原则

Count 数据收集原则是：

Count——组织数据收集的一致性
Once——最佳利用现有数据
Use——确认数据使用的目的
Numerous——识别需要收集的数据
Time——时间和资源管理

《共同规划》（CLG 2009a）中规定了为地方合作伙伴（包括编制空间规划的合作伙伴）建立共同证据库的核心原则。该文件规定了一系列空间规划与地方证据的收集和使用相互关联的方式，包括：

- 采取合作的方式收集和使用证据（见方框 4.5）；
- 讲述包括空间分析中所列举的证据用途的地方故事；
- 证据提供空间规划和 SCS 的交互和共同基础；
- 证据库的咨询过程和结果；
- 采取共同的绩效管理和监测方法；
- 使用共同的可持续性评估。

在地方层面，联合战略需求评估（JSNA）正在为人口证据建立一个共同基础。这是一个英国系统（DH 2007；2008），是所有服务机构对当前和未来需求估计的共同基础。这与地方上的现有做法有很大的不同，地方上的服务机构经常使用不同的人口数据和与自己的服务有关的预测。然而，这些数据在空间尺度和年龄组方面的关联可能存在问题。在 JSNA 中采用统一的方法，反映了所有的服务都是在为同一个社区工作。

人口数据的另一个问题是如何向前预测和使用哪些方法。每个部门都可能使用不同的方法。有些是基于出生率，有些是基于住宅的占用率，有些是基于死亡率。对于空间规划的需要，需要有一个与 JSNA 一致的三阶段方法。具体情况如下：

第一阶段　考虑现有的人口及其未来的需求。

第二阶段　在此基础上，增加任何因加强现有住房存量而可能产生的额外人口，例如：
- 从低利用率转为充分利用；
- 分割现有库存；
- 变更用途；
- 征用花园；
- 意外获得的土地。

第三阶段　在此基础上，加上已确定的战略用地的开发和移民带来的可能的人口变化。

在当地层面，在考虑到现有设施、获得这些设施的途径、它们目前的能力和质量等方面的前提下，所有这些证据都可以用来识别当前和未来服务的缺陷和需求。

作为证据的协商过程

规划咨询是编制愿景或计划过程的核心部分，也是确认公众接受该过程特定阶段的一种手段。然而，协商作为一个过程的地位正在改变其性质，而协商是证据收集的一部分。这一转变已经在 2007 年《地方政府和公共参与卫生法》中得到推广。该法案将咨询纳入参与义务，咨询过程现在被列为证据库的一部分，并被纳入决策过程，而不是作为一个单独的过程（CLG 2008d）。此外，证据的定义已经得到扩展，以便考虑到所有相关的咨询，包括由更广泛的公共部门和其他组织（如教区委员会、开发商和社区）进行的所有相关咨询。

　　这种协商方式更为健全和系统。虽然规划长期以来一直在进行系统的咨询，但也被批评为象征性的或肤浅的（Brownill 和 Carpenter，2007）。很少有证据表明，规划师是通过使用现代方法来寻求咨询回应的，而是经常依赖公共会议、展览和报纸。将协商过程和结果纳入证据库，然后对其进行评估，可以提高其重要性，并鼓励更多人参与进来。这也意味着空间规划过程将需要系统地包括如何证明在制定计划的过程中已将咨询作为证据。在 PPS 12 中，强调了将咨询作为证据基础的一部分（CLG 2008c：§4.37），社区参与声明不再作为 LDF 的一部分进行审查，而是与所有其他地方公共部门的咨询过程结合在一起，并由审计委员会作为综合地区评估的一部分进行审查。

在空间规划中使用证据

　　证据的作用是空间规划过程的核心。正如 Davoudi 和 Strange（2009）所指出的，帕特里克（Patrick Geddes）的格言"调查分析和规划"一直是规划的基础，强调了数据和分析的重要性。随着时间的推移，规划中的一些争论涉及获得证据的方式不同，以及证据是否用于支持判断或规划决策。Healey 将其描述为规划过程中的"政策或治理"考虑因素，并认为规划不仅仅是"将知识转化为行动"（2006：219）。规划辩论经常陷入"是什么"和"应该是什么"的两难境地。许多规划实践涉及一个地方所表现出来的东西，并制定战略来管理或鼓励变化。现在，这已经扩展到了使这种变化发生。Durning（2004）还发现，随着规划作为一门学术学科的发展，其研究结果和对文献的贡献必须更像其他学科，因此，研究的实际应用更为遥远。随着时间的推移，这可能会降低规划从业者对规划研究使用的信心，或者至少认为规划研究与他们自己的需求无关。

　　然而，这场辩论比这更加微妙。将个人作为消费者的关注，是基于对"以生产者为基础"的政策制定和服务提供方式的抗衡的愿望。与其说是对立的，不如说消费主义和合作方式代表了实现相同目的的尝试，它们都是基于民主的，但它们代表了实现这些目的的不同手段。在考虑证据在空间规划中的作用时，这一切都很重要。在地方层面上，教区规划是证据的重要贡献者，且具有地方性。然而，以社区为基础的计划或教区计划可能不是合作制定的，也可能没有就当地的优先事项达成一致意见。所有证据都需要分析，然后做出政治选择。任何证据库一旦进入公共领域就会具有更广泛的影响力，而且更容易受到质疑。作为制定 LDF 过程的一部分，建议与利益相关者讨论支持该计划所需的证据库，以确定"证据库的主要组成部分"（CLG 2008c：§4.56）。PPS12 的关键任务之一是，核心战略是在强大和可信的证据库上制定的（同上：§4.52），是规划编制和交付能力的核心特征。

　　PPS 12（同上：§2.1）指出了证据对英国系统内空间规划的重要性；它提供了空间证据，以支持地方当局正在实施的更广泛的计划和战略（同上：§2.2），并以这种方式对证据库做出净贡献。这可以在过程开始时就确定范围（Atkins，2008），但也需要在过程中不断审查，因为证据需要尽可能在开始时提供，但也将随着计划的制定和实施才逐渐变得可用。情况可能会发生变化，需要立即做出反应。重大事件，如工厂关闭或首次被洪水淹没的土地，可能需要立即进行审查。其他变化，如 2001 年后出生率的上升，可能会对基础设施和服务提供产生缓慢的影响，如幼儿园和学校的位置以及随着时间的推移可能出现的更多卧室的住房。其他重要的人口结构变化，如人口年龄结构从退休到年轻家庭，也可以显著增加服务压力，但不需要增加居住空间需求。

　　地方发展框架（LDFs）也需要提供其如何实现的证据，作为服务宗旨的一部分，需要提供以下证据证明：

- 表明其与相邻区域的其他计划和策略一致；
- 以基础设施交付规划为基础；
- 证明不存在交付方面的障碍；
- 证明所有交付合作伙伴都已签署协议。

After PPS 12（CLG 2008c：§4.45）

空间规划的具体研究

　　空间规划方法借鉴了此处所讨论的广泛证据来源。他们还需要具体的研究以便用于制定或测试计划。这些研究也可以为更广泛的证据库做出贡献。例如，洪水研究有助于应急规划、卫生和其他应急服务。在准备 LDF 时，"每个委员会必须明确哪些信息是他们自己所需要的"（Atkins，2008：1.7）。作为联合核心战略的一部分，与其他当局一起开发证据也被考虑在内（CLG 2008c：§4.18）。有建议为 SCS 和 LDF 开发一个联合证据库（同上：§4.35），一些当局已经实施，例如兰卡斯特（规划咨询服务，2009）。

（1）水循环研究（WCS）

在收集支持空间规划过程的证据时，主要关注的问题之一是确保有足够的水、排水和能源等服务供应的信息。虽然公共事业部门被要求在任何需要的地方提供服务，但它们也可以提供现有供应的证据，并且在未来可能出现短缺的。关于水，有两个关键问题需要考虑。第一个是家庭和商业用水的供应。第二是与提高洪水风险相关的废水和排水问题。这两个问题在考虑新的发展规划和更加集约利用现有土地和建筑的后果时都是相关的。目前，在地方层面，水资源管理的机构和合作伙伴正在广泛地使用水资源管理策略（WCS）来综合考虑所有这些因素。WCS 主要是为了发展地区与经济增长而制定的，但现在越来越多地被用于审查其他地方的水问题（见方框 4.6）。

方框 4.6　利用水循环研究

水循环研究将有助于通过以下方式更可持续地规划水资源：

- 整合所有合作伙伴和利益相关者的现有知识、理解和技能
- 将所有水资源和规划证据整合到一个框架下
- 了解发展的环境和物理限制
- 与绿色基础设施规划并行，确定更可持续的规划机会
- 确定水循环规划政策和水循环战略，帮助所有合作伙伴规划可持续的未来水环境

资料来源：Defra 2007

英国环境、食品和农村事务部（Defra，2007）制定了 WCS 的方法，分为三个阶段：范围界定、纲要和详细分析。范围界定研究有助于确定所考虑的区域，该区域可能是地方当局的一部分，也可能更广地涵盖多个地方当局。它还建立了利益相关者应参与的研究过程的管理，并评估了已有的信息，考虑该地区的环境风险和制约因素，以及现有系统是否能够应对未来的发展需求。这将包括对现有能力的评估，如果需要解决具体问题，则可能需要继续进行更详细的研究，以确定实施所需的措施。

在计划进行新的开发方案或审查替代性开发方案的地区，进行水环境监测和研究或将提供重要的证据。在此过程中，还可以考虑现有的水问题。尽管水务服务与其他

公共事业一样已私有化，但其依然被视为欧盟法律下的"公共利益服务"，与其他公用事业一样受到强有力的监管制度的约束。水务监管机构——Ofwat 在投资和定价方面有严格的规定，资金支出和收费的范围每五年审查一次。作为竞争监管的一部分，水务公司不得讨论超出当前五年期限的未公开计划。尽管现在已要求水务公司发布 25 年的水资源管理计划（Defra，2009），但这依然经常为想要长期评估选择的规划者带来困扰。

在增长区域，WCS 已在大诺里奇、米尔顿·凯恩斯和贝辛斯托克等地区进行。

（2）洪水风险评估

首次被淹地区的增加被视为气候变化影响的证据，并使洪水风险评估成为空间规划证据收集的重要内容。在许多地区，洪水风险已经从百年一遇增加至十年一遇。洪水的可能发生率可以在环境署网站（www.environment-agency.gov.uk）的地图上看到。洪水风险的增加也对未来发展用地的评估产生了重大影响，并在许多地方当局地区产生了减少可用于发展的用地数量的效果。在某些情况下，潜在的洪水风险可以通过设计方法来缓解，例如只将住宅安置在一楼，这一技术也在其他国家使用。

2007 年，在英国首次发生的严重洪水引起了《皮特评论》的关注（内阁办公室 2008），并促使了规划指南的出台（CLG 2010a）。通过 PPS 25，每个地方政府都需要准备战略洪水风险评估作为其证据库的一部分。关于如何进行战略洪水风险评估的指导和建议已在 PPS 25 的附带指南中提供（CLG 2009j），其中还提供了流程图、案例研究和进一步的信息线索。现在的假设是，任何发展规划都可能在其使用寿命（通常假定至少 60 年）内面临洪水风险。洪水风险评估的作用是通过系统化、基于证据的方法评估、管理和降低这些区域的洪水风险。在大多数地方当局，这一过程由专业咨询公司而非当局内部进行。洪水风险评估是空间规划过程中委托的主要研究之一，也是所有其他合作伙伴将使用的关键研究之一。这也是他们自己服务规划的重要决定因素，包括应急服务以及未来服务位置和后备支持等。

在地方层面，发生洪水主要有两种方式。第一种是通过河流和其他河道漫过河岸。这可能是由于山区大雨引起的，也可能是季节性的。第二种是由于城市地区降水量过大，排水系统无法承载水量。这种洪水可能是由于排水设计、能力或缺乏维护所引起的。在这两种情况下，可持续城市排水系统（SUDS）的应用都是一种响应，也可以通过个人开发的开发管理政策应用于新的开发项目（Defra，2007a）。实施 SUDS 也是确定潜在洪水风险地区的基础设施要求并进行改造的一项举措。

（3）住房

随着时间的推移，证据在支持 LDF 住房要求方面的作用已经发生了变化。以人口为基础的方法经常被规划者认为不尽人意，因为他们无法将这些数字转化为房屋的产权类型。尽管可能存在足够的房屋供应，包括规划许可，但这可能并不符合特定的住房需求。其他方法则更详细地确定住房市场和可用土地，考虑更详细的位置、产权类型和可能的交付时间，从而更全面地确定住房需求。这种方法还规定了提供住房与充分的社区服务的联系，这可成为在某些地区设置密集住房的理由，因为这些地区可以通过增加社区规模来保证服务的可行性。

在 LDF 进程中，住房证据库的主要问题是住房供应数量目标的推导和使用。这些目标主要以三种方式在系统中出现，这些方式都受到政府的强烈影响：

· 地区空间战略（至 2010 年）；
· 地方协议（可能与 RSS 数字相同或不同）；
· 国家住房和规划单位——其数字通常高于所有其他要求。

所有这些方法都是基于与人口有关的预测计算方法、过去的趋势以及可能需要的所有权和家庭规模的指示。计算未来住房需求的其他方法基于以下信息的组合：

· 移民预测和预报；
· 过去的建设速度；
· 对当前需求的评估；
· 通过集约化手段提供住房。

住房供应政策是在《住房绿皮书》（CLG 2007f）中提出的，并将其转化为一项涵盖未来住房需求所有问题的地方战略性住房计划。然而，当转化成地方发展框架计划时，唯一考虑的住房是基于政府规划和已确定的用地预测的住房。通过其他方式提供的住房，包括改建和变更用途，以及住房二次开发用地——所谓的"意外之财"用地，不会也不能被考虑在内（CLG 2007b）。尽管战略性住房的角色已被定义，但有批评认为它在地方层面上尚未得到充分发展或使用（审计委员会，2009c）。

继续强调发展规划在确保建造足够的住房以满足预计需求方面的作用仍然是空间

规划过程中的核心重点。在地方发展框架（LDF）和地方区域协议（LAA）中，重点仍然是提供新住房，这需要增加因人口变化而产生的额外容量（参见第 7 章），并通过以下方式加强城市地区建设：

- 划分现有房产和家庭附属建筑；
- 将学校、教堂、仓库、酒吧改建为住房；
- 开发花园；
- 利用先前不经济的小块土地进行开发；
- 利用商店上方的空间。

据估计，英国还有 50 万套空置的住房将增加可用库存，可以满足一些住房需求（CLG 2008g）。重点发展新住房是作为指标、刺激和支持以维持和促进经济增长的一种方式。如果企业需要扩张或增长，住房供应不足可能会成为阻碍，而且价格也可能不符合要求。

在空间规划中，住房的作用是确保在当地提供多样化和混合的住房选择，考虑到对选择和期望的需求。用于评估当地住房需求的证据库主要包括人口预测和人口结构变化。规划机构并不关心住房的所有权，而是关注总体供应。现在，这种方法已经被更详细的住房供应方法 PPS 3（CLG 2006c）所取代。PPS 3 阐述了住房政策的关键目标，然后通过当地证据收集和分析来实现这些目标。对于住房，规划系统应实现的具体成果包括：

- 高品量住房，设计良好，建造水平高；
- 混合的住房，包括市场和经济适用房，特别是考虑到租赁和价格，以支持各种类型的家庭，无论是城市还是农村地区；
- 考虑到需求和期望，提供足够数量的住房，并设法增加选择；
- 在合适的地点开发住房，提供良好的社区设施和良好的就业、关键服务和基础设施；
- 灵活、反应迅速的土地供应——以一种高效和有效利用土地的方式进行管理，包括在适当的时候重新利用以前开发的土地。

（ibid.：§ 10）

PPS 3 规划政策报告的其余部分阐述了如何通过规划系统实现这些目标，这些要求通过两项具体研究在本地层面上得到支持。这两项研究是住房市场评估（SHMA）和住房土地可用性评估（SHLAA），它们作为地方发展框架准备的一部分进行。

　　SHMA 的准备指南，规定了提供住房市场证据的标准，以确保其被接受。这既包括要遵循的过程，也包括要提供的输出。这些内容详见方框 4.7 和方框 4.8。该指南概述了需要在 SHMA 中收集的具体证据。这支持整个地区方法一致性的要求，以便所有的 SHMA 都能配合在一起，并提供一个总体的情况。

方框 4.7　SHMA 核心产出

1　估计现有住房的规模、类型、条件和产权形式
2　分析过去和当前的住房市场趋势，包括不同住房部门的供需平衡和价格 / 负担能力，以及支撑住房市场的关键驱动因素的描述
3　估算未来的家庭总数，可能的话按年龄和类型进行细分
4　估计目前有住房需求的家庭数量
5　估计未来需要经济适用房的家庭
6　估计未来需要市场住房的家庭
7　估计所需经济适用房的规模
8　估计具有特殊需求的家庭群体，如家庭、老年人、关键工作者、黑人和少数民族群体、残疾人、年轻人等

资料来源：CLG 2007d；e

方框 4.8　SHMA 过程检查表

SHMA 过程应该：
1　确保确定住房市场区域的方法与该地区其他方法一致
2　在住房市场区域的背景下评估住房市场状况
3　吸纳关键利益相关者，包括房屋建造商
4　包含使用的方法的全面技术解释，并注明所有存在局限的地方
5　证明假设、判断和结论的合理性，并以公开和透明的方式提出
6　使用并报告有效的质量控制机制
7　解释自最初进行评估以来，如何对评估结果进行监测和更新（如适用）

资料来源：CLG 2007 d；e

　　许多住房市场区域会涵盖不止一个地方政府区域。围绕城市周围的住房市场将反映交通设施和通勤模式。人们将认为住房市场是一个被他们理解为提供一系列住房的市场，允许他们在同一区域内上升或下降。它还提供了从社会房屋或中间房屋转向自住房的机会。住房市场区域将包括不同类型和大小的房屋。住房市场也可能是次区域的，这些市场至少可以通过以下三个特征进行识别：

· 房价水平和变化率；

· 家庭迁移和搜索模式；

· 工作和其他功能区的通勤。

（CLG 2007g）

完成 SHMA 之后，它可以与 SHLAA 结合，虽然实际上两者的证据收集可能同时进行。SHLAA 的目的是：

· 确定具有住房潜力的用地；

· 评估它们的住房潜力；

· 评估它们何时可能被开发。

（CLG 2007h：§ 6）

在这个过程中，选址应该位于 SHMA 中确定的次区域住房市场区域，并且市场需求和选址之间的联系是地方空间规划能力的核心。任何住房用地供应的评估都需要考虑它们是否适合于市场需求以及是否存在包括交通和社区设施在内的基础设施。这些规定可能不在同一个地方政府的管辖区域内，因为许多行政边界并不反映人们如何使用其所在的地区。如果 SHMA 跨越多个地方政府，那么确定的住房用地应该支持地方政府在住房市场区域中的作用。这将有助于支持 LDF 健全性测试的一致性和跨边界的连贯性。最低要求是至少为计划的前十年确定足够的地点，最好是为整个 LDF 即 15 年。SHLAA 是 LDF 的证据库的一部分，因此应保持更新。

SHLAA 的方法是基于与土地所有者、利益相关者、开发商、社会业主和其他人的讨论（POS 2008）。这是在满足通过 RSS 制定的或通过 LAA 签订的总体住房数量的背景下考虑的。SHLAA 的产出，即决策住房位置的证据和证据库，也应被及时更新。它应该显示：

· 场地清单，与显示具体场地位置和边界的地图相互参照（必要时显示大致位置）；

· 对每个确定的地点的可交付性 / 可开发性的评估（即在其适合性、可用性和可实现性方面），以确定该地点在现实中预计何时被开发；

· 在每个确定的地点或在每个确定的广泛地点（必要时）或在意外的地点（合理时）可以交付的潜在住房数量；

· 对已确定地点的交付的限制；

· 如何克服这些限制以及何时克服这些限制的建议。

（CLG 2007h：§7）

现在，住房产权制度已被纳入到 LDF 中考虑，其中一个关键问题可能是缺乏健全的 LDF 可能会阻碍经济适用房的供应。经济适用房的资金来源包括公共资金和开发商的贡献。谈判开发商提供经济适用房的案例，在很大程度上基于具备最新的住房市场需求和开发项目负担得起提供经济适用房的现实性的证据库，尤其是在财务衰退的情况下。虽然曾有一些关于开发商出资提供的经济适用房数量的担忧，而这取决于规划机构作为协商者的技能（Burgess 和 Monk，2007），但社区基础设施税的引入使得贡献得以简化，明确了在考虑其他贡献之前单独考虑经济适用房（CLG 2010b）。另一方面，经济适用房的提供可能会受到五年住房用地供应的影响，这样就可以有一个发展的途径。即通过向地方当局提供新的住房和规划津贴，得到五年住房用地的供应（CLG 2009k）。

这给地方上的空间规划系统带来了限制和挑战。提供新的住房往往在政治上不受欢迎。如果政治家们可以说他们提供的住房数量符合政府的要求，那么他们可能会发现这是一个更容易被当地接受的论点。而转向 LAA 模式后，地方政治家已签署协议提供具体的住房数量，这使得这种论点更难推广。

可持续性评估（SA）

SA 是空间规划实证库的一个重要组成部分。SA 提供了一种系统的方式来审查空间规划的方法，旨在使政策和建议的影响透明化和外部化。它还可以证明不采取行动的影响，在某些情况下，这种影响可能是巨大的。SA 包括从定量和定性数据审查以及咨询中得出各自的实证。可能有一种观点认为 SA 是空间规划过程的外部评估的一部分，而不是证据库的一部分，通过将其作为实证，会在某种程度上减轻外部验证过程中的难度。然而，SA 与政策和计划之间具有互动关系，是在其中可以考虑和评估替代方案的过程。SA 作为实证基础的一部分，其作用不会受到影响，但可以与空间规划有更强、更正式的关系。通过 SA 确定的问题将在空间规划过程中被考虑。

在一个地方范围内，空间规划是需要进行可持续性评估（SA）的一系列计划和战略之一。在某些情况下，有必要将 SA 过程合并在一起，因为这些计划是相互关联的，社区可能会被太多类似的程序所迷惑，而且这样会更有效率。在地方层面上，建议将

DPD 的 SA 和 SCS 结合在一起，可能是有益的，也是建议的（CLG 2008c；2009a）。根据欧盟 2001/42/EC 指令"评估某些计划和方案对环境的影响"，必须进行 SA。作为一项欧盟指令，它必须被在英国的立法中确立，而在英国，这是通过 2004 年《计划和方案环境评估条例》来实现的。对于 DPD，SA 是证据库的一部分，"应构成计划制定过程的集成部分"（CLG 2008c：§4.40）。SA 不是一次性过程，而是需要与空间规划过程并行工作。为区域和 LDF 流程提供了 SA 指南（ODPM 2005c），并确定了从制定前到采纳，如何将 SA 纳入 DPD 制定过程的方式。如表 4.1 所示。对于任何 DPD 来说，拥有 SA 是确保其具有可行性以及被采纳的必要部分。

将 SA 纳入 DPD 流程 表 4.1

DPD 阶段 1 编制前的实证收集
阶段 A：设定背景和目标，建立基准线并确定范围
A1　确定其他相关政策、计划和项目以及可持续发展目标
A2　收集基础信息
A3　确定可持续性问题和难点
A4　制定 SA 框架
A5　就 SA 的范围进行咨询

DPD 阶段 2 编制
阶段 B：制定和完善选项并评估影响
B1　将 DPD 的目标与 SA 框架进行测试
B2　制定 DPD 选项
B3　预测 DPD 的影响
B4　评估 DPD 的影响
B5　考虑减轻不良影响和最大化效益的方法
B6　提出监测实施 DPD 过程中出现的重大影响的措施
阶段 C：准备可持续性评价报告
C1　准备可持续性评价报告
阶段 D：就 DPD 的首选方案和 SA 报告进行咨询
D1　就 SA 报告的首选方案公开征求意见
D2（i）评估重大变更

DPD 阶段 3 审查
D2（ii）评估由意见引起的重大变化

DPD 阶段 4 采纳和监测
D3　做出决策并提供信息
阶段 E：监测 DPD 实施的重大影响
E1　最终确定监测目标和方法
E2　应对不良影响

资料来源：ODPM 2005c：39

对于是否应由空间规划团队进行 SA 还是由外部机构进行，存在不同的观点（Planning Advisory Service，2007c）。实际上，无论是内部还是外部进行，都可能受到 SA 方法论和实施方法的影响。最重要的是要有明确的方法论和审计追踪，以证明所采取的过程和随后采取的任何调整计划、政策或方案的行动。其他问题将涉及 SA 的参考点或测量点。正如 Cowell（2004）所指出的，在可持续发展领域内，关于 SA 弱化或强化应用的争议。所采取的方法必须接受审查和测试。

鉴于国际、国家和地方层面对气候变化的影响有了更充分的认识，SA 的作用也变得更加突出（Stern，2009）。在空间规划中，RTPI 在《与气候变化共存的规划行动计划》（RTPI 2009b）中列出的七项承诺中强调了考虑气候变化影响的必要性。无论是在评估洪水风险、能源生产还是废物管理方面，所有这些都在单独和协同的方式下形成了 SA。SA 可以从过去的事件和发生中汲取经验，但正如 2005 年和 2006 年的洪水事件所证明的那样，这些事件经常发生在没有洪水历史的地方。因此，气候变化需要更系统化的风险评估、缓解和适应方法。

基础设施

基础设施规划所需的基础是"需要哪些物理、社会和绿色基础设施的证据"，以及"应包括谁将提供基础设施以及何时提供"（CLG 2008c：§4.8），基础设施进程的结果应成为"健全的实证库"的一部分（同上：§4.10）。这种基础设施实证库还将作为交付策略的一部分，作为支撑社区基础设施征税（ibid.：§4.12）。

将特别研究作为 LDF 过程的一部分时，一个关键的问题是他们的方法和方法论可能是内向的和孤立的。所有这些问题都需要深入地单独研究，就像这里包括的那些问题一样，需要一个特定的重点，以及关于方法论和实证收集与分析的专业知识。然而，它们也存在一定的风险，被认为带有自身目的。尤其是在过程中有专业输入的情况下。空间规划的一个关键方法是考虑证据，然后做出关于如何平衡风险和结果的决策。所有证据的使用都是一样的。然而，作为其中一些研究的一部分所收集的证据，如战略洪水风险评估，确实可能推翻或产生对选项的第一次评估，这可能会限制另一种选择的考虑。在本章前面讨论基于证据的政策制定的作用时，我们回顾了在政治背景下应用证据的程度，这也是证据过程的一部分。同样地，如上所述，咨询是证据基础的一部分。在考虑如洪水等问题的实证时，与所考虑的其他类型相比，它可能在更为纯粹的形式下发挥更大的作用，这需要在任何顺序的证据过程中加以考虑。

将证据公开

在空间规划中使用证据的一个关键考虑因素是它应该是公开的且易于获取。信息自由法规（FOI）意味着公共部门的大部分信息都可以被任何人访问，所以这为信息的可得性创造了一个新的工作方法（Mayo 和 Steinberg，2007）。即使信息在其他网站或是在网站上的其他地方，信息也必须是可用的。在规划方面的这个特殊问题上，对地方当局网站上规划信息的使用上，不满意的意愿众多，52% 的人在试图获取规划信息时难以找到他们想要的信息（GovMetric，2009）。获取信息的人遇到的关键问题之一是，网站的设计方式是复制部门结构。这是一种 "以生产者为中心" 的方法。信息是以对组织或部门有意义的方式设置的，通常没有与之相关的用户评估过程。许多地方当局的网站根据规划系统的遗留问题来定位规划信息，从 UDP 开始作为规划政策的登录页面，然后转到 LDF。这对用户并不友好。

另一个问题是用于描述空间规划过程中所使用的证据的语言。这经常是术语化的，并且涉及信息和证据的使用方式，大多数非专业人士都无法理解。网站上提供的证据也经常是不完整的。它将列出并经常链接到作为 LDF 过程的一部分进行的特殊研究，包括洪水风险评估或 SHMAA，但其他使用的证据，如 Ofsted 对个别学校的报告、健康状况、空气质量图和人口数据，通常存放在网站的其他位置，而不作为 LDF 的完整证据。事实上，在空间规划过程中使用的所有证据往往没有框架。

这一点现在可能会得到改善，因为地方当局地区的实证正在被收集到一个单一的地方，这样就更容易让人们看到这一点，而不是指向规划部门网站的特殊部分。使用信息自由法来获取决策所依据的信息，这种情况已非常多见。这可以包括几乎任何问题的信息，除非存在合同或安全原因，使得信息不能公开发布。《信息自由法》（FOI）适用于所有公共机构，也是公众最常用来获取他们可能对结果不满意的决策信息的工具。私营部门还用它来获取关于供应商、预算规模和其他程序性问题的信息。鉴于《信息自由法》的范围和规模，一般建议在合理范围内尽可能多地将信息置于公共领域，并以使其对用户易于访问和阅读的方式呈现。在公共组织中准备任何文件（包括电子邮件）时，合理地预期它可能会受到未来的《信息自由法》的要求，因此需要相应地起草和考虑。

结论

　　在空间规划中使用证据是该过程的重要组成部分。证据可以确定行动的关键问题和位置，但这将始终在价值驱动的框架内运作。证据必须与目标进行权衡。进行竞争性行动时必须做出选择，这些选择是由政治家根据官员的建议做出的。决策将基于当地的优先事项、证据和其他因素进行考虑，如公众咨询等。那些能够参与并代表自己的人，将通过咨询或协商得到服务；那些可能不太能够代表自己观点的人，则可以通过其他证据得到更好的服务。

第 5 章
社区参与空间规划

导言

社区参与是空间规划的一个核心特征。它是计划制定过程中的一个关键证据来源，是个人、社区和企业可以看到的，他们的观点已经被看见并考虑在内的。在空间规划过程中证据的使用需要透明，并以包容和适当的方式收集。本章讨论了社区参与的目的、其与空间规划的关系以及可使用的方法。

关于协商的作用以及它是否不仅仅是一种象征性的方法，一直存在很多争论。Parker（2008）提出了这种怀疑，并将其与已经进行的过程的质量联系起来，而 Doak 和 Parker 则将规划中的协商过程描述为潜在的"停滞"过程，尽管他们大力推动更多的参与性过程（2005：30）。Dickert 和 Sugarman（2005）提出，协商应基于道德目标，并且社区可以对过程和结果进行评估。在规划过程中，协商和参与方法中始终涉及规划，并且可能是第一批公开包括参与作为正式过程的一部分的服务（Morphet，2005）。然而，正如纳丁（2007）所指出的那样，到 20 世纪 90 年代末，仍需继续努力实现在地方决策中更广泛地使用基于社区的方法。

《现代地方政府：与人民的接触》（DETR，1998）中提出的更多地方参与的运动开始了积极参与的推广，并一直持续至今。虽然这些将人们作为社区、客户或个人参与进来的方法并不总是成功的，但它们确实标志着焦点的改变。尤其是在《2007 年地方政府和公众参与卫生法》中达到了顶峰，该法的现行标准要求通过公共机构的"参与义务"，以更正式和更集中的方式进行协商。此外，该法还为证据使用制定了一种透明的方法，以便那些参与决策过程的人能够更平等地获得政治决策者可以获得的信息，并可以知晓他们的意见是否被考虑在内。

在过去的十年里，人们对更审慎的民主的兴趣得到了特别的发展，这可能源于私营部门，在私营部门，与客户保持密切联系与管理资产负债表一样重要（Mintrom，2003：53）。尽管公共部门的市场化一直不被认同，但"左倾"政府的回归又带来了一个混合的公共部门，而该部门从各种来源获取工具。最近，志愿组织和社区部门已成为服务提供者（英国财政部和内阁办公室，2007）。这意味着通过参与方法实现的公众参与的职能和质量必须更加透明。当地方当局直接管理所有服务时，民选议员可以要求民主授权，这不会取代参与方法，但至少可以在服务用户和提供者之间建立一些合法的联系。混合经济的发展意味着，服务的客户或所有者必须更加关注客户的反馈和交付质量，特别是将服务外包给其他地方当局、社区或私营部门的情况下。此外，混合经济也允许以新的形式提供服务，而无需就变革进行漫长的谈判，也允许对服务进行细分，以满足特定用户的需求。

对于加强公共服务开发和提供的参与度而言，存在许多不同和复杂的目标。在某些情况下，民主参与是在所有等级体系上提高效率的一种手段（Putnam，2000），而在其他情况下，它以一种合作生产的形式让人们做出硬式决策。通过寻找加强决策自主权的方法，硬式决策可能就不会显得那么令人不快了。最近，向 LAA 的转变产生了一种准自愿住房模式，以前的住房供应是分级的。LAA 包括"谈判"，并被描述为一种合作生产的交付方法，尽管就住房而言，如果没有政府的极端压力，许多地方当局不会在其 LAA 中包括任何目标（Morphet，2009b）。因此，"参与"和"协商"问题并不能保证在做出决定时有主人翁意识。在某些情况下，协商可能会给组织带来政治上的不便。有时，组织领导人更容易对目标提出建议，住房分配、监狱或宿舍等其他未被要求的开发项目是由更高级别的政府强制决策执行的，因为这使他们免于决策过程。

建立社会和机构资本

尽管许多咨询都是通过针对特定计划或问题的单一事件进行的，但现在更多的是考虑建立长期的社区结构和对话。在某种程度上，这源于普特南（Putnam）的著作中所讨论的社会资本的概念，在《独自打保龄》（2000 年）中，他描述了地方从持续的地方关系中受益的方式。这些可以通过睦邻关系实现，但也可以通过学校、礼拜场所、体育和社交俱乐部以及社区组织等地方组织实现。社会资本基于社会交互作用的概念，普特南认为，它"比不信任的社会更有效……诚信促进了社会生活。人们之间频繁的互动往往会产生一种全面互惠的规范。公民参与和社会资本需要共同承担行动义务和责任"（同上：20）。

社会资本的概念对英国社会变革政策的发展产生了影响。基于普特南的观点，即社会资本水平越高的地方效率越高，该方法表明，只有通过发展地方层面的社会资本来应对失业文化，从而对这种行为产生了积极影响，建立更有效的地区和国家经济，减少对国家的依赖。绩效和创新部在评估社会资本的作用时表示，在地方层面可以采用多种方法来发展社会资本，从而产生有益的结果，这些方法包括：

- 促进那些能够促进社区发展的机构；
- 社区 IT 网络；
- 建成环境规划和设计的新方法；
- 分配社会福利住房；
- 利用个人网络帮助个人和社区摆脱贫困。

（Aldridge，2002：7–8）

尽管普特南的大部分研究都是在意大利进行的，但社会资本似乎与美国社会有着良好的联系，在美国社会中，与宗教和邻里团体的联系比英格兰多得多。它还基于社会控制的一项基本原则——地方组织对其成员施加积极影响和控制。这在英国可能既不被接受，也不会有效，因为在英国，能够表达不同意见的能力是一个长期以来的社会原则。然而，社会资本的概念存在一些正向特征，这些正向特征可以加以考虑并调整，以建立一种更持久的与社区合作的方法。由所有地方合作伙伴，包括地方当局、警署和卫生部门进行更全面的地方协商，可以促进与地方团体、组织、企业和个人的关系发展。因此，可以建立一个关键问题和利益的概况，这些问题和利益可以是团体想要协商的，或者是已经确定的一些特定利益。这些团体可能是有关街区或村庄的利益团体，也可能是有关年龄、特定健康状况或历史悠久的教堂的特殊利益团体。社会资本可以转化为制度资本。这代表了社区参与管理自己事务的程度，并可以横跨正式和非正式团体。一些地方当局一直在发展制度资本，作为参与空间规划过程的一部分。

服务用户即客户

在过去十年中，公共部门服务的一个重大进展是对消费者或客户服务设计的关注。这种方法都来自私营部门，因为在私营部门，客户选择是市场的基础之一（但不是唯一）。一些学者将其描述为公共服务的"市场化"（Clarke，2007：98）。这也意味着向更多元化的服务提供者转变，而不是单一的公共机构。然而，服务设计的"用户"方法比"市场化"论点所暗示的要多。"这也反映了对公共服务提供的一种更单一的方法的转变，即一刀切"（Corry，2004：7）。此外，有人认为，人们习惯于在余生中被视为消费者，对金钱和服务进行选择，不再满足于简单地成为国家提供的任何类型服务的被动接受者（Wright 和 Ngan，2004：18）。通过改变开放时间和通过上门中心、在线和电话提供初级保健服务，最常见的做法是实现保健服务的多样化。消费者的方法最常见于医疗保健的多样化，主要通过改变开放时间和通过预约中心、在线和电话提供初级卫生保健来实现。这代表着从生产者驱动的方法向服务提供的普遍转变，即以适合提供者或其认为合适的方式提供服务，转变为消费者驱动服务，从而使服务用户有机会随时以方便的方式访问服务（英国财政部，2007b）。

消费者主导的服务设计的发展包含了一系列术语，每个术语都代表这种方法的一部分。其中包括公共服务中的"可竞争性"和"选择与声音"（下议院，2004；OPSR，2005）。"声音"的概念是倾听，许多地方当局通过其网站上的"你说，我们做"区域来表明他们是如何回应投诉、反馈和协商的。然而，这可能会使复杂的问题陷入无法轻易解决的困境。在这种方法中，政府的目标是成为公民获得更好服务的捍卫者，而不是服务提供者（Clarke，2005：449）。这在实践中体现了一些问题，因为政府不能脱离其对所提供服务的责任。即使服务已经私有化，而且可能更具响应性，这也不能免除政府或地方当局的最终责任。"选择"的概念也涉及公民参与对当地服务的管理，并以一种更系统的方式考虑他们的意见（Wright 和 Ngan，2004：17）。正如克拉克（Clarke）所指出的那样，部长们已经确定了为什么选择必须成为公共服务改革的核心特征的一些原因，包括：

- 它是用户想要的；
- 它为提高质量、响应能力和效率提供了激励措施；
- 它促进了公平；
- 它促进了个性化。

（2007：10）

在空间规划过程中，各个方面都可能需要不同的协商方法。例如，当制定其核心战略或 AAP 的方法时，地方当局将制定参与性和包容性的方法，这可能涉及通过外部促进的方法进行更多的设想或参与。然而，当核心战略的后续版本在提交之前可供协商时，企业、社区和个人的参与可能会发生变化改变。

一部分问题始终是那些能够以清晰和知情的方式代表自己或组织的人与那些能够容易获得同样影响力的人之间的差距。有能力的个人和团体将知道如何提出论点、证据，以及向政客和其他组织施加哪些压力。与此同时，仍有许多社区、个人和企业在挣扎求生，而不是考虑未来。此外，当地社区的需求可能不适合该地区更广泛的要求。然而，充分且全面的社区参与是当地政客采取包容性意见的一个强有力理由。

一个有用的方法是将协商视为企业活动的一部分，以便向所有协商活动提供更专业、更有组织的方法。这可能促进长期关系的发展，并就如何最好地与不同团体或不同领域进行协商提供建议，同时就如何更系统地利用协商结果提供支持。显而易见的是，协商的好处是能够提供更专业的方法，规划人员可能不再将协商作为其技能的一部分，并不再寻求其他具有更多专业知识和经验的人的额外培训或支持。

协商作为证据的作用

虽然协商在整个空间规划中发挥作用，但它经常被视为一个确认过程。规划人员通过协商来评估社区在多大程度上支持所提出的建议，或者哪些选择更受欢迎。这通常是在空间规划过程的不同阶段进行的，即在考虑问题和备选办法时，以及在编制核心战略的最终草案时。尽管协商是一个重要步骤，但它并没有得到与证据同等的重视。使用协商反馈作为证据的要求将使其在计划制定中具有不同的地位和作用。协商所使用的方法将以与其他证据收集相同的方式进行评估，并且与更传统的证据一样，需要证明将证据纳入计划制定过程的方式。

与其他证据一样，必须证明收集和使用之间的审查跟踪。空间规划也将利用其他组织和部门收集的协商证据。由于社区经常因协商而负担过重，在可能的情况下，联合协商活动可能是首选。

就地方当局而言，协商的首要责任在于 LSP，新的良好实践迹象包括：

- 该地区所有事件的共同协商日记；
- 所有协商活动的在线记录；
- 关于各协商点以及如何解决的在线评论；
- 各组织均可提供协商证据，包括教区和社区、私营部门或社区 / 利益团体。

编制 LDF 的协商要求：社区参与声明（SCI）

从一开始就强调协商作为 LDF 中空间规划的证据来源的作用（ODPM，2004c）。社区参与规划的理由如下：

- 参与会带来更好地反映意见和愿望的结果，并满足更广泛的多样性社区的需求；
- 公众参与是一个充满活力、开放和参与性民主的关键要素；
- 参与工作，通过利用当地知识，尽量减少不必要和造成严重损失的冲突，提高了决策的质量和效率；
- 通过参与，所有参与者能够了解社区、商业部门的需求以及地方政府如何运作；
- 参与有助于通过与社区建立真正的联系，并为社区的决策提供切实的利益来提高社会凝聚力。

（ODPM，2004c：§1.4）

然而，社区在参与空间规划方面也存在一些障碍，因此在设计、开发和使用协商方法时需要考虑到这些障碍：

- 当地社区参与的成本（以及开展社区参与活动的规划当局）；
- 问题的复杂性质；
- 规划似乎是一个冗长繁复的官僚手续，其过程不鼓励参与；
- 发现并注意到社区内不同群体的困难；
- 依赖技术表达和行话的规划语言可能会令人反感。有时，规划人员可能会通过沟通方式无意中强化障碍；
- 社区参与活动将被主导程序的个人或表达团体掌握的看法。社区参与并不是为了让不具有代表权的发言团体自由地阻碍发展，也不是与少数受欢迎的组织对话。

（ODPM，2004c：§1.5）

编制 LDF 时，必须附上 SCI。正如卡林沃思和纳丁所指出的那样（2006：437–438），这代表着对要求的重大转变，他们认为这是"值得称赞的意图"。在 PPS 12（CLG，2008c）中，政府关于社区参与规划的原则以联合国欧洲经济委员会《在环境问题上获得信息公众参与决策和诉诸法律的公约》为基础，该公约规定：

各缔约方应在向国家环境委员会提供必要信息后，在透明和公平的框架内，制定适当的实际和／或其他规定，供公众参与编制有关环境的计划和方案。

（第 7 条）

编制社区参与 LDF 的原则包括：

- 适合规划水平；
- 从一开始——产生对地方政策决策的主人翁意识；
- 持续——正在进行的项目的一部分，而不是一次性活动，有明确的持续参与机会；
- 透明且可访问——使用适合相关社区的方法；
- 计划——作为制定计划过程中不可或缺的一部分。

（CLG，2008c：§4.20）

协商必须持续进行，并与正在审议的问题相称。SCI 的要求如方框 5.1 所示。

方框 5.1　社区参与声明

社区参与声明（SCI）应：
- 明确说明不同类型的地方发展文件和计划编制的不同阶段的社区参与过程和方法
- 确定哪些保护伞组织和社区团体需要在规划过程的不同阶段参与其中，并特别考虑到那些通常不参与的团体
- 解释社区有效参与确定规划申请的过程和适当方法，并在适当情况下参考规划绩效协议
- 包括地方当局对申请前讨论的方法
- 包括地方当局对社区参与规划义务的方法（s106 协议）
- 包括如何在地方层面对 SCI 进行监测、评估和审查的信息
- 包括社区团体可以从规划援助和其他志愿组织获得更多规划过程的详细信息。
- 确定所涉及的土地所有者和开发商的利益

（CLG，2008c：§4.26）

编制 LDF 的关键方法之一是"前期投入"，这意味着社区必须从一开始就参与。这应包括工作的范围界定和制前阶段，并应包括：

1 社区参与的总体构想和共同原则。

2 计划制作的开发计划文件的类型及其制作阶段。

3 构成所在社区的个人、团体和组织（包括所有可能的利益和参与的任何要求）。

4 在计划编制过程中，社区将有机会参与其中。

5 人们期望获得信息、协商或参与的方法。

6 如何将参与活动结果纳入开发文件。

7 社区如何以及何时能够获得关于进展的信息或关于结果的反馈。

8 社区如何以及何时能够参与规划申请和申请前咨询政策的确定。

9 何时以及如何评估参与方法和审查 SCI。

10 为实现 SCI 中的承诺而确定的资源。

（Entec，2007）

Entec 报告还确定了 SCI 应包括的一些关键原则：

- 一种既不过于规范也不过于笼统的战略，它将确保其有效性，以及保留适当的灵活性，以应对不断变化的当地需求。

- 一种参与方法的组合（包括不同的互动环节），以确保活动能够满足广泛的个人需求和期望。

- 认识到需要进行多少努力或采取哪些替代方法来吸引社区中的某些团体或个人（以及如何实现这些目标）。

- 一种强有力的信息管理方法，包括如何管理利益相关者数据库、与其他部门和组织共享信息以及管理数据和保护承诺。

- 地方当局打算如何建设社区能力的详细信息（包括提高认识、建立理解、将人们与关键问题联系起来，以及赋予某些传统上可能不参与的社区权力）。这可能包括与当地规划援助办公室的链接，该办公室为社区提供支持和规划建议。

- 地方当局打算如何在参与过程中建立信任和信心的详细信息；促进与利益相关者建立更有意义的关系。

（Entec，2007：8）

2007 年《地方政府和公众参与卫生法》包括一项参与义务，赋予地方战略伙伴关系在地方当局领域进行公共部门协商的总体义务。为了满足这些要求，地方当局及其 LSP 合作伙伴进行的所有协商都需要作为 LDF 证据基础的一部分予以考虑。这特别包括关于可持续社区战略的协商，但也将包括具体的协商活动，如关于图书馆开放日、市中心交通改善以及消防和救援服务机构变化的协商。2006 年《地方政府白皮书》提出了由独立人士审查 SCI 的初步要求，作为可靠性测试的一部分（规划监察局国家服务处，2008b），并将其纳入地方当局层面地方社区参与的更广泛方法中。这种更广泛的协商方法已被纳入 2007 年《地方政府和公众参与卫生法》，审计委员会现在将进行这项审查，作为综合区域评估程序的一部分，该程序也被纳入《2007 年法案》，并从 2009 年开始实施。

协商方法

有许多不同的参与和协商方法可供使用。在规划过程中，最常用的方法通常是文件、展览和公众会议（Sykes，2003）。然而，对于哪种方法在不同情况下可能最成功，目前还没有进行太多的评估，但在许多情况下，使用协商似乎更像是一个固定的要求，而不是真正的参与过程。在设计协商方法时，可以通过许多方法来选择适当方法：

- 该方法能有效地涉及多少个参与者？
- 该方法需要什么类型的参与？
- 这一过程的成本多少？
- 该方法需要多长时间才能有效部署？
- 该方法是否与所需的输出和结果相匹配？
- 这种方法在参与范围内的哪些方面效果最好？

（1）合作方式

Healey（2006）的著作是规划开发的关键理论之一。合作的重点是在团体和社区之间建立共识，以取得成果。这种合作也可以是在社区和组织之间进行的，如地方当局、警署、卫生组织和经济伙伴关系。此外，还可以通过交换信息、联合收集信息或追求联合政策成果来建立共识（CLG，2008i）。在卫生和社会保健等公共政策领域，已经制定了联合工作的方法。通常通过研究单一成果，并调整或汇集预算来实现这些成果，并且工作人员也一直在以更协作的方式工作。这种联合工作的方法现在正在扩展到其他活动中去，包括提供住房、减少二氧化碳排放和改善房地产管理（CLG，2007c）。

此外，一些次区域或住房市场地区也正在开展合作工作，在这些地区，地方当局团体正在以识别城市功能区的方式开展工作，而不是局限在地方当局行政范围内的地方，如德比、布里斯托尔和诺丁汉附近。这些方法确认了提供就业和住房、交通系统或休闲娱乐设施的场所的相互依赖性。试图进行跨界协商可能比在单一行政区域更困难，因为对这一进程的总体所有权可能较少。相比之下，一些利益相关者可能会发现一种更容易采用的跨界方法，因为更大的区域将能够代表他们使用的地方。跨界协商需要特别注意那些没有任何正式的民主程序来支持这些协商的领域。将非正式次区域发展为具有正式治理结构的次区域可能会克服这一问题（CLG，2009d）。跨越行政边界的工作也带来了问责制问题。

在有新人口的地区，很难找到与尚未到达但一旦建成将居住在经济发展区的群体进行协商的方法。而这也带来了特别的合法性问题，并可能导致一些地方认为协商的价值较低。然而，可以使用两种不同的方法来吸引潜在的居民。第一种方法是假设新地区与现有地区非常相似，因为许多新人口可能已经居住在附近。由于大多数房屋搬迁都是在短距离内进行的，因此附近居民的意见可能很有针对性，需要加以考虑。第二种方法是考虑在其他地方的新社区进行的任何研究，以确定新居民、企业和服务提供者的关键问题是什么，以及在这些情况下可以学到什么。

通过合作建立共识可能需要时间（Baker，2006），因此可能需要建立一个有效的框架。也许永远不可能在某些地方或社区或就具体的发展提案达成一致的结果。在某些情况下，必须做出在当地不受欢迎但符合社区需求的决定，因此可以在这里测试合作的有效性。那些参与合作方法的人也可能有自己的议程，并认为这是强调自己立场的一种手段，尽管这种合作可能是有益的（Rader Olsson，2009）。正如毕晓普在布里斯托尔的工作所表明的那样，从一开始就将合作方法应用到这些困难问题中，可能会在特定的地方奏效。然而，这需要技巧和耐心，以及一个能够参与穿梭外交和桥梁建设的外部个人，作为确定成功结果的一部分过程。任何合作工作的尝试都意味着一个双向过程（发展信托协会，2006；CLG，2008g：68）。

（2）调查

调查可以以多种方式进行，所使用的方法将对结果的可信度产生影响。由专业调查提供者独立进行的调查将始终被认为比其他形式的调查更可靠。但这些调查的成本可能较高，甚至超出预算。

此外，还有多种其他调查格式。一些调查是在大街上进行的。在这些调查中，经过培训的采访者会寻找符合特定年龄、种族或性别特征的人，这些人被预先选择来代表目标群体。街头调查也可以采用先到先得的方式，如运输运营公司在火车站或公交车上进行的调查。调查表格可以在展览上或在公开会议后填写，这些表格的内容可以涉及关键问题或流程。另一种常用的调查形式是通过电话进行的。这可能会收到一些负面回应，因为人们认为这是一个电话销售电话。然而，那些接受过服务或参加过会议并提供了详细信息以便稍后通过电话联系的人，为信息的收集提供了一种好方法。

在人们接受在线或面对面服务后，地方当局和其他组织也进行了离境调查。收集这些信息的一种方式是使用触摸屏设备，该触摸屏设备可以在发生这种情况时立即提供关于服务交付的大量信息。在一些方法中，如 GovMetric（www.govmetric.co.uk），可以随时随地收到人们对服务提供结果的反馈。这可以用于网络交付，并再次使人们能够提供反馈。一些地方当局还对用户进行在线调查（如 Socitm 年度调查），该调查将每个地方当局分为不同类别。在某些情况下，地方当局会在其网站上发布反馈表，如果用户没有找到他们想要的信息，或者信息太表面或令人困惑，则用户可以发表评论。

在使用调查方法时，关键问题之一始终是问题的设计，因为这些问题对任何答案的质量都至关重要。通常会在目标群体内部进行初步调查，以了解他们如何回答问题，是否理解问题，以及答案是否在预期范围内。另一个需要考虑的问题是如何分析问卷答复。是否需要地址或邮政编码，受访者的年龄、性别或工作状况是否与调查目的相关？了解他们是否通过团体或协会的成员身份参与这一过程也可能很有用。所有管理调查的人都需要提供身份证明文件，以便受访者对调查的机密性和可信度有一定的信心。此外，编写调查的全部或部分脚本也很重要。如果调查是通过电话进行的，按照脚本进行可能很容易做到，但如果在街上拦住某人时进行一个明确的介绍，也可能获得更好的回应，即使调查的后半部分没有那么照本宣科。在这种方法中，问题需要以书面的形式提出，需要事先提出商定的提示，否则可能会使采访者存在偏见。

在该方法中需要考虑的最后一个问题是调查样本的选择和所获得的答复数量。较高的答复率提供了更多地收集数据的机会，尽管这可以在统计置信水平内进行调节。此外，答复率也可能很低，因此也需要将这一点考虑到。

如果这是一个小型调查，那么至少需要 100 个答复。此外，较晚答复的受访者通常被认为更能代表非受访者，这可能有助于分析和解释。如果这是一项规模更大或管理更专业的调查，那么预期会有更高的答复率。报告时间，预计方法、调查数字和答复都是调查报告的一部分，并应与结果一起提供。此外，还可以对调查发表评论，其中可能涉及任何具体的相关问题，并对调查结果发表评论。调查报告还可以说明结果可能如何使用以及何时使用。

（3）展览

举办展览是向社区、个人和企业宣传变革信息的一种流行方式，可以与本章列出的其他一些协商方法结合使用，包括会议、调查和传单。有些展品可以留在公共区域，如购物中心或图书馆。在可能的情况下，安排工作人员、议员、社区团体或计划提案人观看展览也很有用，以便提供更多信息或鼓励人们发表意见，但需要对展览的时间做好宣传。身边有讲不同语言的人可能也很重要。展览材料需要清晰且精心设计。展览必须提供信息，并确定相关地方的规划或政策优先事项。此外，展览还可以展示其他可供开发的地点及其原因。展览需要设在相关社区附近，这些社区能够提供相关意见，并且需要在人们可到达的地点和满足当地需求的时间举行。在某些情况下，在社区或农村地区周围举办巡回展览可能是有用的。如果不与其他方法相结合，那么举办展览并不是一种可靠的协商方法。

（4）会议

公众会议经常用于公共协商，特别是在规划中。这些会议可以作为空间规划过程的一部分，用来讨论单一规划申请、住房增长、市中心的变革或某一地区的未来。公众会议可以以不同的方式组织，每一种方式都会对与会者的参与方式产生影响。

公众会议最常见的安排形式是"剧院"形式。在剧院里，座位排成一排，台上有一张"桌子"，人们可以在上面说话。一般来说，台上的人会介绍会议，也可能会向观众进行演示或演讲。然后，观众通常有机会向小组提问。在这种方法中，观众之间或观众与演讲者之间几乎没有互动的机会。通常，那些提出问题或进行演讲的人是最自信的人，或者是那些提出特定观点的人。在一些会议上，地方当局议员可能会坐在观众席上，并可能在会议上进行演讲。这种协商方式可以与展览和/或调查等其他方式相结合。这种类型的协商会议可能有助于获取信息，但对那些寻求协商答复的人和那些想要做出答复的人来说都会感到沮丧。在这种会议上，人们发言的机会很少，许多人在活动结束后可能会觉得他们并没有充分发表其意见。形式处理也可能表明，决策将在其他地方做出，事实上，选择的范围可能已经缩小。

第二种形式的公众协商会议是以"卡巴莱"形式，即摆放一些圆桌，可容纳 8 或 10 人。在这种方法中，人们可以被预先分配到一张桌子上，以确保充分混合所有参加会议者或将具有相似利益的人进行分组。另一种方法是在人们到达会议现场时随机将他们分配到桌子上。会议开始后，这可能涉及一个简短的介绍性演讲，但会议的主要部分是进行小组讨论，即每张桌子的参与者可能会讨论相同的问题，或者单个或成组桌子的参与者讨论相同的问题。在这种方法中，每个人都能够参与讨论其中，具体格式如下：

- 会议成员自我介绍并简要说明他们参加协商会议的原因，这使每个人都能在会议的早期阶段表明自己的观点。
- 指定一名抄写员或报告员在活动挂图上列出讨论的要点。

- 在讨论接近尾声时，小组决定他们希望向所有其他小组报告哪些要点（所选择的人数取决于出席人数和桌子数量）。
- 然后对这些要点进行反馈报告。
- 收集活动挂图，所有与会者都会收到一份所有要点的副本；也可以随附任何演示和对要点的简单分析。
- 这可用于制定优先事项，并可用于稍后向小组报告对所提出的问题所做的工作。

　　"卡巴莱式"协商会议为每一位参与者提供了发言的机会，并能够收集到广泛的答复。汇报会议允许会议桌成员共享其通过讨论达成的优先级视图。这种方法减少了个人在协商会议过程中的主导地位，并提供了更广泛的答复范围。此外，这种办法还鼓励参与者实时跟进协商进程，并可以继续更新。

　　第三种协商方法是通过市场，在会议室周围设有不同的摊位或展示。参与者可以选择参加简短的演示会议，这样他们就可以把自己的观点写在笔记或卡片上。可以在会议结束时使用纸质或电子投票方式对优先事项进行投票。这种方法有助于提出更多意见，是一种积极的方法。然而，参与者可能不会参加所有的演讲，并且这个过程的结果可能不如以前的方法那么全面。但这是一种有用的方法，因为许多组织能够发表自己的意见和优先事项。

　　举行协商会议的另一种方法是任命一名外部协调人来主持会议。在这种情况下，协调人可以充当"主持人"或"司仪"，协调参与者之间的意见。协调人可以向会议室中的不同组织提出问题，并征求他们的意见。协调人可以使用广播媒体模式采访来自不同组织的代表。另一种方法是模仿电视节目中"提问时间"的方法，由一个小组回答观众的问题。在考虑地方或问题时，均可以使用这些方法。该方法允许独立协调人代表受访者向组织提出问题，尽管并非所有受访者都会回答他们的具体问题。此外，所有参与者都可以在讨论后就问题进行投票，屏幕上显示投票结果，但这种方法通常由协调人进行。协调人还可以在计划制定之初进行有帮助的设想练习，与其他方法一样，这些练习也需要一种方法，正如 Shipley 和 Michela（2006）所建议的那样，重要的是不要仅仅依靠设想活动。

（5）报纸和传单

　　使用传单和其他书面材料，如社区报纸上的文章，可以让人们花时间考虑问题。书面材料还可以提供其他工具的链接，如在线材料、会议或展览的日期和地点。此外，还可以为社区中不以英语为母语的人准备翻译的书面材料。还可以在网站上为视障人士提供传单的音频版本，或将其翻译成其他语言。

任何书面材料都需要以易于获取的方式进行编制。这意味着必须从一开始就考虑到这种方法的一些要素，包括：

- 协商对象的关键信息。
- 语言的使用——进行简单的英语单词检查始终是一个好主意，避免使用行话和缩写词。
- 大多数人都不知道 LDF、DPD 或核心战略是什么意思，因此使用一种谈论地方未来以及如何做出决策的方法是有帮助的。
- 材料的形式——一张 A4 纸最好保持平整还是折叠？这将取决于要考虑的问题 - 例如，在传单中使用分布图或图表可能会更好。
- 编制质量——这需要符合目的。有些过于光鲜的事情可能看起来好像所有问题都已经解决了，因此协商被认为是一个象征性的过程；糟糕的介绍可能表明这不是一个重要的过程。
- 赞助和所有权——如果协商得到了各种组织的支持，那么包含这些组织的标志是有帮助的；然而，尽管这对赞助商来说可能很重要，但它并不是传单的主要特点。
- 传单的一部分可以是付费答复明信片或回执单，人们可以在上面给出他们的意见。
- 发放传单的地方——需要在人们会去的地方发放传单，如学校、图书馆、酒吧（一些地方当局使用啤酒杯垫子来促进协商）、咖啡馆、挨家挨户、工作场所、社区中心。

（6）网络方法

在所有年龄层中，利用网络获取信息和进行社交互动的情况持续增加。对于 30 岁以下的年轻人来说，几乎所有人都在过去一星期内有过一些在线交流。年轻人也会使用社交网站，同时网络和手机之间的整合也在不断加强。理解这些媒体的使用是所有协商途径的一部分，许多组织已经定期使用这些媒体来获取意见。利用社交网站进行有针对性调查的情况也在不断增长。英国在网上购买商品和服务的情况仅次于美国，而这种零售方法也正在与更传统的方法共同发展。联机账户系统的发展也是网络使用方式的一个不断扩大的领域，该系统跟踪并使用搜索来建立广告资料或提供更多服务。所有这些变化都给越来越多的社会人士带来了对协商方法的期望，而更传统的方法可能看起来是静态的，对那些协商目标人群来说不太友好。Murray 和 Greer（2002）发现，在北爱尔兰 RDS 的编制过程中，网络方法的使用与公众会议一样成功，而且随着时间的推移，网络方法还允许参与者与战略制定之间建立促进关系。

尽管在所有地方当局网站上都有关于空间规划的详细信息，但 LDF 信息获取的总体便利性非常差。许多地方政府网站的结构都是为了复制组织的内部运作，而不是为用户服务。参与空间规划时，寻求信息的人必须已经对程序和术语有很好的了解。但很难找到背景研究和所用证据，也很难找到协商结果以及将要采取的措施。对地方当局提供包括协商在内的一个综合证据库的方法进行改革应该会改善这种情况，但也可以采取很多措施来改变网络渠道作为协商手段的作用。

空间规划网页需要考虑的问题如下：

- "登录"页面需要清楚明确，这涉及未来的规划与投资政策及方案；不应使用技术规划语言来进行包装。
- 应定期对网站上的布局和材料进行独立的用户组测试。
- 需要与地方当局和其他合作伙伴的证据库建立明确的链接。
- 需要与协商日记以及如何利用过去的协商建立明确的联系。
- 需要清楚地说明这个过程的进展情况，以及在这个阶段如何让其他人参与其中。
- 文件应附有清晰的附件并易于下载。
- 如果在当前使用的情况中有特定的协商，则应明确标示，并设置为用户查看网页时的弹出窗口。
- 应该有机会在网上对联络质量进行反馈。
- 人们应该能够通过注册来接收更多信息，并参与后期阶段。
- 在每次流程中的一个新阶段即将开始或结束时，都应使用定期警报；这可以通过电子邮件和短信发送。
- 此外，还应确定涉及不同团体的组织。
- 应提供并建立一些关于其他政策文件作用和使用信息的链接。
- 还应确定正在考虑作为进程一部分的教区和邻里计划，并应明确将其链接到网络上。
- 另一方面，还应提供通用反馈表，以防用户无法找到他们想要的信息，并应每周使用这些反馈表来改进网站布局和内容。
- 还应该为这些页面形成特定的用户组（如老年人），以便改进网络内容和布局。
- 并设置一个指向 LSP 网页的链接。
- 设置指向 SCS、LAA 和其他绩效管理材料的链接。
- 此外，还应该链接到监督网页以及各规划的审查报告。

- 所有的网络评论都应该以通过其他方式接收的评论相同的方式记录，并且可以保存在网络存储库中；电话评论也可以转换成网络文件，同时任何书面评论都可以通过使用文档成像系统来添加。

网站仍在协商过程中充分发挥其潜力。许多人将网络作为他们查找信息的唯一渠道。任何协商过程都很难引起人们的注意，但社交网络和其他警报方法可以鼓励人们参与。Burrows等人（2005）调查了基于网络的方法在建立社区信息系统方面的作用，例如，美国社区可在其辖区内优先开展行动。这种方法可以通过"众包"进一步实现，使人们能够以非计划但协作的方式收集信息和提供内容。Brabham（2009）认为，众包是一种很好的手段，可以让在地理上或社会上较偏远地区的人们参与进来。众包被认为是民主的。众包对所有人开放，并且尽管任何主题的利益相关者可以使用它，但它是由用户社区主持管理的。

（7）交互式设计方法

互动协商和设计过程作为视觉和信息空间决策的一种方式越来越受欢迎（Wates，2000）。房地产规划是支持社区参与设计和决策的一种手段。它涉及构建一个代表该地的三维模型，并且大部分讨论都围绕着使用一个新的模型代表向该位置移动或添加元素展开。这是一种允许社区和个人更充分地理解和参与其所在地区潜在变化的方法（Gibson，1979；1998；2008）。这种方法现在由邻里倡议基金会领导。房地产规划是改变社区参与规划项目的程度和风格的首批尝试之一，也是打破会议和展览等更被动和正式的方法的一种手段。这也是一种互动和动态的方法，使那些持不同观点的人能够解释和展示他们首选方法的渠道。该方法采用迭代过程，并在迭代过程中达成共识。

通过设计进行询问（或调查）已在西澳大利亚州得到发展，并由英国的威尔士亲王信托基金发起。在西澳大利亚，该方法已被用于开发考虑到自然环境的可持续宜居社区的理念中（Jones，2001）。一个关键的特征是，当人们聚在一起讨论一个地方时，除了谈论自己的设计之外，他们还能够绘制自己的设计，并与场地的自然特征相适应。其结果是形成一套设计原则，然后可以在街区开发的过程中使用。西澳大利亚州规划与基建部发布了《筹备手册》，其中详细介绍了研讨会的筹备方法、为协调人提供的咨询意见和会议室安排。

王子建成环境基金将成果集中在"开发场地的共同愿景上，这体现在包括总体规划在内的一系列规划中"（王子基金会）。在南德文郡舍福德的新定居点开发中，该基金会支持了这种方法。这在 2004 年进行了为期三天的试验，最终形成了一种与可交付性和可持续性相关的方法（王子基金会，2005）。Carmona 等人将这种方法描述为让利益相关者参与制定愿景的一种手段，然后将其转化为更详细的设计方法，并认为这是一个更具技术性的问题（2006：226）。伯明翰也开展了类似的活动，在 2007 年 3 月举办了城市塑造者活动日（CLG，2008g：60），这一活动超出了计划预期，扩展到志愿服务和以其他方式参与。

在考虑战略选址和城市扩建时，这些方法尤其有用。可以将重点放在地块上，并可以作为方案制定过程中进一步协商的基础。

（8）监督小组、公民陪审团和专家小组

自 2000 年以来，英国的每个地方当局都拥有监督权，尽管各地方当局都选择以不同的方式来发展这些权力。通过建立公众监督中心（www.cfps.org.uk），促进了监督技能和方法的发展，这使得不同的地方当局之间能够共享各种方法，并使参与监督的人能够接受培训。公众监督中心还对社区参与的监督进行了审查，其中提供了包括沃辛、韦克菲尔德、伊灵、埃塞克斯和巴西特劳在内的一系列地方当局的案例（公众监督中心，2008）。监督小组可以审查过去的政策、执行现行政策和即将取得的开发进展。监督可以是基于文件进行的，或者监督小组可接受个人和组织提供的证据。必须向地方当局的全体议会成员提交监督报告，由议会行政部门决定如何回应。

监督可以成为发展空间规划参与式方法的有用工具。它可以调查所采取的方法，并询问所使用的方法是否适合目标群体和需要讨论的问题。自 2000 年以来一直在使用的另一种方法是公民陪审团，由一群人作为当地社区的随机代表组成监督小组。刘易舍姆等地方当局已广泛使用这种方法，并涵盖了一系列主题。例如，在 2004 年，公民陪审团报告了"这辆车应该在多大程度上符合刘易舍姆未来的交通计划"。公民陪审团可以成为听取所提出的证据的一种方式，对证据采取互动和审问的方法，然后对所听到的内容以及如何将其有效地应用于具体情况进行审议。

都柏林设立了一个随机抽取公民陪审团来审议废物管理和焚烧问题，这是一个在当地有争议的问题。在这种情况下，陪审团通过"审议日"开展工作，听取简报，然后在当天结束时得出结论。French 和 Laver（2009）讨论了与陪审团遴选相关的问题，并得出结论，他们认为成功与否在一定程度上与程序的可信度有关，决策者需要从一开始就承诺利用陪审团的审议，以使这一工作具有可信度。然而，这些问题可能在单

个问题方法中更为普遍，而不是作为更具持续性的程序的一部分。所有监督工作的开展都取决于这种参与，最近针对地方政府提出的建议表明，监督报告将要求接收者作出回应（CLG，2009d）。

公民陪审团可以有效地考虑如何在 LDF 中以最佳方式开展社区参与或制定愿景，也可以研究不同环境或地点中问题的相对重要性。公民陪审团的报告确实要求那些有决策权的人考虑陪审团的意见，陪审团除了可以向政客提供建议外，还可以与政客共同商议（Barnes，2008：475）。

参与式和协商式方法的主要障碍是什么？

积极协商存在许多障碍，在设计有效方法时需要考虑这些障碍，因为：

- 会议的时间和地点；
- 活动的风格——可能过于正式或令人生畏；
- 只针对已经参与该进程的群体；
- 有些群体可能只能通过他们自己的社区网络才能接触到；
- 可能存在深厚文化或社区压力，从而保持沉默；
- 议员们可能认为，积极协商会降低他们自身角色的有效性；
- 过往期望值可能过高，但未能实现；
- 可能存在协商疲劳。

如果所选择的协商方法没有获得回应，会发生什么？

开展协商的关键问题之一是，人们不愿参与其中。这可能因为：

- 协商的信息或手段不够清楚明确；
- 人们认为他们无法对任何结果产生影响；
- 没有给予足够或太多的通知；
- 人们不信任这一过程。

在这种情况下可以做些什么？采用多种协商方法可以分散风险，从而避免依赖单一方法。在调查回复率较低的情况下，后续提醒可能会有所帮助，但这将取决于正在进行的调查类型。答复率低也可能表明有必要与社区及其领导人更密切地合作，以建立对调查过程的信任与信心。与社区体育团体和社交俱乐部等当地建立的团体合作，或者在学校门口与等孩子的家长们交谈，这可能是明智之举。如果担心这一过程的公正性，那么邀请一位能够在地方当局和社区之间充当中间人的外部协调人可能会有所帮助。

让利益相关者参与其中

利益相关者是指那些受任何过程影响并能影响其结果的人。在实践中，利益相关者通常被视为有组织的正式利益群体，包括土地所有者、开发商、当地企业、政府部门、慈善机构、宗教和社区团体。越来越多的地方主要利益相关者可能会在 LDF 中担任主要成员或通过专题小组参与其中。就空间规划而言，利益相关者包括：

- 地方当局内部的关键部门利益，空间规划为实现其目标提供了关键机制；
- 地方当局外部的关键利益相关者，例如地方战略伙伴关系及其成员、教区委员会和地区委员会；
- 邻里机构；
- 公众，包括利益相关者，如当地社区，包括居民个人、居民协会和便利设施或利益团体组成；
- 法律顾问，如政府机构和公用事业供应商；
- 更多利益相关者，包括其他组织 / 服务提供者，如医疗信托机构（或初级医疗保健信托机构）、教育机构、运输提供商、应急服务和社区发展组织；
- 参与规划过程的开发行业和土地所有者；
- 商业部门，包括商会等商业代表。

（CLG，2008f：§3.3）

如果地方当局能够做到以下几点，利益相关者就能更多地参与空间规划过程：

- 确保利益相关者尽早参与发展计划的编制工作，并在他们（利益相关者）力所能及的范围内提供尽可能多的前期信息；
- 准备改变工作惯例，将更多资源分配给前端活动,如现场推广和互动参与,并确保成员（议员）、常务董事和土地所有者充分了解其所在地区变化的影响；

• 与地方战略伙伴关系合作，使其具有相关性，并确保其与地方规划部门合作。

（同上：§6.3）

一些利益相关者，如主要土地所有者将对空间规划过程产生具体和持续相关的兴趣。建立一个由包括公共部门在内的主要土地所有者组成的论坛可以很好地促进这些利益相关者参与，也可以促进这些利益相关者之间的非正式发展和交付对话。这类论坛是 LDF 过程的一部分（CLG，2008c）。其他利益相关者以小组形式开展工作。当地企业在参与 LDF 过程中发挥着不同的作用，他们也可能通过其自己的当地组织参与其中。通过简短且计划周密的商务早餐进行协商可能是最成功的方法。对于包括女性、文化社区和残障人士在内的其他利益相关者，所有协商活动在规划和设计时都应将其考虑在内，作为平等和多样性评估的一部分（Reeves，2005；规划咨询服务处，2008f）。Greed 认为，就女性而言，性别主流化确实有可能产生对男性和女性都有利的影响（2005）。

规划援助的作用

规划援助组织的设立最初是为那些无力聘请顾问的人就规划申请方面提供建议。该组织现在已扩大到帮助个人和团体参与编制规划和社区规划方法。以下人员可获得规划援助：

• 接受任何州经济状况调查福利的人；
• 未从开发项目中受益的人；
• 在此事上没有得到任何专业人士帮助的人。

规划援助组织还可以帮助社区团体和社会企业。规划援助组织由英国皇家城市规划学会（RTPI）管理，并由中央政府资助。

开发商或发展信托协会也可以向社区团体提供类似的支持，这些机构可以获得资金来提供社区支持。这种方法也用于总体规划，但正如 Giddings 和 Hopwood（2006）所指出的那样，这需要考虑社区的参与方式。

结论

协商是空间规划的一个核心要素，它在编制 LDF 中发挥着正式作用，既作为嵌入过程中的证据，也对过程提供反馈。有各种协商方法可以使用，这些方法在组合使用时效果更强。基于网络的协商方法也强调了这些方法的使用必须适合目标受众。协商现在更多地与其他组织相结合，并且其过程的使用需要以系统地进行。协商被用作为政客决策提供信息的一种手段，并有助于说明决策原因。

尽管规划与协商和参与性承诺之间有着长期的联系，但一系列适合具体情况和社区的方法的发展表明，可能需要更多的专业指导和支持。规划师可能需要进行专门培训，以便能够确定需要委托开展的协商类型或直接进行协商过程。还需要在空间规划过程中更积极地通过不同的方法来使用更广泛的协商证据库和联合方法，以在交付成果中反映更为联合的方法。

第 6 章
营造场所：通过空间规划进行交付

导言

空间规划的主要目标是综合交付，这标志着土地使用规划和空间规划之间的主要区别。土地使用规划已在每一块场地被诠释为一种以政策为基础的管理方法的代名词。土地使用规划的确允许采取更积极主动的方法，但这些方法通常由开发商和为促进重建或更新而设立的当地运输工具采用。空间规划远不止于此。空间规划的目标是实现交付，而这种交付的基础取决于所有部门和机构之间相互配合的综合工作办法，同时也基于证据支持和方案管理。撒切尔主义近 20 年的遗留问题使土地使用规划处于被动模式。空间规划是对地方的一种积极做法，只有在确定为该地区人民和地方所需的方案交付之后，才能实现空间规划。

英国的空间规划属于 LSP 的治理结构，必须实现 SCS 中规定的地方愿景。随着 LDF 成为 SCS 的资本交付方案，预计随着时间的推移，SCS 与核心战略将趋于一致。对于更为传统的土地利用规划者来说，这可能是一个困难的处境，因为发展规划及其进程的首要地位，特别是 EiP，使其有别于其他地方战略文件。空间规划的交付能力通过 ToS 进行审查，从被动土地利用到主动交付方法的转变标志着空间规划的主要差异和挑战。空间规划意味着一种积极的方法。

本章讨论了通过空间规划开发交付的方式，并提出了通过 LDF 实现交付战略和成果的更详细的方法。这些可能需要规划师获得一些新的知识和技能，但空间规划的有效性才是其核心所在。开发计划在过去往往是整个地区唯一可用的计划，因通过有关的准法律程序而在用户中具有权威性。但如今（2005 年之前），它已不再保留这种独特的作用。LDF 显然具有法律效力，但除非它是地方治理结构的一部分，否则无法发挥这种效力。LDF 不能独善其身。

基础设施转向

尽管有很多猜测认为，规划在提供基础设施方面的作用是在世界经济危机后出现的，但它始终是空间规划的一项关键特征。然而，空间规划在基础设施交付中的作用并不明确，只是现在才成为新系统的关键特征之一。我们可以推测，这种空间规划的作用系统内部一直都在"沉睡"中，当其他地方公共治理系统准备好接受和使用它的时候，这种作用才被提及出来。

在英国，自 2005 年以来，空间规划中的可交付性测试已被间接采用，并从 2008 年 6 月起明确采用（Morphet，2007；Nadin，2007；CLG，2008c）。正如所述，"可交付性"的测试要求 LDF 的核心战略应该"得到证据的支撑，证明需要什么样的物质、社会和绿色基础设施来实现该地区的拟议开发量，同时考虑其类型和分布。这一证据应包括谁将提供基础设施以及何时提供基础设施……以及借鉴和影响地方当局和其他组织的任何战略和投资计划"，主要侧重于支持住房增长和交付（CLG，2008c：8）。

作为规划过程的一部分，大多数规划者都将开发商的投资贡献作为基础设施提供资金的主要手段，并认为这将仍然是他们的关键作用，尤其是当 CIL 的潜力被添加到组合中时。然而，通过开发商的投资为基础设施提供的资金，尽管在大型开发项目（如国王十字区或大型零售开发项目）中规模很大，但与任何领域的公共部门资本投资总额相比，规模都很小。作为 LDF 核心战略的一部分，所需的证据基础必须考虑到任何领域未来基础设施的需求，并被描述为汇集了范围广泛的不同服务，因为大多数服务需要土地来运作，因此它可以帮助支持服务的协调（CLG，2008c：4）。核心战略还需要"协调和交付任何领域的公共部门组成部分"（同上：4）。这与以往以规划为主导的土地利用政策截然不同，而它现在是交付引擎。

一些规划师认为这个角色过于困难，尤其是因为他们在与组织内外的一些公共部门合作伙伴合作方面经验不足。然而，新治理架构的其他要素，例如，LSP（在资源监督方面的新角色）、公共机构的合作义务、LAA（作为地方公共服务合同）和 CAA（作为评估包括资源使用在内的交付方式），都在指向 LDF 的作用，尤其是代表任何地区基本建设计划的核心战略。所需的基础设施可由其他部门提供，而且并非所有私营部门的开发都是大规模的。例如，私人提供的托儿所是任何社区基础设施的关键组成部分。

空间规划在交付地方基础设施方面的作用，恢复了规划的早期目的之一，这在 50 年前是很常见的。随着时间的推移，这一作用已经丧失，因为交付的责任已由不同的部门和机构接管。在 1980 年代和 1990 年代，交付基本上被视为私营部门的责任。在这种交付模式中，公共部门机构管理自己的项目和预算，同时期望开发商的投资来作为补充。规划是通过开发商盈余的投资产生额外资源的机制。关于公共部门投资选址的决定是不协调的，且这种选址并不总是可持续的。规划系统虽然有能力逐地进行管理，但往往没有办法以更协调的方式处理这些项目。在私营部门，总体规划被用来拟订大型场地的建议，但这些建议往往与周围环境脱节。这使得基础设施的提供成为开发商投资的代名词。

开发商的投资经常是临时性的，综合考虑发展用地和邻近地区的需要，并对任何特点发展项目所需承担的费用进行可行性测试。服务提供者可以根据自己的服务计划要求开办一所新学校、游泳池或诊所，从而确定需求清单。他们没有必要说明这些要求如何与服务需求适应，以及如何与他们自己计划投资的任何证据相吻合。2004 年的《规划和强制法》改变了这一立场，使 LDF 成为地方基础设施规划和交付的核心。这标志着规划和管理基础设施交付的方式发生了重大变化。规划系统已经从一个专注于实现开发商投资的系统转变为一个与来自所有部门的所有主流资助者以综合方式合作的系统，以确定未来 15 年需要什么样的基础设施，以及如何提供和何时提供基础设施。许多地方当局可以通过规划谈判确定开发商投资贡献的价值。很少有人能够确定当前资本投资方案的价值、未来方案中的项目以及这些项目与所在地区基础设施赤字的关系。基础设施也常常被假定为只包括主要的投资项目，如道路或排水系统。然而，空间规划关注的是帮助地方繁荣发展所需的基础设施，可以包括托儿所、自行车道、非正式绿色空间和市场的位置。

从临时性的基础设施融资体系向更加一体化的基础设施融资体系的转变，是英国空间规划的核心。这就是为什么 LDF 必须证明其交付战略是可操作的，可以用来支持在计划的生命周期内交付已确定的基础设施。核心战略或其他部门政策文件在提交时，无法详细确定 15 年期间的需求和供资。它可以在较短的 5 ~ 7 年时间内证明这一点，但从长远来看，随着服务审查其交付模式，基础设施需求可能会发生变化。目前所采纳的医疗办法反映出我们对于基层医疗的侧重，但十年后，这种模式可能会发生改变。

在空间规划中将重点转移到基础设施交付上，并没有立即被规划者和更广泛的社区所理解。对于规划者来说，当确定交付 LDF 所需资源的初始需求时，这些需求被解释为地方当局内部的地方规划团队的人员配置需求，而不是交付 LDF 中基础设施需求的资源（Morphet，2007）。当人们进一步了解到这包括基础设施需求时，下一个假设是，这只涉及战略开发地点，基础设施需求将由开发商供资。尽管 ToS（英格兰城镇规划督察署，2008b）和修订后的 PPS 12（CLG，2008c）已详细列明有关规定，但仍未获得理解。2008 年底，规划咨询处举办了 12 次研讨会，并在其网站（www.pas.gov.uk/infrastructure）上转载了研讨会材料，宣传关于 LDF 的交付作用的信息。随后委托编写了《地方战略伙伴关系和地方当局基础设施规划和交付的步骤方法》（Morphet，2009a），然后通过进一步的培训和实施材料予以支持。

在空间规划中理解基础设施转向的问题已经开始引起分析和辩论。Morphet 等人（2007）发现了对空间规划交付作用的误解，Baker 和 Hincks（2009：178）研究了以实际方式解决基础设施交付问题的方法。一些人指出，如果中央政府各部门不联合起来，就很难制定一个综合的交付办法。Counsell 等人（2006）认为，正是由于没有国家规划说明或政府内部的整合，才削弱了地方一级的整合办法。在某种程度上，这些批评已经被跨政府交付协议（英国财政部，2007c）所反驳，该协议将基础设施规划的联合方法作为高度优先事项，同时为所有地方当局制定了的交付计划（英国财政部，2007d）。

鉴于国家环境的脱节，在地方一级制定综合方法的困难也已查明。霍顿和奥尔门丁格指出，随着"零碎"的治理结构的增加，这减少了更多联合方法的可能性，这些方法反映了当地的需求，而不是在"一些相当规范的规则"内"精心设计"（2008：141）。LDF 的交付作用的有趣之处在于，它能够在地方一级制定自己的操作方法，并制定自己的优先事项，这可能比自上而下的制约更受地方政治的影响。地方基础设施决策已经在地方优先事项范围内做出。对实施同一计划的任何两个地方当局进行比较，例如"建设面向未来的学校"，就证明了这一点。许多操作限制因素实际上并没有表面那么严格，通常可以更灵活地利用。

有些人通过开发商的投资完全关注于 LDF 交付的作用。霍顿和奥尔门丁格（2007年）对泰晤士河口社会基础设施的提供情况进行了审查，并认为该系统不能满足该地区新增人口的需求。认为基础设施完全由开发商提供，而不将其纳入现有投资方案，这种看法只是这种做法的一部分。对英国基础设施规划和交付的运作进行的早期研究也往往模糊了开发商投资和主流资金使用之间的界限。在对阿什福德（Ashford）进行案例研究时，Baker 和 Hincks（2009）立即将开发商在增长区地块上的投资作为主要问题。对于在阿什福德其他地区更广泛地应用公共资金和基础设施赤字，以及如何将这两者结合起来考虑，他们仍保持沉默。

尽管基础设施交付方式才刚刚起步，但一些潜在的批评声音已经出现。Baker 和 Hincks 报告了规划者对无法实现的"购物清单"的担忧，并且表明基础设施的使用没有资金支持是"破坏"计划最简单的方法（2009：188）。他们还报告说，规划者担心其他组织无法按照他们的时间进度工作。报告中对交付的许多关切来自以规划师为中心的观点，而综合空间规划更广泛的治理模式的实施将逐渐削弱这一点。正如 Guy 等人（2001）指出，开发支持基础设施提供的社交网络可能需要时间，但确实需要在本地环境中进行管理。

在澳大利亚，空间规划中的基础设施交付重点已经运作了很长时间，这种方法还存在另一种潜在的批评。在这里，正如多德森（Dodson，2009）所报告的那样，将基础设施规划作为从开发和增长中获得资金的一种手段，已经导致资金驱动规划议程，并与更广泛的规划目标脱节。在澳大利亚体系中，虽然通过开发商的贡献提供的基础设施在优先基础设施计划中被确定，但投资似乎并没有通过综合过程来确定（Low Choy，2007）。这不是英国系统所采取的方法，因此，随着经济衰退，LDF 提供基础设施交付的方法更加稳健和一体化，尽管仍然需要做出优先决策。

准备交付

在拟定 LDF，特别是核心战略时，必须从一开始就考虑交付问题。在就地点和战略地点作出关键决定之后，人们可能会忍不住将交付视为一项后续活动。利用政府提供的相关材料和指导（CLG，2008b；2008c；2009a），有可能通过制定核心战略来确定实现交付的方法，这个方法可以得到长远策略计划的支持，也可能得到这些管治安排下的关键基础设施供应商小组的支持。

在准备交付 LDF 时的第二个考虑因素是对这一进程采取方案管理办法。方案管理技术在规划中使用较少，但仍然可以应用，一些地方当局目前正在任命项目管理员担任这一职务。项目管理的原则在这里很重要，在第 8 章中会详细讨论，即从一开始就看到整个过程，而不是依次考虑每个阶段。这为确定关键里程碑、依赖关系以及需要利益相关方参与的地方提供了良好的机会。它还确定何时必须与他人沟通并获得任何关键决定。空间规划的交付取决于这种方法，这种方法将使 LDF 能够在更广泛的组织活动中发挥更充分的作用，既为他们提供信息，又利用他们的进程。

共同制定基础设施交付计划（IDP）

IDP 需要由所有合作伙伴共同执行，这将作为有效的核心战略的证据。为了开展这项工作，规划人员需要与其他人合作，在可能的情况下借鉴并影响地方当局及其辖区内其他组织的投资战略和基础设施计划。为了采取综合办法，当局需要与来自公共、私营、志愿和社区部门的当地投资者合作。公共部门包括地方当局内的服务提供者，如儿童服务、公路、住房、废物收集和处置以及再生。对外，它包括卫生服务提供者、警察局、消防和救援、大学、法院、监狱和政府部门，如国防部、就业服务中心和英国税务海关总署。在私营部门，投资规模不一，其中一些是繁荣社区的基本服务，例如休闲设施和儿童保育服务。志愿和社区部门也通过体育和社交俱乐部、收容所和提供服务对基础设施进行投资。制定 IDP 也有利于合作伙伴服务提供商。它可以在规划和实施各自的服务战略时提高效率，取得更多有益成果，并有助于实现更广泛的 LAA 目标和责任。

LSP 是所有这些合作伙伴和利益相关者共同建立工作安排的地方，这些工作安排将考虑到未来的投资、规划和交付决策，以及如何有效地利用当地资源来实现主要目标，包括 LAA 中的目标。然而，对于 LSP 和地方当局规划者来说，这需要一些新的理解、知识和技能来共同工作。许多地区已经建立了共享证据和协商基础，这应该是管理和指导地方一级所有部门投资的一项关键组成部分。

基础设施可以采取多种形式——可以从物质、绿色和社区的术语来定义（见本章末尾的列表），对于支持增加住房供给、经济增长和减缓气候变化的目标，以及创建繁荣和可持续发展的社区至关重要。除了房屋和就业机会外，还需要配套的基础设施，包括绿色能源、公用事业服务、交通、学校、休憩用地、社区、卫生和休闲服务。所有组织都必须尽可能投资于未来，以改善、扩大或维持其服务。整合这些单独的程序和计划将使服务提供者能够更有效地针对需求领域，并有助于实现高效和节约目的。这一过程的核心是开发为地方和社区提供服务的土地和建筑。在能够确定开发投资的地方，应掌握现有服务适应新的人口增长的能力，并在可能的情况下加以量化，明确列出提供服务方面存在的差距。

如果计划是在所有相关方的参与下制定的，将有助于：

- 确定并支持所有基础设施的交付；
- 在正确的地方引导正确的增长水平和住房发展；
- 使社区和投资者了解公共部门在该地区的投资情况；
- 争取其他基础设施机构的资金；
- 与基础设施融资提供商合作，为增长提供适当水平的基础设施。

在地方当局内部，基础设施规划只有在作为交付能力要求之一的跨服务方法得到整体支持的情况下才会有效。协调是关键。这意味着至少需要制定和落实以下一些措施：

- 行政长官的参与；
- 包括领导人在内的资深议员的参与；
- 精简有效的企业管理团队；
- 跨机构服务的共同证据库；
- 与各部门负责人合作的方式，以支持循证查明基础设施不足；
- 与 LSP 和 LAA 协调员和 SCS 领导官员的一些工作关系。

PPS 12（CLG，2008c）将核心战略确定为"协调必要的社会、物质和绿色基础设施，以确保创建可持续社区"的手段。为了发挥这一作用并使其合理，核心战略或支持核心战略的证据必须确定交付战略所需的基础设施、由谁提供、何时何地提供。

基础设施规划是 DPD（尤其是核心战略）强有力的证据基础的重要组成部分。ToS 评估计划是否可交付，因此了解需要什么基础设施以及如何交付是关键。PPS 12 建议，该过程应尽可能确定基础设施需求和成本、阶段划分、资金来源和交付责任，并在必要时确定应急规划方案。然而，不同机构的预算编制过程可能意味着，当 DPD 提出要求时，可获得的信息可能比理想的情况要少。预计将对不同地点的证据水平采取相称的办法。

这一基础设施证据库的开发应在地方当局内部以公司方式进行，并通过 LSP 与合作伙伴和投资者协调进行。它应当：

- 考虑到现有人口及其需要，以及新发展和人口增长；
- 以证据为基础，并以系统的方式进行；
- 通过现有的公共部门和其他投资预算提供资金，并考虑到现有的基于门槛的公共供资计划；
- 考虑增长点和提供服务的地点；
- 确定尚未获得资金的项目，估算成本，以及如何在未来几年获得资助，例如通过资本投标、资产释放、费用和收费、开发商投资贡献和 CIL。

化散为整：循序渐进

任何地方愿景都在 SCS 中列出，确定了关键目标以及如何实现这些目标，从而推动地方公共机构采取行动实现这些变化。基于证据支持以及相关叙述，确定了地方的未来愿望。SCS 归 LSP 所有，LSP 负责提供 SCS 的交付，他们可以通过代表地方主要优先事项的专题小组来开展这项工作，且已具备法律义务监督该领域资源的使用和调整、绩效管理和咨询。他们将参与如何以满足当地目标和该地区优先事项的方式交付 SCS。LSP 的考虑项是地点。

空间规划在交付中的作用意味着，它必须在更广泛的治理结构中发挥作用，并以符合核心战略的 ToS 和任何其他 DPD 的方式发挥作用。本节将介绍基础设施规划和交付的分步方法，它为基础设施规划和交付过程以及综合发展计划的制定提供了一条合理的途径。可以适用于任何地点，并使规划者和其他相关人员了解整个过程。

（1）与地方战略伙伴关系合作

LSP 在编制和交付 IDP 方面发挥领导作用。LSP 将通过执行小组或专题小组提供战略领导，并可能包括一个关键基础设施提供者小组定期向其报告。LAA 的交付也是 LSP 的责任，核心战略还必须证明它如何实现 LAA 中规定的目标（CLG，2008c：§1.6）。在这一跨机构框架开发 IDP 可提供：

- 实现社区利益的战略性地方塑造工具，以及提高服务效率和改善服务的手段；
- 实现 SCS 所列地方战略目标的手段；
- 必须在地方当局和其他公共服务提供组织之间建立伙伴关系的共同进程；
- 一项持续过程；
- 确定当前和未来基础设施不足和需求的手段；
- 为地方当局和合作伙伴制定战略和服务计划的依据之一；
- 一项支持 LAA 交付的方法；
- 与私营、志愿和社区部门就其投资建议和交付进行合作的手段；
- 确定只有；
- 通过次区域和区域办法来弥补的基础设施不足的手段；

- 将其作为证据基础的一部分纳入 CAA 过程，以展示合作伙伴如何共同努力改善其社区和资源使用，这两者都将是评估过程的关键部分。

（2）推行可持续社区战略

作为 SCS 和核心战略开发的一部分，可能会有愿景规划活动，这是该过程的重要组成部分。这些活动需要作为同一个活动进行，没有必要单独举行会增加公民和社区混乱和成本的活动。在可能已经进行了愿景规划的情况下，可以对 LDF 使用愿景规划，并且可能不需要针对 LDF 重新运行。规划人员经常对愿景规划采取单独的办法，但由于 LDF 目前正在实现为更广泛的目标，现在已经不需要这种方法了。SCS 可以识别其目标的空间互操作性，但在大多数情况下，这种互操作性有待通过与其相关的交付计划加以解释。LDF 是为期 15 年的投资交付计划。为了实现 SCS 愿景，LDF 中的核心战略需要证明 LDF 正在实现核心战略。它将能够通过以下方式证明这一点：

- 与 SCS 合作，制定优先事项并制定愿景；
- 使用 SCS 证据；
- 使用或联合举办 SCS 咨询活动；
- 在地方当局网站上为 SCS 确立核心战略的交付角色；
- 将 LDF 纳入理事会的主要网站活动，而不是单独管理；
- 在活动中使用简单的英语和 / 或与其他人相同的术语——只有在绝对必要时才需要使用技术规划语言；
- 选择与 SCS 相同的主题结构作为核心战略；
- 在表格或其他图表格式上演示 LDF 如何交付 SCS；
- 识别 SCS 如何形成优先级；
- 说明 SCS 如何在该地区的不同部分采用不同的方法；
- 通过监测和向 LSP 报告，显示 SCS 成果如何通过核心战略可衡量地交付。

LDF 必须与区域战略大体一致，才能被认为是合理的。这只是其中一个 ToS 的一部分（CLG，2008c；英国城镇规划督察署，2008b），并没有凌驾于其他部分之上。它还忽略了过程的其他部分。LDF 必须交付地方援助协议，其中还包括构成地方和中央政府之间合同一部分的住房目标。这些目标经常被忽视，但与所有其他 LAA 目标一样，它们需要通过 LDF 实现。对 RSS 过程的关注高于空间规划的主要作用，也可能导致规划被视为一种高度情绪化的活动，在某些情况下，还会被视为一种作秀障碍。在一些地方，可能存在与开发有关的高度紧张的政治问题，国家目标的不确定性可以被用作减缓 LDF 的机制，这阻碍了更广泛地区潜在的投资确定和交付。

在许多方面，这种通过开发商的贡献对战略开发地点和基础设施提供的区域重点的感知代表了前一个系统的方法。将战略性地点视为开发岛屿并非通过良好的规划，而是开发商出资的法律背景应用的意外结果。在这里，任何要求开发商投资的任何请求都必须与开发的缓解措施直接相关，并且几乎总是在所考虑的场地内。第 5/05 号通知（ODPM 2005f）通过更广泛的基于地区的方法扩大了这一范围，但这仅由一些地方当局使用。这种做法没有考虑到新开发如何能够利用现有的设施和服务，而且可能使新开发成为内向型的，而不是现有社区的一个综合（尽管是扩展）部分。

这种做法也影响到其他利益攸关方和合作伙伴的期望。一旦提到与其他公共服务部门（如儿童服务或健康）的同事讨论规划和交付问题，你会立即想到讨论开发商的贡献。教育署会要求从事教育工作的人士寻求开发商的意见，以支持他们的服务。（DCSF nd）。这种方法分散了空间规划对当地所有服务主流提供的考虑，以及空间规划的核心决策。

图 6.1 和下文方框步骤 1 ~ 7 显示了为规划咨询服务开发的步骤方法。

步骤 1：愿景和政策背景

任何交付计划的方向和优先事项都将取决于当前和未来的需求以及地方对未来的愿景。如果没有这种方向感，用于改善任何地方的时间和资源将被浪费，并且无法实现更集中方法的全部潜力。同样重要的是，愿景要确定并服务于一个共同的目标，以便所有致力于改善该地区以及在那里生活和工作的人都能将自己视为团队的一部分。虽然个别机构和部门对本身的工作感到自豪，并希望推广其服务或目标，但这些都是在综合背景下得以进行的

内容：

- 开发和使用地方范围的证据库
- 发展和利用地方范围的咨询库
- 参与核心战略并与 SCS 整合
- 制定 SCS 交付计划
- 在 SCS 和核心战略之间进行组合 SA

实施方法：

- 与各种利益相关者和（中立）促进者一起举办愿景活动
- 在学校门口和就业中心设立焦点小组，邀请那些通常不参加午餐俱乐部的人参加
- 使用教区规划流程
- 在线投票

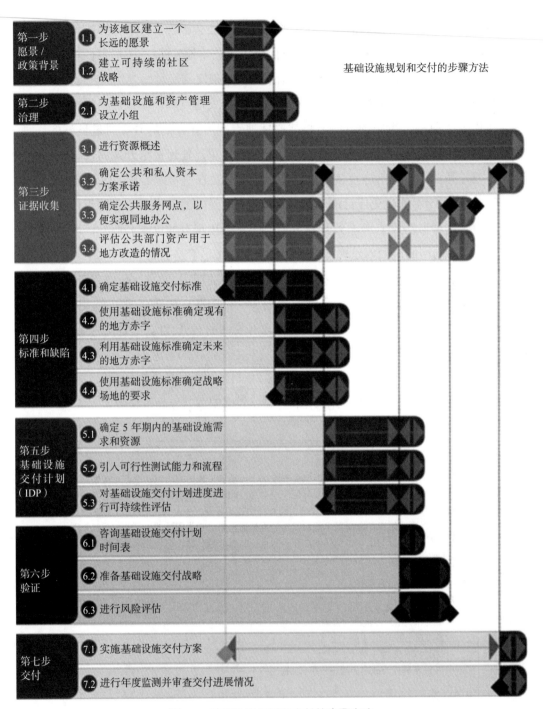

基础设施规划和交付的步骤方法

图 6.1　基础设施规划和交付的步骤方法

- 让学校参与进程
- 商务早餐

风险： 如果没有这种明确性，基础设施投资可能会重复、零碎，不能可持续地利用资源。

资料来源：Morphet 2009a

步骤 2：治理

共同努力实现愿景和治理方法需要治理安排。这将确保在更广泛的地方背景下制定方法，并确保有一种方法来管理这一进程，同时使利益攸关方和基础设施交付提供者能够充分参与。这个组需要在 LSP 中设置，并且可能有一个由基础设施提供者组成的可操作交付组为其工作。这个基础设施提供商小组将是讨论新投资、基于地点的改造、资产使用和合用同一地点的关键地点。它也是讨论加剧或新的人口增长的潜在新的基础设施需求的场所。

内容：

- 让 LSP 参与交付过程
- 确定各部门目前在该领域的投资规模
- 建立一个（关键）基础设施提供商小组（KISP），与 LSP 合作，并支持 LDF 交付过程
- 建立主要土地所有者小组，以促进信息双向流动

实施方法：

- 将现有的基本建设计划集中在一起，统一时间进度
- 与基础设施提供者举行研讨会，以确定其重点项目和预算
- 确定每个公营部门基本建设方案的制定方式、更新频率，以及资助计划的准则

风险： 如果没有这种治理，基础设施决策可能会孤立进行，基础设施规划可能会降低效率。也有可能无法从资源中获得最大效益。

步骤 3：证据收集

用于支持 LDF 交付的证据需要在整个地区使用，并由 LSP 合作伙伴和其他来源提供。这需要通过专门的规划研究来补充，例如关于住房市场或洪水风险的研究。所有这些证据都需要在地方当局或 LSP 网站上的一个地方提供，以便可以轻松自由地访问。

如果不收集和使用最新的证据，基础设施计划将无法满足其需求。证据库在所有提供者之间共享也很重要。如果不同的服务部门使用不同的人口预测，那么对当地需求和优先事项的看法就会不同，这可能会影响投资优先事项的决定。人口估计数应适用于所有机构。

内容：

- 识别所述区域的基础设施类别清单
- 在地理信息系统的基础上建立所有部门现有设施的基准
- 审查每项公共设施的状况、容量及使用情况
- 建立该地区所有公有土地和建筑物的 GIS 数据库
- 确定目前正在建设并承诺提高基准的所有基础设施计划

- 整理数据库，其中列有可有助于主流交付方案的所有资金流
- 核对所有其他已知资金来源的数据库，或与拥有这些信息的人合作
- 确定公共部门与组织合用同一地点的潜在机会
- 确定公共部门财产和服务审查中资产释放机会
- 考虑任何可能有助于减少气候变化的搬迁

实施方法：

- 使用本章末尾的示范基础设施类别清单作为制定本地类别一览表的起点
- 使用红／黄／绿（RAG）评估确定该地区所有拥有土地和建筑物的公共部门机构的易用性
- 确定可供两用的设施，例如：学校、大学或私营机构的游泳池
- 使用为国家指标收集的现有信息，例如 NI 175
- 与房地产和金融领域的其他专业人士会面

风险： 如果没有这种联合方法，基础设施投资可能会位于不合适的地方，或者无法满足需求。

资料来源：Morphet 2009a

步骤 4：标准和缺陷

标准代表了公共部门组织试图为其社区和用户实现的目标。为了开始基础设施规划，必须通过证据来确定和支持这些标准。地方当局也可以通过 2000 年《地方政府法》第 2 条规定的促进经济、社会和环境福祉的义务"采纳"这些措施。

考虑现有人口的需要，如学校名额或年龄，该标准对该地区的现有设施具有否决权。除此之外，还需要考虑人口增加的影响—— 更多的人将生活在未被占用的住房中，因为它们的容量已经被使用，其他建筑物被变成了住宅用途。

内容：

- 确定正在使用的所有基础设施交付标准
- 找出标准方面的差距
- 确定新服务要求的触发点，如垃圾收集站、图书馆、卫生设施
- 确保标准符合不断变化的立法并切合目的
- 定期审查标准，并每年确认其使用情况
- 将基础设施标准应用于当地现有人口的需求，以确定不足之处
- 对人口密集和人口增长的地区重复上述程序，以确定哪些地区设施会过剩或不足
- 确定服务提供模式如何随时间变化
- 根据更广泛的治理流程，确定是否需要修订新的或额外的基础设施，例如输送 SCS 或满足 LAA 目标
- 确定哪些赤字可以通过现有的资金来源弥补，例如学校资本计划、地方卫生审查
- 确定开发商可能被要求提供服务的短期收入贡献的地方

实施方法：

- 随着时间的推移，审查标准的证据基础，以确保它们是稳健的
- 在网站上发布标准

- 确定在哪些地方可以修改标准以实现更广泛的目标，例如通过终身成本法实现道路的可持续建设
- 确定哪些地方的改造政策需要针对特定群体或弱势地区
- 从平等和多样性的角度审查标准——它们是否符合目的？
- 确定标准是否会抑制同一地点
- 确定公共服务部门正在使用哪些人口统计数据来评估其需求，并试图将这些数据纳入一组单一的预测中
- 由于入住率下降、意外收获的场地释放率、花园占用率和转换率，确定可能的意向人群区域
- 确定可能发生迁移的区域

风险：如果不确定有一定证据基础的标准，就没有坚实的基础来评估基础设施赤字。这可能意味着资金使用不当，无法支持投标或寻求开发人员的捐款。如果使用不同的人口预测，可能会对投资的优先顺序产生分歧。

步骤 5　基础设施交付计划（IDP）

IDP 确定了该地区需要通过 15 年的核心战略交付的内容。它可以分为五年期，包括需要什么、为什么和在哪里提供、谁来提供、谁将管理以及如何提供资金。在 LDF 中，只有那些有良好融资前景的项目才能被包括在内。对于那些确定了基础设施但尚未获得资金的项目，这些项目可以在 SCSuns 内，直到可以通过主流资金、投标、区域交付计划、私营部门投资和开发商捐款交付为止。

基于证据并包含在 SCS 中的 IDP 的提供，为私营部门提供了一种确定即将到来的投资和机会的手段。在对区域交付计划或 HCA 等其他机构进行投标的情况下，基于赤字的项目准备将提供单一对话的证据，并应在一定程度上使商业案例适合任何拟议投资。公布需要但尚未获得资金的基础设施清单，可以为私营部门提供一些促进投资所需的信息。

内容：

- 通过之前的步骤确定需要什么基础设施
- 编制一份 IDP，其中包括有良好融资前景的项目和尚未融资的项目
- 确定哪些地方可能需要重新配置服务以弥补不足
- 将所有要求列入基础设施证据一览表
- 在 SCS 中提出无资金支持的要求
- 将无资金需求作为主流资金、特殊资金机会、投标、私营部门投资、开发商捐款的基础
- 通过其他 DPD（包括 AAP、发展管理和发展贡献）制定交付战略
- 对基础设施交付时间表进行 SA

实施方法：

- 确定哪些基础设施需要从主流计划中获得资金，以满足未来五到十年当前和未来的人口需求
- 每年审查时间表，以确保其符合目的
- 作为年度监测审查进程的一部分，监测所有部门基础设施的开发和交付率
- 确定可行性测试，以评估开发人员对规划应用程序的贡献率
- 可以将 SA 作为 SCS 和 / 或核心战略的其他 SA 活动的一部分

风险：如果没有这一点，LDF 可能无法满足 ToS 的交付能力，任何领域所需的投资都可能无法充分协调，无法最大限度地利用稀缺资源。

步骤 6　验证

　　验证验证过程是证明合作伙伴、治理和项目管理过程都已到位，以支持已确定的内容的交付。并正在共同努力满足未来需求的交付。这也是基础设施提供商参与过程并"拥有"其成果的机会：这也可能导致基础设施提供商重新审查其投资优先级和用于做出融资决策的标准。将所有这些组件整合到基础设施交付战略中是该过程的一个重要元素。

内容：

- 就基础设施规划的标准和流程进行咨询
- 将其作为当地更广泛咨询基础的一部分
- 作为更广泛的二氧化碳减排战略的一部分
- 与服务提供商进行验证
- 提交 LSP 签字
- 对 IDP 及其对 LDF 交付的影响进行风险评估

实施方法：

- 与其他咨询活动一起举行
- 作为教区和邻里计划的一部分进行讨论
- 作为服务审查的一部分进行咨询
- 通过 KISP 举办服务提供商研讨会
- 制定包括缓解措施在内的风险评估方法
- 在现场或要求发生变化的情况下，考虑"B"计划方法
- 讨论首次洪水事件可能造成的场地损失
- 讨论如果新的主要开发场地可用，将如何处理

风险： 如果没有这一验证过程和受控参与，基础设施交付过程将无法支持人口或地点的任何变化，也无法应对任何意外变化，如首次洪水、工厂关闭或人口突然变化。

步骤 7　交付

　　交付 LDF 的交付将主要通过开发管理流程进行，这将允许地方当局、基础设施提供商和开发商积极参与，以寻求交付已确定的内容。如果供应商通过中央政府或其他机构的具体举措获得资金，则基础设施要求清单应作为项目的第一个"选择"清单。在其他地方，开发管理团队将积极寻求通过自己更积极的流程交付所需的基础设施。一些基础设施需求将能够通过开发人员直接交付，或通过作为规划过程一部分协商的贡献交付。

　　交付的一个重要部分是监控，在这种情况下，"如果你不能衡量它，你就不能管理它"这句格言很有用。保持该地区所有基础设施投资的交付将需要时间，并将回报，因为不同类型的基础设施或特定地点的成功率将确定哪些交付资金可能实现所需的结果。即将出台的投资计划的公布以及过去一年中实现的目标是向当地社区通报以他们的名义取得的成就的重要方式。这些信息大多在公共领域，但很少以告知人们成功或进步的方式汇集在一起。

内容：

- 实施交付计划
- 将交付纳入开发管理过程
- 保持交付新闻的可用性，使社区能够跟踪交付
- 展示如何利用完工来促进其他目标，例如减少二氧化碳排放、改善获取途径、改善场所
- 定期汇报交付进度

实施方法：

- 发布一个直播节目，以便能够被关注和使用
- 使用项目规划方法
- 任命一名交付经理以促进实施
- 确保开发管理过程通过开发交付过程主动寻求交付机会
- 在关键交付项目上安装网络摄像头，以促进公众参与
- 公布计划完成情况，与市长进行正式会谈
- 将交付报告作为 AMR 的一部分
- 确定通过 IDP 产生了多少投资

风险：如果没有这种方法，交付可能是零散和不协调的；社区看不到他们所在地区正在进行投资，也看不到交付计划正在实现；无法确定需要更积极干预的领域；私营部门依靠公共部门投资的潜力降低。

资金交付

通过 IDP 方式汇集的资金包括可用于资本投资的所有主要资金来源。其中包括：

- 学校、卫生、交通、再生利用等公共部门的基金；
- 私营部门投资；
- 社区和志愿部门投资；
- 住房、再生利用和区域机构的资金；
- 基于竞争性计划的供资，例如遗产彩票基金；
- 慈善投资；
- 混合机构供资，例如公用事业、住房协会；
- 为促进当地投资而设立的特定目的机构；
- 开发商投资贡献。

在确保提供资金的情况下，这将提供能吸引进一步投资的当地招股说明书或投资组合。对于大部分所需的基础设施来说，很难确定资金，所以管理资金来源清单同样重要。可以将其置于 SCS 中，并作为年度监测报告（AMR）或其他监测过程的一部分进行定期审查。作为该进程中的一环，还需要定期审查缺陷评估的标准定义。

基础设施交付战略

在准备提交 LDF 核心战略时，每个战略都需要由 IDP 提供支持，IDP 包括支持基

础设施规划和交付的两个要素。第一个是核心战略中的基础设施交付战略，该战略规定的交付安排将会展示这一进程的治理情况、所依据的凭证，以及引入主要基础设施提供者和主要土地所有者来检验该过程的必要性。

第二个组成部分包括基础设施需求计划以及如何交付。这是 LDF 核心战略的依据。PPS 12 指出，应该有一个实现目标的基础设施交付战略包括在何处、何时和以何种方式交付目标（CLG，2008c：§4.1）。还应当有管理和监测执行情况的明确安排。

交付战略预计将显示：

- 该地区开发和改善至何种程度；
- 拟在何处及何时进行开发；
- 何时何地进行改善；
- 以何种方式进行开发；
- 通过图表确定的战略开发的位置；
- 交付战略的核心地位；
- 如何通过规划事务监督或市政局或其他机构达致目标；
- 协调不同的行动，以实现目标和实现愿景；
- 何时、何地、何人参与交付；
- 已与交付所需的机构/合作伙伴进行了协商并参与了筹备工作；
- 切实需要的资源；
- 在该战略的生命周期内交付的现实前景。

基础设施交付战略包含哪些内容？

为了展示落实交付的核心战略的程序，要先考虑需要进行哪些安排。

表 6.1 提供了该战略组成部分的一些说明。

基础设施交付战略　　　　　　　　　　　　　　　　　　表 6.1

组成部分	职能
LSP 专题小组，例如职权范围、会议记录、会议日志	能够跨机构工作，发掘基础设施需求和规划的通用方法；展示机构和利益相关者的投入
通用凭证，例如 LSP 中所有合作伙伴的网站	能在同一依据和框架下执行地方的服务规划要求
主要业主论坛，例如职权范围、会议记录、会议日志	确保核心业主参与到基础设施规划和交付的持续进程中

续表

组成部分	职能
基本建设方案储存库，例如网站	保持各方资本承诺的机会
公有土地和建筑物的通用地理信息系统，包括其状态、可达性、集水区、容量	担任依据库，并提供更有效地规划区域使用的方法
LSP 中所有合作伙伴的共同咨询证据库	在基础设施规划和交付过程中听取公众意见
基础设施提供商小组，例如职权范围、会议记录、会议日志、区域审查	可以展示如何将基础设施提供商聚集在一起并在一个通用的方法中考虑他们的需求
基础设施交付经理 - 可以是资本项目经理、LSP 的一部分、规划师	可以成为本次活动的焦点
SCS 基础设施赤字和需求清单（目前仅有或尚未获得资金的部分）——需要证明这是一份有依据的循证清单，而不是一份愿望清单	能够展示通过 LSP 流程检查和支持基础设施要求的流程
开发管理政策和方法	开发管理在确保基础设施交付方面的作用是其任务的核心，这可以在 DPD 开发管理中阐述
开发商的投资——可以作为基础设施证据库计划的一部分显示，也可以显示在无资金提供的需求中	无论是主动投资还是邀请投资，开发商都是地方一级基础设施交付的重要贡献者，如果能表明这些贡献的可行性，并提供促成交付所需基础设施，则需要将其作为交付手段之一
社区基础设施税（CIL）	当 CIL 可用时，则会通过此过程确定的基础设施要求
目标和可衡量的成果 （PPS 12（CLG，2008c：§ 4.47））	必须确保基础设施规划和交付进程得到实施和实现；对于 LSP、当地政治家和社区来说，通过各种资助手段了解该地区的情况非常重要
AMR 定时、流程、组件之间的相互关系	提供了一种方法，通过该方法可以每年审查基础设施证据库和未资助项目

结论

空间规划主要关注塑造场所和提供社区现在和未来所需的广泛的社会、经济和环境基础设施。空间规划能确定社区所需并使多个机构通过 LSP 共同努力交付。规划人员不能独自承担这项任务，需要与他人合作才能获得这些成果。作为核心战略的一部分，通过 IDP 制定的逻辑化和结构化的交付过程，将会鼓励地方的投资并促进积极的变化。这有助于保障对需要支持的地区和设施进行投资，以在该地区人口可能发生变化时保持至少最低的交付标准。如果社区跨越行政边界获得服务，也需要考虑到这一点。

相较于以前的规划系统，2004 年后的规划系统之间有本质的变化——主要是从政策整合转变为地方治理结构的融入，并在基础设施规划和交付方面发挥新的关键作用。这代表了自 1991 年以来（可能更早）在英国规划实践的重大转变。然而，它确实与

1947 年规划系统的起源和 PAG 集团在《发展计划手册》（HMSO 1970）中提出的《发展计划的未来报告》（HMSO 1965）有着密切的联系。正如它所指出的：

　　大型项目，无论是政府部门、规划机构、其他地方当局、法定承办商还是私营企业，都必须纳入计划：整个计划必须切实考虑未来可能的投资水平。

（1.7）

　　因此，这种"新"的交付角色与 1947 年和 1970 年的规划角色类似，尽管许多现在担任领导管理角色的规划从业者是在后来才进入职业生涯的，当时发展规划更侧重于通过再生从业者承担交付要素。规划人员则需要重新学习交付知识和技能，并在实际应用和投资决策过程的早期（需要与其他公共部门同事建立联系并非正式使用权力和影响力）承担基础设施规划和交付角色。

基础设施类别

基础设施

实体	子类别	指示性资本方案和标准来源	治理层级（承担伦敦自治市镇、大都会自治市镇和统一管理局的所有职能）
运输	道路	路政署 地方当局	C、R CC、DC
	铁路	网络铁路	C
	巴士	巴士公司 地方当局	CC、DC
	出租车	等级	DC、CC
	旅途管理	地方当局	CC
	机场	机场当局	C、R
	港口/海港	港口/海港当局	C
	单车及行人设施	地方当局 私人供应商	CC、DC
	停车场	地方当局 私人供应商	DC
	燃料供给链	地方当局	CC、DC

续表

实体	子类别	指示性资本方案和标准来源	治理层级（承担伦敦自治市镇、大都会自治市镇和统一管理局的所有职能）
运输	车辆检测站	运输署 地方当局	DC
	实地驾驶测试	DVLA	C
	运河	英国水道	C
能源	集中发电	Ofgen 个体公司	C
	天然气和电力的输送和分配系统	Ofgen 个体公司	C
	生物质供能	地方当局	CC、DC
	区域供热和供冷	地方当局 战略卫生局	DC
	风力发电	私营部门	
给排水	供水	Ofwat 个体自来水公司	C
	废水	地方当局 水处理公司	DC
	排水	地方当局 环境署	CC、DC
	防洪设施	地方当局 环境署	CC、DC
废物	收集与处置	地方当局 地方当局 私营部门	DC CC
ITC	宽带和无线、公共电话	BT Ofcom 个人电信公司 BT	C
公共领域	步行道 街道设施	地方当局	CC、DC
历史遗产	保护建筑	英国遗产协会 地方当局	C DC

C= 中央政府；R= 地区级；CC= 县议会；DC= 区议会

绿色基础设施

绿色基础设施	子类别	资本方案和标准的来源	治理层级（承担伦敦自治市镇，大都会自治市镇和统一管理局的所有职能）
空地	公园	地方当局	DC
	儿童游乐区	地方当局	DC
	运动场及球场	地方当局 私营部门	DC
	郊野公园	地方当局	CC
	绿色公共领域	地方当局	CC、DC
	国家公园和其他区域管理	国家公园当局	C
河流	岸线廊道	河流集水区管理当局	C
海岸	滨海	英国自然署	C、R
生态景观	历史遗迹	英国遗产协会	C

C= 中央政府；R= 地区级；CC= 县议会；DC= 区议会

社会和社区基础设施

社会和社区	子类别	资本方案和标准的来源	治理层级（承担伦敦自治市镇、大都会自治市镇和统一管理局的所有职能）
经济适用房	100% 实惠的中间价	RSL、地方当局 RSL、私营部门 / 地方当局	DC
教育	托儿所和学前班	地方当局 私营部门	CC
	小学	地方当局 私营部门	CC
	中学	地方当局 私营部门	CC
	FE（成人教育）	地方当局	CC
	HE（高等教育）	大学	C、R
就业	就业服务中心	DWP	C
福利 / 税收	当地办事处	DWP/HMRC	C
儿童服务	包容特殊需要和残疾者的儿童中心	地方当局	CC
医疗	医院	SHA	R
	保健中心 / 全科医生诊所	SHA PCT	R R

续表

社会和社区	子类别	资本方案和标准的来源	治理层级（承担伦敦自治市镇、大都会自治市镇和统一管理局的所有职能）
医疗	公共卫生与预防	PCT 地方当局	CC
流浪者和游客	相应场地和设施	地方当局	DC
邮政局	主要邮政局	邮局	
	邮政支局	DBERR	
	分拣办公室	私营部门	
	包裹	邮政局 私营部门	
社区服务	图书馆	地方当局	CC
	社区中心	地方当局	CC
	青年	地方当局	CC
	社会服务 /50 岁以上	地方当局	CC
	警察	警察当局	CC
	急诊	消防局	CC
	救护车	救护车队	R
	坟场及火葬场	地方当局	DC
	法院	司法署	C
	监狱	内政署	C
	旅馆	内政署	C
	礼拜场所	个体组织	DC
文化	博物馆 / 画廊	地方当局 慈善机构	CC、DC
	剧院	地方当局 私营部门	CC、DC
	电影院	私营部门 地方当局	DC
休闲娱乐	体育中心	地方当局 私营部门	Dc
	游泳池	地方当局 私营部门	DC、CC （学校）
	节日和市中心活动	地方当局	DC、CC
	市场	地方当局	DC

C= 中央政府；R= 地区级；CC= 县议会；DC= 区议会

第7章
采用综合方法进行地方空间交付

导言

自 2000 年以来，场所在英国的公共政策和实施中发挥着越来越大的作用。场所被纳入地方治理体系，而空间叙事是以综合地确定场所如何运作及其需求的一种手段；它们是克服与优先事项和目标相互冲突的体制孤岛的一种手段。造成这种转变的一个原因是由气候变化引起的发生在特定场所的"意外"事件，例如首次被洪水淹没的地区数量增加、干旱和其他温度连续体两端的局部天气事件。人们以适合自己的方式使用场所，而场所已成为以社区为中心的隐喻，包括：

* 地方决策；
* 地方财政预算；
* 基于场所的结果；
* 取消集中交付目标。

其中，空间规划对改变和改善场所具有综合交付作用。空间规划具有实现本地化、综合改进的工具和立法框架，现在它可以发挥这一作用。空间规划也可以在其他领域发挥作用，如实现社会目标。人们逐渐意识到如何通过（包括设计和提供设施等）空间规划方法可以实现健康。此外，空间规划还纳入了许多其他社会问题，包括解决减少犯罪和社区安全问题；第三个关注领域是老年人，因为老年人在人口中的比例越来越大。当然，这些问题都具有相关性，因此采取基于问题的方法也有单维或孤立的风险，但衡量不同群体和地点的结果提供了一种评估干预措施有效性的机制。

本章主要讨论目前正以新的且更本地化的方式考虑一些特殊问题。这些问题分为社会、经济和环境问题，尽管以这种方式进行讨论，但它们之间存在许多交叉问题。

这三个总体类别的选择基于两个决定因素：

- 地方当局有责任促进其所在地区的社会、环境和经济福祉（《2000 年地方政府法》，第二条）；
- 地方当局必须明确其社会、绿色和物质类别的基础设施需求（CLG，2008c：PPS 12）。

在本章中，将更详细地讨论在三个类别中的每一类别提供不同类型基础设施的综合方法。重点是社会基础设施，因为这为社区提供了最多的支持，并包括公共部门的最大支出。例如，地方公共支出的 80% 以上用于教育，其次是医疗保健。尽管在 2010～2015 年间，公共部门的投资减少 25% 或更多，但仍有大量预算有待支出。公共部门资金进一步投入的需要也将给资产的使用和服务的托管带来更大的压力。一些政府组织，例如住房和社区机构，一直在向私营部门计划投入资金，但这些计划已陷入停滞，为了在一些地区启动计划。尽管自 2008 年以来，私营部门的投资有所放缓，但有证据表明，在某些部门和地区，这种投资可能会恢复，而且这种投资将寻求能够产生最大影响的地区。所有这些都使得基础设施规划和交付在 2016 年以及未来时期内发挥更重要的作用。

实现社会目标

社会基础设施为人们在社区和家庭中的生活方式做出了重大贡献。在所有三种基础设施类型和一系列供应商的资金和交付方面，社会基础设施也可能拥有最大的范围。获得服务是福祉的一个重要特征，在改善可持续的生活模式方面发挥相当大的作用。根据空间规划提供的社会基础设施主要集中在通过开发商对战略用地或主要住房开发的工作提供学校和卫生设施。基础设施交付侧重于主流资金的综合应用，这是一个重要的考虑因素。因此有必要关注社会设施，特别是卫生和教育设施的主流投资，因为这些设施是由人口增长引发的，同时，在考虑其投资地点和类型时，它们一直在独立的程序下运作。

一个新的、更加综合的方法表明，这将需要一个改变，以实现这些结果。霍顿和奥尔门丁格（2007）认为，尽管他们在泰晤士河口区的工作重点是衡量新住房开发的影响，而不是考虑现在解决投资赤字所需的更系统的方法，但他们却在推进此类进程方面中丧失了技巧。Kidd（2007）、Harris 和 Hooper（2004）考虑了区域空间规划在实现健康方面的作用，他们的方法主要针对更具战略性的健康影响评估方法，而不是通过 LDF 进行本地交付。

（1）卫生

通过改善基础设施来改善健康状况是规划过程中最古老的方法之一。城市规划的诞生在一定程度上是为了改善公共卫生议程，但随着时间的推移，这种联系已经被削弱。卫生服务一直是国家专业机构和地方一级环境卫生专业人员的职责，他们关注食品卫生、空气质量，并通过许可证来管理风险等公共卫生问题。

规划作为提供优质健康状况的一种手段的作用正在以各种方式重新出现，而空间规划可作为关键卫生服务机制之一。三种主要空间规划方法可以帮助提供更好的卫生结果。第一种是社区的设计和设施的可及性。就设计而言，安全行走或骑自行车的能力可以为实现更健康的生活方式做出重要贡献（NICE，2008）。第二种是卫生设施的位置及其与其他公共服务的关系。目前将初级卫生保健作为卫生服务的重点的趋势意味着需要额外的地方投资。作为商定新的或扩大的卫生保健设施地点过程的一部分，LDF 可以根据对现有设施及其能力和条件的基线评估，并与健康信托基金合作，制定可获得的医疗服务方法。所有医疗机构都可以制定绿色旅行计划，该计划将确定其他投资可用于改善医疗服务的领域，例如公共交通或其他支持的交通计划，包括志愿者提供的交通计划。卫生信托机构还可以将交通和服务获取标准纳入不同投资计划的评估中，作为其商业案例评估的一部分。

空间规划支持改善卫生的第三种方式是通过健康影响评估（HIA）和 SA 机制对核心战略和其他 LDF 文件进行评估。这些方法提供了一种很好的手段，可以系统地检查空间提案与卫生结果之间的关系。这也可以通过 SA 来完成。西北部（Kidd，2007）和利物浦已开始使用 HIA，特别是 HIA 已被用于研究卫生和住房之间的关系。这包括提供能源和水供应，作为特定地点健康评估一部分。

就空间规划中的健康服务结果而言，有一系列的建议和指导来源，其中许多还包括实例和案例研究。规划咨询服务处指出，《预防胜于治疗》（2008a）提供了一个很好的总体介绍，并包括了来自英国各地的案例研究实例。NHS 还编制了两份关于卫生与规划之间关系的介绍性指南，一份是为卫生专业人员编写的（2007a）；另一份是为规划专业人员编写的（2007b）。为卫生人员编写的指南介绍了空间规划，包括一些案例研究，并强烈鼓励他们与规划人员合作，支持卫生服务。为卫生规划人员编写的指南更侧重于公共卫生，而不是所有卫生保健设施的位置，因此这可能无法提供一种完全成熟的手段，并且需要在实践中推广。最近，RTPI 编制了一份《关于实现健康社区的良好实践说明》（2009a），该说明为如何利用空间规划来实现卫生结果提供了一些建议。

通过 NHS 健康城市发展部（HUDU，2007a；2009a；2009b）和伦敦市长（2007）编制的指南，为卫生专业人员编制了一套更详细的指南，说明如何通过核心战略实现卫生结果。HUDU 最初是为伦敦设立的，主要关注伦敦情况，但其所有出版物在其他地方的空间规划中都有更广泛的应用和使用。HUDU 指南（2009b）鼓励卫生专业人员参与空间规划过程，包括参与制定地方层面的卫生基础设施计划，以确保实现卫生结果。尽管本指南是为卫生专业人员编制的，但它通过核心战略提供了实现卫生服务结果最详细和系统的方法，并包括一份清单。尽管该指南提供了相当有用的功能，但在某些地方，它的语气具有规定性，需要小心处理。该指南的主要缺点是，它从卫生的角度来看待核心战略，而不是考虑如何在地方层面通过更多的联合方法来实现卫生结果。

《规划中的卫生问题——最佳实践指南》（伦敦市长，2007）提供了另一种综合方法来考虑在地方层面的空间规划中实现卫生结果的方式。与 HUDU 的工作一样，该指南不可避免地以伦敦为中心，但它确实为空间规划中需要考虑的所有可能的卫生问题提供了最全面的指南，并提供了进一步有用的链接和参考资料。但与本章提到的一些指南不同，该指南采用以问题为基底的方法，这使它成为审查 LDF 对卫生影响的一项有用的交叉参考工具。

它还包括一些可以用来改善空间卫生结果的案例研究和标志。特别是该指南考虑了空间规划如何通过检查以下方面来实现卫生结果：

- 卫生结果的空间决定因素；
- 住房；
- 交通；
- 就业与技能；
- 教育和早期生活；
- 服务获取；
- 宜居性、开放空间与公共领域；
- 空气、水和噪声质量；
- 新鲜食品的获得；
- 气候变化。

表 7.1 和表 7.2 总结了所有可用于空间规划的政策和交付方法。

利用空间规划过程来解决卫生结果问题 表 7.1

	过程	来源 / 机制	通过空间规划实现的结果
1	使用通用的证据基础	当地健康概况，JSNA	实现更卫生场所的同用方式
2	确定明确的地方性问题，如肺部疾病、肥胖等	上述证据基础	特别强调解决方案
3	发展卫生和空间规划之间通用语言理解	规划和卫生人员都有自己的行话，这使得双方都很难理解对方，并且公众也难以理解	卫生和规划人员都将使用的术语表
4	审计空间规划提案中的健康结果	在方案评估中使用健康影响评估；复查卫生结果作为可持续性评估的一部分	利用空间规划来解决健康挑战和问题

通过空间规划提供更健康的场所 表 7.2

	健康状况	证据	空间规划的作用
1	减少肥胖和心血管疾病	当地卫生概况；JSNA；标准死亡率（SMRs）	改善最需要地区的步行和自行车设施
2	减少肺部疾病	同上	通过设施选址来解决空气质量问题
3	减少儿童肥胖	同上	除其他措施外，通过学校出行计划审查前往学校的安全步行和自行车路线，并在需要时进行改进
4	帮助减少与安全相关的心理健康问题	同上；减少犯罪和骚乱伙伴关系证据	根据设计标准，审查安全审核的证据；考虑独立生活住房的位置
5	减少通往卫生设施的汽车路线	卫生设施出行计划	确定靠近公共交通和其他公共设施的位置；与卫生信托机构建立服务获取标准
6	提高所有年龄组的体育活动水平	对包括学校、工作场所和私营部门在内的所有体育和娱乐设施进行基线评估，并确定潜在差距	确定基础设施交付时间表的具体、循证要求
7	最大限度地利用所有休闲娱乐设施	使用基线评估来鼓励双重用途；审查可能为地方当局区域内的社区提供服务的其他地方当局区域的设施	通过基础设施供应商小组开展工作，制定双重用途安排；通过 s106 和其他规划条件确保这些设施的安全性

通过空间规划实现更好的卫生结果所需的证据基础正在改善。英国设立了区域公共卫生观测站（www.apho.org.uk），每个观测站都在可避免的伤害、癌症和肥胖等关键主题内对区域健康需求进行了大量研究和分析。这些观测站还审查卫生不平等现象，并将其影响作为空间规划文件制定的一部分加以考虑。在地方层面，所有地方当局地区都有公共卫生档案，这些档案可以通过区域公共卫生观测站获取。JSNA 的建立推动了确定健康需求和其他问题的联合方法的制定，目前，JSNA 在每个地方当局领域开展，并日益被视为有关地方需求的主要证据来源。每个 JSNA 都有一个数据集，可以对地方和国家的健康结果进行比较（DH，2007；2008）。HUDU（2007b）还编制了另一个

有用的指南，用于确定空间规划所需的证据基础，其中包括寻找心理健康、肥胖和其他疾病的详细证据基础的方法，可作为空间规划过程的一部分。

方框 7.1　健康影响评估

> **为什么要进行健康影响评估（HIA）？**
> - 促进更大程度的健康公平
> - 促进证据和基于知识的规划和决策
> - 通过告知和影响有利于健康的决策，最大限度地提高健康收益并尽量减少健康损失
> - 通过解决对弱势群体的健康影响来减少不平等现象
> - 鼓励各部门之间更好地协调行动，以改善和保护健康
> - 确定健康与其他政策领域发展之间的联系
> - 在更广泛的政策领域提高对健康的认识
>
> **如何进行 HIA**
> HIA 的实施分为五个阶段
> 筛查——决定是否适合或有必要进行 HIA 的过程
> 范围界定——如何进行 HIA？确定工作重点、方法和计划
> 评估——确定健康影响
> 报告和决策——影响整个过程
> 监测和评估——过程、影响和结果

资料来源：公共卫生观察协会：健康影响评估门户

进一步使用证据是通过在空间规划政策和提案中使用 HIA。这些过程与 SA 中使用的过程类似，可以合并到 SA 中。进行 HIA 的主要原因如方框 7.1 所示。HUDU 还编制了一份评估规划提案对健康影响的清单（HUDU，2009c），该清单比他们编制的其他文件更关注伦敦。然而，它确实有一些可能有用的链接和参考资料。

NICE（2008）和 CABE（2006）就鼓励更健康的生活方式的建筑环境和自然环境设计提供了更详细的建议。这两项研究都集中在更详细的交付问题上，包括步行和自行车路线的设计、使用、评估，以及如何规划这些路线进行开发。

空间规划在实现健康方面的作用需要考虑的最后一个问题是根据基础设施提供战略和时间表，其中包括主流卫生资金的使用和开发商对健康贡献的作用。对于卫生服务规划，LSP 中卫生代表的角色将是地方层面制定和实现卫生结果的关键切入点。在管理和提供主流交付卫生预算时需要考虑的关键领域是：

- 所有卫生筹资都是由人口引发的，国家统计局在公布 SMR 后对其进行审查。
- 医疗服务作为一个整体是该国最大的公共部门土地所有者之一，将医疗地产用于医疗保

健和其他目的将在 LDF 的制定中发挥相当大的作用。

- 用于健康规划的证据基础需要与其他服务机构结合起来，人口预测需要达成一致。

- 随着时间的推移，需要不断审查医疗保健政策的制定和卫生服务的提供。目前的重点是将卫生服务转向初级卫生保健，这可能意味着医院空间变得可用，或者新的人口增长可以利用将服务转移到地方一级所创造的能力。

- 公共卫生活动可能与健康信托机构内的初级卫生保健规划分开进行，因此确保全方位的健康利益相关者参与这一过程可能很重要。

- 新卫生设施的资金将取决于当地卫生信托机构向战略卫生当局提出的业务案例。这些业务案例可能越来越依赖于它们的能力，以证明新服务供应的规划可以与当地的其他服务供应明显联系在一起。

- 提供医疗保健可能需要其他投入，如专家或终身住房等，以使人们能够住在自己的家里，而不是直观的护理。因此，养老院可能会出现裁员现象。

在考虑通过开发商出资提供医疗保健设施时，同样的原则也适用于所有公共服务。首先，需要对现有供应进行评估，然后需要考虑主流资金的使用，任何额外的需求都必须以证据为依据。在商谈任何开发商对医疗保健设施的出资时，必须确保它们尽可能不与谈判时流行的任何特定类型的服务模式挂钩，而是与交付时流行的服务模式有关。这将防止提供不再符合卫生当局要求的医疗保健设施，换句话说，这些设施在开发商的出资协议签署后很长一段时间才交付。如果预计出资用于提供设施，而不是财政资助，则可能需要在选址和规模方面尽可能保持一定的灵活性。医疗保健提供的要求也需要在基础设施交付时间表中确定。

（2）蓝光服务

空间规划在提供蓝光服务（消防和救援、警署和救护车）中的作用主要涉及详细的位置问题，无论是服务提供还是设计。空间规划在支持创建更安全的地方和减少犯罪机会方面的作用主要集中在更详细的实施方法上。由英国警官协会制定的安全设计（www.securedbydesign.com）等标准现在被许多地方当局采用，这些地方当局与当地警署密切合作，并接受国家指导。其他减少犯罪的政策（如处理药物依赖和青年犯罪）也是地方卫生机构干预的主题，并且通过青年服务、消防和救援服务以及其他机构开展青年娱乐活动。这些方式都很重要，因此需要纳入空间规划方法中。

此外，市中心重建等其他政策可能会导致以饮酒为基础的夜间或学生经济，因此也需要加以考虑，因为有时可能会导致意想不到的后果。在指定市中心时，必须在 24 小时内评估其功能和作用，作为考虑其运作方式和成功方式的一部分。曼彻斯特和利物浦等许多城镇都为重大活动提供了大屏幕观看设施，但这些活动也会出现全天饮酒和党派侵略的情况。蓝光服务支持这种大规模市中心娱乐的能力可能需要作为整体设计和应急规划策略的一部分来考虑：

- 救护车通道；
- 便携式小便池的位置和排水系统；
- 战地医院；
- 失物招领处；
- 急救地点；
- 观众场地和人群管理。

在某些情况下，这可能需要采用一种综合方法来发放饮酒时间许可证，但这些许可证应都在地方当局的控制范围内。

除了这些更详细的设计和交付考虑因素外，在与蓝光服务机构合作以交付成果时，还需要考虑其他问题。这些问题都取决于它们自己的操作需求，而这些需求也会随时间的推移而变化。每个服务部门现在都在考虑在服务提供方面的最佳地点，对于消防和救援来说，非常有必要设置在主要公路和高速公路更容易到达的地点，因为这是他们大部分救援工作的所在地。因此，目前正在实施从市中心到环城公路的搬迁，以方便进入城市和交通地点。消防和救援服务机构也在考虑与其他服务机构合用同一地点，如救护车服务机构或警署。

救护车服务机构有一系列目标，包括 8 分钟的响应时间，并且这些目标现在经常通过一系列的车辆和服务来实现，而不仅仅是通过提供救护车来实现，因为其中可能包括摩托车、汽车以及在建成区使用自行车。在更多的农村地区，可以通过漫游服务提供救护车服务，这比固定设施提供的救护车服务提供了更好的机会来满足响应时间。地方一级的警署也在考虑提供其服务的最佳地点。在某些情况下，更倾向于市中心的位置，而在其他地方，人们则在追求更具流动性或以社区为基础的交付重点，有时甚至是图书馆或学校。考虑空间规划在改善公共服务获取和更有效地利用公共资产方面的转型作用时，都需要考虑到所有这些因素。萨里改善伙伴关系（SIP）与蓝光和其他战略服务提供者一起进行了一项对基线基础设施需求的研究，从而确定了合用一地的可能性（SIP，2009a；2009b）。

总的来说，重要的是要记住，随着技术的改进和循证干预措施的不断落实，提供服务的模式正在不断变化。当使用空间规划来实现蓝光服务机构的服务要求时，必须确保与参与服务规划和提供的人员接触，包括那些可能正在为未来投资准备业务案例的人员。这三项服务之间的早期联合讨论可能会确定共同设址或某些后勤服务的潜在机会。它们还可以为更多的移动服务提供对接点，在尤其偏远地区建立更好的潜在服务提供网络。服务提供的另一个考虑因素可能是人口变化和增长领域，无论是住房还是经济用途。这些拟议开发项目可能会对蓝光服务的提供产生影响，与通过空间规划支持提供的所有服务一样，保持双向对话至关重要，最好是通过 LSP 本地基础设施规划和实施小组进行。

（3）老年人

到 2026 年，英国 60 岁以上的人口将至少增加 500 万（未来 20 年将增加 40% 以上）。75 岁以上人口的比例将大幅增加 54%（RTPI，2007）。在考虑如何通过空间规划来满足老年人的需求时，最常见的是通过养老院、特殊需求住房和增加医疗设施来实现。然而，针对老年人的政策正在发生变化，地方当局在保持老年人积极生活方面进行了大量工作。因此，针对老年人的策略很可能会集中在健身和活动上，如游泳、保龄球和舞蹈。空间规划过程中的一个关键问题是，随着越来越多的老年人参与积极性提高，是否会有足够的设施来满足预期的活动水平。此外，他们需要的游泳池数量可能比 GP 还多。针对老年人的政策旨在提高活动水平，包括参与工作场所，使用免费公共汽车服务来维持社交圈，以及通过志愿服务来为邻居和家人提供支持（Davis Smith 和 Gay，2005）。许多地方当局现在都设立了专门的小组来支持老年人的活动和健康的生活方式，这对满足老年人可能提出的要求非常重要。

当老年人需要更多的支持和照顾时，越来越强调鼓励人们待在自己的家里。这可能需要特定的辅助和改建，包括运动传感器，但对于许多老年人来说，改装隔热和能源管理措施对他们决定是否待在家里至关重要。在许多情况下，老年人住的房子对他们来说可能太大了，需要帮助他们搬到更小、更容易管理的住所。这一转变可能会增加对有看护服务的专业住房的需求，但也可以释放更大的住房单元供成长中的家庭使用。老年人也可以由自己的家人照顾，这可能会对扩建现有住宅以提供独立住处产生影响。

当一个地区人口结构中老年人比例较高时，空间规划可能还要考虑其他因素。首先是这个地方是否正在成为退休人员的专业地点，以及这可能对当地经济产生的影响。在这种情况下，空置房很可能会被同一年龄群体占用。在人口结构较为混合的地区，老年人的死亡可能会导致住房存量流入市场，并可能导致入住率的激增。一些低入住率和低占用率地区可以在相当短的时间内大幅提高，这可能会对当地服务产生重大影响，其影响可能超过任何新建开发项目。这也可能发生在人们决定买卖房屋并发行股权来补充养老金的情况下。由于很大一部分人在工作期间没有养老金，因此股权发行在未来可能会变得更加流行（Rowlandson 和 McKay，2005）。如果人们在家庭成员去世后继承了房产，他们很可能会将房产租给其他用户。采取这一途径的压力通常是通过支付死亡税来推动的，但 2008 年津贴的变化，加上房地产市场的低迷，可能会推迟一些资产的出售。

所有这些有关老年人的问题、他们的需求和可能的行为，都对基础设施的使用和需求方面的空间规划结果产生了重大影响。这些影响可能是直接的，也可能是间接的，但它很可能会导致空间集中和其他后果，这些都需要被考虑进去。

（4）儿童

在过去的十年里，地方一级儿童服务机构发生了重大变化。现在的儿童服务机构涵盖一系列活动，所有这些活动都需要被视为空间交付过程的一部分，包括：

- 早教，如托儿所；
- 良好开端儿童发展计划和儿童中心；
- 学校，包括私立学校；
- 延长日制学校，包括更多种类的早餐、社区活动、娱乐和家长支持等设施；
- 未来学校建设计划，其中包括更多的社区设施；
- 儿童游戏；
- 儿童社会服务；
- 委托服务；
- 16 岁后教育规定；
- 继续教育；
- 青年服务；
- 校车；
- 绿色出行计划。

在开发规划方面，过去更多关注的是教育，而没有关注到儿童服务机构现在发挥的更广泛的作用，它们对当地社区有着重大影响。过去，侧重点一直是建立学校，而这往往取决于开发商的出资。然而，空间规划涉及所有公共部门投资的应用，包括所有儿童服务机构。在某些情况下，如幼儿服务机构和儿童中心等将与医疗和住房等其他服务机构建立强有力的联系。这些均可能在 LSP 的相关专题组中找到。青少年服务可能与社区和或安全主题有关。尽管儿童服务机构已经发展了几年，但与学校有关的服务部分可能仍然与其他部分分开，因此，为了实现有效的空间规划，儿童服务机构需要参与服务的整个过程。

儿童服务机构所需的资金将通过各种主流预算提供，并可能成为地方当局资本和收入预算的最大部分。在学校供应方面，所有资金都是通过每年 1 月进行的学生普查来筹集的，当天所有在校儿童都将被纳入地方当局的财务结算中。这将在三个月后开始的财年确定，因此，参加 2010 年 1 月学生普查中的学生将从 2010 年 4 月开始获得资助。这笔资金基于收入和资本按人头分配，分配款将在公共领域（www.teachernet.gov.uk）可见。通常，全国的资本分配津贴都是固定的，而收入分配津贴根据需要和贫困情况而变化。学生普查触发了中央政府提供的所有其他以学校为基础的资金分配。其中大部分是资本资金，按教育阶段（即小学和中学）分三年分配。关于如何使用这笔资金的由地方政府决定，需要更广泛地考虑对地方级学校供应，以考虑不断变化的人口趋势并强化新的发展。如果地方当局发现学校的名额有空缺，则这些学校将不会得到资助，并且地方当局将在学校之间转移和调整名额，以确保在需要的地方有足够的容量。

大多数地方当局都会编制学校组织计划，这可以是一个有用的讨论切入点。然而，这些可能需要详细考虑，特别是在审查入学人数估计时。一些学校的组织计划预测长期入学人数，并没有考虑人口构成变化或新的发展。用于学校资金的人口估计应与所有其他公共服务的人口估计相同，这可能是一个使用人口预测的"双账簿"方法的领域，即共同商定的人口预测并非用于服务规划或招标的人口预测。值得注意的是，在服务机构使用的预测中，经常会对客户群体存在乐观偏见，也就是说，他们可能会增加他们所服务的客户群体的数量。在老年人服务机构中可能也是如此。服务机构所用的人口预测的切入点可能是当地的 JSNA（Joint Strategic Needs Assessment，联合战略需求评估）。

空间规划在支持提供儿童服务方面的作用遵循提供其他服务相同的方法，即：

- 审查证据；
- 审查拨款基准、其能力和合并情况；
- 审查邻近地区的规定；
- 根据预期变化确定当前和未来的差距，并将任何能力纳入基线；
- 确定需要新拨款的地点，并审查当前拨款和投资的应用，同时考虑资金门槛，即随着儿童人口的增加将自动发放的资金；
- 确定潜在的两用资源，并将其作为提供服务和降低运营成本的有效方式，特别是在有体育、娱乐设施或其他服务可以从同一栋楼提供的情况下。

如果可能对学校有新的要求，首先应考虑如何改造现有的规定。利用其他举措（如"未来学校建设计划"）来重新安置和合并中学供应是支持学校需求变化的另一种手段。对于现在归地方当局部门的继续教育，随着许多大学转向提供基础学位，可能存在不完整的资本投资计划。

此外，尽管得到了当局和英国教育标准局的许可和检查，仍有一些儿童服务机构不属于地方当局直接提供的服务。私营部门可以提供儿童的日托服务，如日托中心、托儿所、保育员。在靠近工作场所或新住宅的新开发项目中，也需要考虑服务，可以提供一些更大的单元。所有这类服务都将在当地儿童服务部门中进行登记和检查，因此这可以作为检查当前服务和潜在差距的一种手段。随着时间的推移，私立学校部门也将制定投资计划，并需要参与并协调空间规划过程来实现这些计划。最后，考虑大学以及这些大学在该地区的位置也很重要。大学的扩建推动了新的发展，大学经常占据主要的遗产建筑，如巴克斯顿和格林威治。在利物浦和伦敦等市中心地区，大学也占据了未使用的大型办公楼和酒店。例如，伦敦经济学院占据了其建筑附近的大量写字楼。随着时间的推移，大学还在城市内部创建迷你校园。还要注意，大学通常希望由自己作为大型房地产所有者和开发商在附近建立商业园区或孵化中心。

实现经济目标

空间规划在实现经济成果方面发挥着作用，这是在所有空间尺度上。在区域层面，区域发展局（RDA）和区域领导人委员会采取战略性经济观点，并通过区域战略（RS）加以表达。2010 年出现的紧急 RS 取代了 RSS、RES 和其他区域战略，并将为该地区提供一个总体经济战略，同时附带一个交付计划（CLG 和 BIS，2010）。RS 将承担

RSS 的角色,并接受 EiP 审查。区长的作用将得到加强,并且区域机构将设在同一地点。各地区新的国会特选委员会将对其进行审查。在每个区域内,次区域层面现在被视为最能有效产生经济增长的空间尺度(英国财政部,2004;2007a)。包括中央政府机构在内的地方政府和其他合作伙伴正在建立次区域小组,重点是规划、交通、重建和住房(CLG,2007b)。这些次区域小组目前还没有覆盖整个英国,但几乎在所有地区都有设立。每个伙伴关系中的次区域安排各不相同,有些安排更加正式。次区域伙伴关系可以正式化为城市区域(CLG,2009d)或多区域协议(MAA),或者可以采取更宽松的安排。然而,每一项安排都有一个经济重点,可能是住房、交通、重建、技能或这些重点的混合。

在地方层面,提供足够的住房被视为经济议程的一部分。《巴克评论》(英国财政部,2004)发现,由于企业希望扩张或选址的地方缺乏住房供应,国家经济正受到阻碍。由此可以看出,住房也是国民经济的一个关键指标。与其他国家不同的是,新住宅建设被认为是经济活力的一个关键因素,英国的大部分金融基础设施都是以住房开发为基础的(Morphet,2007a)。

2008 年发生的世界经济衰退,导致了政府重新审视地方当局在支持经济方面的作用。因此,他们有责任不断审查经济状况。地方当局还提出了激励措施,以促进当地经济,从而保留新业务地点产生的部分业务费率。对个人技能水平的关注支持也是这种本地化方法的一部分。一些地方当局通过一系列活动积极应对经济衰退。在埃塞克斯,地方当局已经制定了一种方法,即通过图书馆等自己的服务网点来支持维护邮局服务。此外,它还考虑建立一家当地银行,为提供抵押贷款和住房提供支持。例如,盖茨黑德已经采取了一些举措,包括:

- 提前资本支出;
- 在地方当局拥有房产的地区为企业提供免租期支持;
- 促进购买当地政策;
- 促进绿色和环保技术企业。

(Henry,2009:17–18)

作为优先考虑经济的转变的一部分,政府还审查了自己关于空间规划系统如何实现更好的经济成果的指导意见。此前已在一系列不同的文件中对此进行了阐述,包括:

• PPG 4 工商发展与小企业（1992）；

• PPS 6 城镇中心规划（2005）；

• PPS 7 农村地区的可持续发展（部分）；

• PPG 17 交通（部分）。

在 PPS 4 草案《繁荣经济规划》（CLG，2009b）的导言中，规划和住房部长强调了规划在实现经济成果方面的重要性：

> 在竞争日益激烈、知识驱动型的全球经济中，政府确保英国长期经济表现良好和应对经济冲击的能力，是基于维持宏观经济稳定，确保所有人有就业机会，并在生产力驱动下利用微观经济改革来解决市场失败问题——投资、创新、竞争、技能和企业。
>
> 规划系统是政府必须改善经济绩效的一个关键杠杆。规划系统影响生产力和就业（两个经济增长的驱动力），并有助于实现更广阔的经济和社会目标，如贫困地区的复兴和提供新住房。

（同上：7）

在审查规划经济实现中的作用时，政府已经对经济发展作出了定义，如方框 7.2 所示。

空间规划在实现经济成果方面的作用将取决于这些方法的整合以及它们与其他关键政策的整合。例如，所有工作场所（如办公室、学校、建筑工地、工厂和零售中心），无论其所在什么行业，都需要制定绿色出行计划。所有企业都需要能源供应，但某些类型的企业需要额外的能力才能让其业务得以运作。所有企业都会产生废物，因此需制定废物管理和减少的政策。那些在该地区工作的人还需要居住和享受其他文化和休闲活动。

通过空间规划实现经济成果有多种方式。通过空间规划实现经济成果的战略方法的制定基于一系列因素。其中包括：

• 区域经济背景；

• 次区域经济背景；

• 现有的当地经济地点，如港口、机场、主要零售或商业中心；

• 当地趋势和压力的证据—当地的商业部门是增长、下降还是保持不变？

方框 7.2 政府对经济发展的定义

什么是经济发展？

1 提供就业机会
2 创造财富
3 生产或产生经济产出或产品

主要的经济用途是什么？

1 零售业（包括仓储式会员店和工厂直销中心）
2 休闲、娱乐设施以及更多的体育和娱乐用途的场所（包括电影院、餐馆、驶入式餐厅、酒吧、夜总会、赌场、健康和健身中心、室内保龄球中心和宾果游戏厅）
3 办公室
4 艺术、文化和旅游（剧院、博物馆、画廊和音乐厅、酒店和会议设施）

（在《繁荣社区规划》之后，CLG，2009b：14）

- 考虑当地人口、技能水平和未来需求之间的关系；
- 战略地点可能有机会创造区域或次区域机会，以支持经济；
- 任何关于重建需求的总体考虑因素。

　　对战略经济需求的考虑一直是关于区域经济研究和讨论的主题。这往往强调关于政策或个人决定的多重影响的全国性辩论。区域搬迁政策的战略作用，包括里昂在审查政府部门和机构的潜在搬迁机会方面的作用，一直是处理经济表现不佳问题的长期方法。在英国第二大城市曼彻斯特的发展中，其试图建立一个更加两极的经济基础，这得到了许多方面的支持，包括英联邦运动会的举办地、BBC 主要部分的转让以及对可持续交通系统的重大投资。它也是首批城市区域试点之一。

　　RS 现已规定了经济政策的战略方针。区域经济空间政策考虑了各部门的优先事项，如集中于当地粮食生产。RS 侧重于支持该地区经济所需的交通和住房基础设施。RS 通过多种方式提供服务，包括 RDA、家庭和社区机构以及其他政府机构。然而，它们对主流公共部门投资决策的影响并没有那么大，这也是 RS 正在解决的问题（CLG，2009d）。每个区域都确定了自己的优先事项，这些优先事项将以依赖于与其他区域竞争的方式实现。然而，一些区域在中心地带有更大的政策影响力，部分原因是有证据表明这种需求，但这仍然是一个有待解决的问题。帮助英格兰北部经济增长的努力总是与支持东南部和西南部经济普遍繁荣的经济基础设施需求相矛盾，因为东南部和西北部的影响力远小于北部。同样重要的是要记住，在每个地区和每个地方当局中，总会有一些地区应对得很好，而且很繁荣，但仍然有一些社区需要额外的支持，以帮助他们实现更接近全国平均水平的结果。

在考虑如何解释 LDF 中需要解决的问题时，战略背景很重要，现在所有地方当局都必须进行经济评估，这将是这一过程的重要证据。此外，这将有助于将区域背景转化为地方政策和实施。很可能是 SCS 和其他成功的措施，如 LAA 和 CAA，很可能也将为当地经济设定需要考虑的目标。

一旦在战略层面上对经济成果进行了全面评估，LDF 就需要通过考虑发展模式，将其转化为在地方层面的实施。因此，需要对几个关键因素进行评估，包括：

- 按类型划分的现有就业位置，如办公室、零售、旅游、工业、分销、卫生、教育；
- 经济增长和现有产能的潜在需求；
- 考虑目前和未来经济活动对能源、水和电信的需求；
- 指定经济活动优先的市中心和其他位置；
- 确定经济问题，以满足经济增长和替代差距；
- 确定可能需要变更总体规划的地点；
- 需要通过加强或扩大土地使用，使一些地区更具可持续性，如城市周边，或只能开车进入的地区；
- 考虑农村地区的经济活动，包括集镇战略、农村工业、粮食和能源生产；
- 整个地区的经济复兴优先事项，以及如何通过 AAP 更详细地审议这些优先事项的方式；
- 评估交通和其他基础设施需求，以支持经济活动，例如日间托儿所，并确定基础设施交付时间表中的具体建议。

确定的经济成果的实现将取决于一系列工具，并非所有这些工具都在空间规划过程中使用。然而，需要尽早开始与那些提议在现场开展经济活动的人合作。负责开发管理和 / 或经济复兴的人员将领导对特定场地和地点采取积极主动的方法。在从发展控制向发展管理的转变中，通过规划过程实现经济成果是其关键任务之一。空间规划的重点是交付早期指定的成果和基础设施。除了这种有针对性的方法外，将不可避免地出现地点和用途的改变，而更详细的空间政策方法应为企业在发展过程中提供更大的确定性。

还有一些地方，作为空间规划方法，在土地使用方面进行了更大的战略性改变，不再像以前那样用于就业。在某些情况下，一些场地已经被重新开发为零售中心，如谢菲尔德郊外的原钢铁厂。在南约克郡的其他地方，提议在煤矿区重建住房（审计委员会，2008c）。这些变化对当地社区产生了重大影响，特别是在社区与工作场所之间存在文化关系的地方，如煤矿开采区。在需要大量重建的领域，已经提出了研究项目和以行动为中心的倡议，以了解解决这些问题的最成功方法。Imrie 和 Raco 认为，这可以通过采取更广泛的社会包容方法来实现，而不是仅仅以房产为主导，而 Taylor 等人（2002）建议社区重建组织应发挥更大的作用。在提出变革时，空间规划允许使用一种更综合的方法来整合这些更具战略性的方法。

在许多情况下，关于社区重建作用的讨论演变成了关于社区赋权的辩论，这两者都是关于地方经济以及民主参与和合法性的更广泛的结构主义辩论的一部分（Amin，2003；Kearns，2003；Wainwright，2003）。这些都是空间规划交付方法中需要考虑的问题。人们不工作、企业不繁荣、社区发展内向文化的社区都依赖于国家，而不能仅仅是提高生产力。基于社区重建的方法主要基于道德和经济论点，政府现在已将其纳入第三部门参与社会和经济复兴的政策中（英国财政部和内阁办公室，2007）。在对这场辩论的评估中，Raco（2003：248）得出结论，社区参与重建议程主要是为了提高政府效率，但也考虑到社区需要就业机会和其他基础设施。失业率较高的地区卫生问题的发生率较高，这可能是人们不工作的原因和影响。现在解决这些问题的方法包括将卫生服务重点放在公共卫生需求较高的领域，而不是采取人均或一定距离内提供卫生服务的共同标准。对经济的空间规划方法需要考虑在经济衰退的地区需要哪些设施，以及如何将它们一起使用，而不是代表当地的单独政策流。

还有其他类型的开发项目可能对特定地区的当地经济产生重要影响。生活／工作单元可能会减少上班时间，并可能支持初创企业的发展。在美国的许多地方，小企业在雇佣更多员工时，很难从初创企业过渡到下一阶段。这一过渡点通常是通过每年首次登记增值税的企业数量来衡量的，因为规模较小的企业不需要缴纳该税。对近年来增值税登记的一些分析，以及与当地商业支持组织的讨论，表明规模较小的商业单位可以作为较大发展计划的一部分。这也是大学在该地区经济中的作用，在空间规划过程的早期阶段，需要对空间、商业园区和可能的扩建进行更广泛的讨论。

在考虑通过空间规划实现经济成果的最后一个方面是，开发商可能会通过规划义务或协议进行捐资，以减轻其开发项目的影响。任何规模较大的开发项目都可能对公路和交通成本有要求，但除此之外可能还有一些其他要求，这些要求可能有相当大的范围，并可能包括表 7.3 中列出的各种方案。

作为经济计划交付的一部分而要求开发商捐资的例子		表 7.3
开发类型	捐资类型	可能的计算模式
零售、办公室、其他就业	员工的培训和发展	每平方米
零售、办公室、其他就业	当地员工比例的选择	可能是当地评估
住房	社区设施，如托儿所、车间、学校	基础设施需求时间表和可行性测试
零售、办公室、其他就业、住房	公共交通交会处	基础设施需求时间表和可行性测试
住房	图书馆	基础设施需求时间表和可行性测试
铁路、办公室、其他就业、住房	生活垃圾发电厂	基础设施需求时间表和可行性测试

实现环境目标

规划一直关注环境目标的实现，最近人们认识到了气候变化对包括能源和粮食在内的资源的利用和供应的影响，而这也已成为国际和地方所有政治议程的首要任务。空间规划在缓解和适应气候变化方面可以发挥的全部作用现在才得到探索和理解，而随着时间的推移，这一空间规划领域很可能得到进一步发展。RTPI 对气候变化做出了七项承诺（2009b），并制定了一项行动计划，该计划中承诺将不断采取一系列措施。具体承诺如下：

1 促进行为改变。

2 调整现有场所。

3 制定应对气候变化的立法和政策。

4 改进当前做法。

5 推广最佳实践。

6 制定最佳实践概要。

7 开展气候变化教育并提高技能。

在制定应对气候变化的实用方法时，2007 年出版了 PPS 1 的增刊（CLG，2007k），其中讨论了空间规划的作用方式。英国低碳工业战略（HMG，2009b）也补充了这一点，该战略制定了一种可以考虑的更发达的能源和建设方法。空间规划在实现环境目标方面的作用如下：

• 愿景——了解当地低碳经济的情况；

- 确定实现这一目标的实施战略；
- 与合作伙伴合作实现愿景；
- 利用发展管理、法规和标准作为低碳经济发展的手段；
- 制定可持续的设计标准，以减少碳的使用和其他嵌入式能源；促进建筑物和其他地方的雨水收集；
- 制定景观和生物多样性战略，以加强任何潜在的碳捕获能力；在城市公园中建造平衡池塘和洪水草地的位置；
- 通过使用 AMR 监测碳和碳减排。

就目标实现的实际要素而言，这些要素可能包括：

- 使用现有服务区域内的位置，包括棕色地带；
- 确保在选择绿地战略选址时，考虑到现有基础设施能力，包括公共交通；
- 致力于加强低密度地区，以支持当地服务和交通设施的经济供应；
- 考虑改变现有低密度城市边缘零售场所的使用或再开发；
- 积极考虑重建停车场或使用地面停车场作为开发场地，利用现有基础设施能力，促进需求管理；
- 作为绿色出行规划的一部分，考虑征收工作场所停车费，并将目前的工作场所停车位转换为其他用途；
- 评估公共服务合用一地的更大可能性，以改善获得服务和设施的机会；
- 采用全生命周期成本计算标准进行设计和实施；
- 确定对内部能源使用、SUDS 和其他减少碳排放等进行改造的优先位置；
- 通过垃圾发电或当地发电促进当地能源，即促进自给自足；
- 通过在整个地区提供充电桩来促进电动汽车的使用；
- 在更深的层次上推广提供更多的网上服务，以减少人们前往服务点的需求；
- 提供更多的土地和地点，让人们可以种植自己的食物；
- 确定农贸市场的位置，以减少食品里程，促进当地经济发展。

空间规划还可以提高环境生活质量指标，并在适当的情况下采取行动实现变革。其中包括：

- 空气质量；
- 水质量；
- 活动、锻炼和视觉舒适的绿地；
- 儿童游乐区和小型公园；
- 公共领域和开阔的公共空间；
- 照明策略；
- 店面设计与街道规模；
- 将街道作为场所，促进积极利用；
- 24 小时饮酒许可证管理；
- 通过设计、管理和其他手段维护街头安全。

空间规划的环境组成部分是基础性的，随着时间的推移，这些组成部分将随着社区意识的提高而增长。空间规划及其实施在解决主要的环境问题和地方问题方面发挥了一定作用。

结论

空间规划在实现地方社会、经济和环境变化方面的作用正在增强。本章从不同的角度为不同的群体提供了对空间规划的理解和应对这些问题的方法。其中一些需要可能难以在空间上进行协调，但作为解决方案制定的一部分，需要各方在地方层面进行对话。变革的实现有时取决于影响行为，有时需要通过更多的实践、学习或创业活动的机会进行更多投资。空间规划可以通过更高效和有效地利用现有的稀缺资源和投资来满足当地需求。

第 8 章
管理空间规划

导言

本书的重点是空间规划、其作用、成果以及与交付相关的过程。在本章中，重点将转向规划师和其他管理空间规划活动的人员的作用。从本书的其他部分可以清楚地看出，规划师无法单独实现空间规划的成果。开发规划进程已经从一个专注于制定政策供他人解释的过程，转变为一个将规划作为地方综合执行核心的过程。

空间规划的引入无疑给规划师带来了挑战。首先是认识到空间规划需要在规划实践和规划任务的实质方面进行范式转变。第二项挑战是如何让所有参与空间规划的人员重新认识空间规划。这包括地方政府中的企业和服务提供者、议员、利益相关者、公共部门合作伙伴、开发行业、土地所有者、企业和当地社区。扩展所有这些群体对空间规划作用的理解是一项重要的任务，鉴于地方一级机构的联合，公共和第三部门机构可能比开发行业更容易掌握这一点。第三，将空间规划纳入到地方层面的综合地方方法的制定者的角色和工作中是一项挑战，包括地方战略规划。本章将详细讨论所有这些问题。

空间规划是否需要规划师进行文化变革？

对于规划师和规划系统的工作人员来说，空间规划无疑是一种文化转变。有大量证据表明，自 2004 年引入空间规划以来，规划师并没有完全理解这一新方法，这一点在很多地方都可以发现。第一，空间规划方法，尤其是通过 LDF 进行的空间规划进展缓慢（Wood，2008），随后进展非但没有加快，反而有所下降（Morphet，2009b）。第二，空间规划的作用并没有被包括政府部门在内的系统工作人员广泛理解，他们的工作体系也没有改变，没有在自己的工作安排中体现出与 LDF 更为融合的方法（Morphet，2007）。第三，空间规划作为更广泛的地方治理议程的执行机制，其作用并没有被那些通过这些手段实施变革的人所理解（地方政府，2009a）。最后，尽管对建议和指导进行了修订，并提供了一系列具体和一般性的支持，但规划师对这些变化感到不安，并没有广泛接受这些变化（规划咨询服务）。中央政府也认为，规划师中存在着更广泛的弊端，并主张采取更积极的方法：

> 规划文化往往是被动的、防御性的。我们希望建立一种文化，将规划作为一种积极的工具加以推广：这种文化能为那些受规划决策影响的人，无论是企业、社区团体、社区个体成员还是规划专业人士，提供改善规划体验的机会。
>
> （ODPM，2002，引自 Shaw 和 Lord，2007：63）

尽管很多制度理论都认为文化变革的压力来自组织外部，但文化的发展往往来自组织或社区内部（Anderson，2006；Kondra 和 Hurst，2009）。文化变革可以通过多种方式产生，包括建立新的规则、运营环境或领导。空间规划的引入是否代表了一种范式转变，需要伴随文化的变革（Shaw 和 Lord，2007；Morphet，2009b）？什么才是使用这一术语的充分理由？"范式转换"一词由库恩（Kuhn）于 1962 年提出，并于 1969 年更新。库恩从两个方面定义了范式。第一种是"特定群体成员共享的信仰、价值观、技术等的整体组合"（1969：174），随着时间的推移，这种组合会受到不同概念模式的挑战。社区认为这些对范式的挑战是反常现象，不予接受。但进一步的事件表明，这些反常变化构成了一种新的范式，从而被接受。库恩关于范式转换的第二个定义更为严谨和科学，涉及决策中的明确规则。

关于规划范式转变的程度，一直存在很多争论。泰勒（Taylor）讨论了 1947 年以来的重大变化（1999 年），加洛韦（Galloway）和马哈尤尼（Mahayuni，1977）则从更长远的角度进行了讨论。泰勒的讨论倾向于使用范式转变的第二种更科学的定义，他认为这种定义尚未应用于规划领域。虽然规划的作用发生了重大变化，但他认为，这些变化源自同一系列干预措施，虽然 1947 年以来的规划方法明显不同，但这并不代表范式转变。加洛韦和马哈尤尼则持相反的观点，他们认为规划方法的转变主要与规划方法从"是"到"应当"的分化有关，即从监管方法转变为更具干预性的方法。尽管泰勒拒绝接受规划范式已发生强烈转变的观点，但他承认"宽松"范式可以持续下去（1999：329）。

用"范式转变"这一概念来描述英国空间规划的引入是否恰当？空间规划的引入代表着规划角色和功能的转变，而这种转变已被证明并不容易被接受或理解。规划界是一个由了解规划系统和流程的人组成的强大而一致的团体，尽管他们对规划成果的价值观并不完全相同。与其他团体一样，他们对规划的本质也有一定的理解，比如规划具有核心政策和实际上的监管作用。规划过程的结果有望通过其他人的行动来实现。涉及实际变化的规划工作主要（尽管不完全）是由其他方面来完成的，如重建专家或开发商。自 20 世纪 50 年代以来，开发的交付和筹资一直未被列为规划的关键要素（Morphet，1993）。

如前文所述，空间规划的不断变化的功能和作用在其首次引入时所提供的定义中得到了体现，但研究发现，人们对此有不同的解释。如表 8.1 所示，这些对空间规划定义的不同理解表明，规划师对 2004 年之前和之后的规划系统的理解存在文化差异。在这种情况下，2004 年后建立一个侧重于基础设施交付、参与公共部门预算管理和致力于交付其他方面制定的议程的规划系统似乎是不正常的。自 2005 年以来，LDF 交付的延迟是由于不确定性，以及人们不相信这是 LDF 的新角色。

空间规划的多项定义？	表 8.1
空间规划定义中的关键词	空间规划定义中规划师的关键词
空间规划**超越**了传统的土地使用规划，将土地开发和使用政策与影响地方性质和功能的其他政策和规划结合起来	空间规划**超越**了传统的土地使用规划，将土地开发和使用政策与影响地方性质和功能的其他政策和规划结合起来

资料来源：《塑造和交付明天的场所：空间规划的有效实践》（Morphet，2007）

为了加强空间规划的新交付作用，政府于 2008 年重新发布了《地方发展框架规划政策声明》，取代了 2005 年才发布的《地方发展框架规划政策声明》（地方政府，2008c）。政府还向地方战略伙伴关系和地方当局的首席执行官发布了关于企业在基础设施交付中的作用的指南（地方政府，2008d；2009a），并支持出版了《地方战略伙伴关系和地方当局基础设施规划与交付的步骤方法》（Morphet，2009a），其受众已从最初的规划服务对象（规划咨询服务，2008b）扩大到规划人员。

这种新范式是否意味着规划师及其工作需要进行文化转变？在许多方面，新的规划范式更接近于 1947～1974 年间的规划范式，当时战后重建是由 CPOs、CDAs 和新城镇的规划干预主导（Cullingworth 和 Nadin 2006：22-3；Morphet，1993）。在这种情况下，范式的转变是否仅限于规划的作用，而不是规划师的技能和实践？范式有可能来回转换吗？纯粹从库恩的角度来看，答案很可能是否定的，但如果将其视为社区信仰和理解的改变，那么这也是一个可能的考虑因素。马斯特曼（Masterman）也认可这种方法，他指出，范式的一个定义是一组习惯（1970：66），这种理解知识增长方式的方法是库恩的社会学贡献。

如果我们认为规划师对他们的工作和工作方式持有一种范式，而这种范式又得到了社会风气的强化（Anderson，2006），那么这在某种程度上就可以解释 2004 年后的空间规划方法为何会停滞不前。规划师们试图将目前的空间规划方法置于 2004 年之前的体系中，而忽略了一些异常现象。对规划者而言，这些异常情况包括所有基础设施的交付，而不是通过开发商的出资来提供，在 LSP 的领导下开展工作，以及实现 SCS 的目标。采用这种方法可以解释 LDF 进展缓慢的原因。

管理在有效空间规划中的作用

随着规划师在教育和经验方面的发展，主要重点是他们成为优秀"专业人士"的能力，这就强调了从事规划工作所需的实质性和技术性技能与知识。随着规划师在职业生涯中不断进步并担任管理职务，无论是负责一个团队、一个部门还是一个服务部门，他们的晋升和发展一般都是基于他们的专业能力和经验。很少有规划师接受过资源使用、如何管理流程或项目、如何在复杂环境中与利益相关者合作等方面的管理培训。规划师的管理方面的职责一般都是在工作中学习的。这种方法在规划随着时间的推移逐步变化的情况下可能会令人满意。然而，当规划方法发生阶跃式变化时，如 2004 年英国引入空间规划和开发管理时，这种方法就会受到更彻底的挑战。当时，规划师面临的主要挑战是掌握空间规划的知识及其运作方式。在引入空间规划的过程中，很少考虑对变革的管理，在某些情况下，也很少考虑其在先前规划实践结构中的运作。

管理在专业领域中的作用一直是个问题，也是造成持续紧张关系的根源。管理经常被定义为一种次专业活动，几乎不需要专门的培训，任何专业人员都可以在积累更多经验后掌握一套技能。对于规划人员来说，规划的实质性质使这一问题变得尤为棘手。规划师必须与一系列利益相关者打交道，根据一系列相互矛盾的证据提出决策建议，并与其他专业人员合作。他们工作的实质是管理规划过程。然而，这一立场也可能存在问题。在实质性问题上依靠强大的专业知识，并将其置于自身的法律框架和语言中，可以保护规划师不受其他专业人员所使用的管理方法的影响。有证据表明，随着规划人员越来越注重其职责的实质性内容，对其更广泛的管理技能和贡献的认可度有所下降。有人担心，规划师已从包括地方当局在内的大型组织的管理团队中脱离，或被归入由其他专业人员控制的更大的业务单位（地方政府，2006a）。现在，专业人员正在发展自己的管理技能，以实践自己的专业。他们正在学习 MBA 课程或组织内经常提供的内部管理发展课程。这种个人发展通常涵盖一系列活动，包括：

- 队伍领导风格；
- 组织素养；
- 管理技术和组织运行环境的变化；
- 实施变革；
- 财务管理；
- 人员管理——硬技能和软技能；
- 业务流程工程；
- 项目和方案管理；
- 商业道德；
- 沟通；
- 与利益相关者合作；
- 沟通。

空间规划的成功引入及其通过从开发控制向开发管理的过渡来实施规划，需要规划师掌握其中的许多管理技能。2004 年以前的开发规划系统作为一种更加注重政策的方式，并不那么依赖于业务要求，而是直接与利益相关者合作以便交付，而不是作为协商进程的一部分。向空间规划的过渡以及确保地方开发计划的推进需要项目管理。所需的领导风格不是内向型的，而是注重过程的，也不是外向型的，而是注重作为更广泛团队的一部分开展合作和交付的。领导风格需要与角色相适应，而不是一成不变（Fiedler，1967）。

领导力会带来改变吗？在过去的十年中，由于许多规划师转到私营部门工作，人们越来越关注公共部门是否有能力吸引并留住足够数量的规划师，以便提供足够的规划服务。人们认为这一问题主要是由不同的薪酬水平造成的，但正如 Durning（2007）所发现的，还有许多其他问题会影响规划师留在公共部门岗位的意愿，包括改变工作组织方式、通过工作 / 生活平衡方案提高员工士气以及改善信息技术。Beresford-Knox（2003）还指出，管理质量对留任和绩效也有影响。Page 和 Horton（2006）发现，尽管人们认为有些问题对地方当局内部人员的绩效具有重要影响，但事实并非如此，这些问题包括：

- 他们是否觉得自己的工作很有趣；
- 是否觉得自己完成了有价值的工作；
- 接受培训的机会；
- 对工作量的感受；
- 平易近人的部门经理；
- 工作保障。

在高绩效组织中，更重要的是人们对自己被管理的感受，包括：

- 告诉人们他们的工作情况；
- 让他们感到被倾听；
- 让员工更好地了解情况；
- 重视和认可员工；
- 设法让员工更多地参与决策；
- 在广泛共享的框架内为个人创造性提供更大的空间；
- 明白什么是成功。

规划师更好的管理能否改善规划过程？ Enticott（2006）发现，规划师一直处于不利地位，因为"规划在很大程度上受到了保护，没有受到之前强制性竞争性招标等先前改革中包含的内部管理实践的激进变化的彻底改变"。那么，我们能从公共机构的管理研究中学到什么，从而支持有效的空间规划？本章后半部分有关于项目和绩效管理的章节，尽管绩效目标制会带来意想不到的后果，但这两种管理方式在改善各类公共服务提供方面都发挥了关键作用。在衡量标准方面经常存在分歧。这正是人们对专业人员的作用、判断力和责任感到失望的核心所在。新公共管理以及 Osborne 和 Gaebler（1993）、Osborne 和 Hutchinson（2004）对公共管理成果提出的新方法为我们提供了一个新的思考平台。因此，公共服务的资金与所追求和交付的成果更加相关。制定成果的框架可能是由中央政府推动的，尽管标准的详细制定以及在此框架内的选择更有可能是地方性的。除此以外，还有一种推动力是将交付的视角从关注生产者转向关注用户。正如图洛克和泰勒所指出的，这是对"专业人员精神气质的挑战……尤其对那些专家知道什么对当地社区发展最有利的建议来说"（2006：497）。

在规划师的培训中，管理并不是一个被重点考虑的问题，尽管它在公共或私营部门的实践中，都日益发挥着更为核心的作用。正如 Kitchen 所反映的那样，在他的职业生涯中，规划变得越来越企业化（2007：168），而且这一趋势仍在继续。正如 Williams（2002）所指出的，要在公共政策制定和实施方面取得成功，就必须开展新型的合作。这意味着一种更加开放的工作方式，而那些在这种新的工作环境中取得成功的人很可能是"称职的边界跨越者"——建立一个联合的政府需要联合的人士。自 1980 年以来，在开发管理中引入绩效管理变得越来越重要，人们更加关注技术的使用，建立专注于特定类型开发的团队，以及将规划上诉等监管流程外包。这种方法在开发规划中的应用并不那么容易，尽管开发规划在其过程中确实有正式的阶段和必须遵守的期限。在 2004 年引入空间规划的同时，还要求改进项目规划，将其作为项目准备和实施的一部分，规划咨询服务处为地方当局提供了总体支持，并为一些地方当局提供了支持，以改进其管理这一进程的方法。然而，管理仍然是一个次要的考虑因素，在这种情况下，实现最新开发规划的潜力就会受到削弱，而最新开发规划可以为实现更美好的场所提供支持。方框 8.1 列出了管理的关键要素，方框 8.2 列出了管理的风险。

方框 8.1　管理空间规划：关键要素

管理空间规划包括：
- 确定主要挑战 - 范围界定
- 为该地区的总体愿景做出贡献并在其范围内开展工作 - 框架
- 决定目标或被赋予目标 - 可实现目标
- 确定如何实现目标 - 路线图
- 组织实现 - 管理资源
- 告诉组织内外的每个人 - 沟通
- 管理和维护 - 设定里程碑和可衡量标准
- 评估 - 监督和审查
- 管理变革 - 创新、改进、应对外部变化，例如信贷紧缩、全球化、不断变化的法律法规
- 审查目标

方框 8.2　识别管理风险

可能出现哪些风险？
- 由于"外部"环境导致的组织氛围变化，例如信贷紧缩，气候变化
- 为应对过去的错误而进行的运营框架变更，例如虐待儿童案件、重大火灾
- 组织与员工的目标和价值观之间出现冲突，例如罢工、抵制变革
- 组织业绩不佳，失去市场份额或角色，如失败学校、伍尔沃斯

　　与开发控制等过程驱动的方法相比，空间规划似乎不太适合管理。规划师可能会对空间规划所需的解决问题的方法不可能有时间表，或者空间规划没有单一的所有者

的问题进行争辩，规划师是作为其他人的代理来履行这种所有者的角色。此外，空间规划与交付的预期关系不大，因此任何管理方法都会造成浪费和过度设计。

最后，如何评估空间规划的质量？是由有能力的专业人员评估好，还是由用户评估好？在资源使用和方法上也需要做出选择。是应该委托他人提供新的证据，还是可以重新利用现有的证据和调查？还需要在与他人合作时发挥领导作用，并确保更广泛的组织和利益相关者了解空间规划在交付中的作用。在建立空间规划过程的管理安排方面，也需要管理层的领导。最后，空间规划需要归整个组织所有，并在政治和运营上由高层领导掌控。丹麦（Sehested，2009）、法国（Booth，2009）和挪威（Adam，2004）也在将空间规划纳入治理。方框 8.3 列出了一些公共机构失败的原因。

方框 8.3　是什么导致服务失败？

公共机构在下列情况下可能会失败：

- 组织内部的责任不明确
- 组织更关注生产者而不是用户，即强大的内部文化
- 组织的主要目标是担任雇主角色，但却并未在当地发挥领导作用和 / 或提供服务
- 政治需要超越了实际考虑
- 负责交付决策的人员没有管理类似活动的直接经验
- 实际执行的地位低于政策

技能

可用于支持制定和维护开发规划的管理方法包括软性和硬性管理技能。《伊根审查》（ODPM，2004b）的目的是审查实现可持续社区所需的技能。该审查的重点是整个房地产和建筑行业所需的技能，其结果是成立了可持续社区学院（该学院现已成为英国住房和城市管理局的一部分）。审查重点关注开发控制，将其作为需要提高规划技能的主要领域之一。审查还建议发展各行业的通用技能，并为地方当局成员提供更多培训。此外，还对再生最有用的技能进行了研究，发现分析、人际交往和组织技能最为重要（NRU，2002）。图洛克和泰勒（2006 年）回顾了以地方为基础的工作所需的技能，这些技能既包括领导力和沟通等较软技能，也包括项目管理等较硬技能（见方框 8.4）。

尽管对规划技能的关注主要集中在与其他建筑环境专业人员合作所需的技能上，但在空间规划中所需的伙伴关系环境中工作，则需要更多关注软技能。规划师需要以不同的方式开展工作，减少对权威或程序的依赖，更熟练地使用网络化和非正式的权

力方式。空间规划在实现以地方为基础的成果方面的作用也需要一些新的知识和技能。所需的知识包括了解新的地方治理架构、其驱动因素和语言。这还包括对其他服务、它们如何运作以及如何在空间上提供服务有更深入的了解。空间规划还需要开发新的技能，其中可能包括在规划人员过去可能认为胜任的领域，更多地了解需要委托和使用专家的方式。咨询是可能需要审查的一个关键领域。在困难的经济环境下进行空间规划，可能需要在可行性、开发价值和评估等问题上具备土地和开发方面的专业知识。

　　除了这些额外的技能和知识外，还需要在管理空间规划和交付的总体方法方面接受更多培训，积累更多经验。首先是在项目管理上，这是确保按期完成任务、按时投入工作、考虑依赖性以及评估和管理风险的重要手段。管理的最后一个组成部分是绩效管理，特别是在取得成果方面。取得成果需要有明确的管理工具和方法，这些都可以纳入空间规划过程。最重要的是，空间规划是实现变革的一种手段，所有人都需要了解在任何特定地点选择的方法是否有效。

方框 8.4　地方性工作所需的技能

地方性工作所需的通用跨领域技能：

- 战略技能
  - 领导能力
  - 横向思维
  - 正确的判断
- 过程技能
  - 沟通
  - 谈判
  - 适应性强
  - 灵活
  - 理解能力
- 实践技能
  - 拨款建议
  - 制定行动计划
  - 管理项目
  - 管理食品行政系统

资料来源：Turok 和 Taylor，2006

项目管理

　　项目管理可以实现的过程和成果。它对于所有空间规划活动都至关重要，因为空间规划过程必须在规定的时间内完成，并通过合作伙伴开展工作（见方框 8.5）。空间规划可利用项目管理来确保空间规划过程（如单个 DPD 或 LDS）按时、按预算、按适当质量完成。其次，需要通过项目管理来确保及时、协调地交付通过该过程确定的基础设施需求。由于存在依赖关系，某些交付要素可能需要在其他要素之前进行。每个项目都会有一些关键的成功因素，这些因素在一开始就已经确定，项目计划就是要实现这些因素。最后，一个项目需要有一个项目经理，其职责是领导和监督项目，无论是交付任何 DPD，还是交付时间表中确定的基础设施要素。

项目管理是一种用于支持交付工作的工具，它通常在一个商定的框架内进行的。最常用的项目管理方法是"受控环境中的项目"（PRINCE），并可获得 PRINCE 从业人员资格。PRINCE 有多个版本。完整的版本是 PRINCE 2，但这些方法可以在不详细遵循完整方法的情况下使用。这通常被称为 PRINCE-lite。PRINCE 2 系统由一系列模板提供支持，这些模板可在政府商务办公室网站（www.ogc.gov.uk）上免费下载。

方框 8.5　为什么要进行项目管理?

项目管理提供:
- 通用、一致的方法
- 有控制、有组织的开始、中间和结束
- 根据计划定期审查进展情况
- 确保项目继续具有商业合理性
- 灵活的决策点
- 对任何偏离计划的情况进行管理控制
- 管理层和利益相关者在项目期间的适当时间和地点参与
- 项目、项目管理和组织其他部门之间良好的沟通渠道
- 总结和分享经验教训的手段
- 提高组织各级人员项目管理技能和能力的途径

PRINCE 2 包含一些有用的功能，可用于所有项目，无论其规模如何。其中包括在早期阶段确定关键用户和利益相关者，制定沟通计划，以及建立项目委员会，为报告进度提供机制。项目委员会是项目的"负责人"，如果项目的某些环节出现延误，委员会可以提出警告，并决定采取任何补救措施。项目委员会将在项目启动前进行风险评估，并确定任何可以缓解问题的措施。项目委员会从一开始就会考虑完成整个项目的所有必要阶段，并设定关键的里程碑。这就确保了从一开始就确定了参与项目实施的人员和适当的资源。项目还设有一个特别监督员，一般是董事会一级的人员，负责项目的成功实施和解决出现的任何战略问题。项目管理流程见方框 8.6。

方框 8.6　项目管理

> **项目管理的过程包括:**
> - 确定项目的关键目标
> - 在项目启动文件中确定有助于实现项目目标的项目活动和组成部分
> - 将这些活动纳入时间表
> - 确定本项目或与其他项目之间的依赖关系
> - 确定关键的里程碑,这些里程碑可能是法律性的、程序性的,也可能与利用现有资源所取得的进展有关
> - 确定所需资源和可用资源
> - 制定沟通计划,以便在项目进展过程中随时向有关人员和利益相关者通报情况
> - 任命一名项目经理来管理整个过程
> - 确定对项目进行监督和问责的自律组织
> - 设立一个项目委员会来监督
> - 进行风险评估

资料来源: 政府商务办公室, 2009 年

　　利用项目管理来交付 DPD,然后加以实施,这为规划时间和资源提供了机会。如方框 8.7 所示,它有助于制定 SMART 目标。它还有助于预测问题和可能的关键点。一般来说,最好避免在八月份进行大型公众咨询,除非地方当局拥有一个主要的旅游目的地,那么这可能是合适的时机。项目规划方法还有助于确定在空间规划编制中可能出现很重要的其他问题,如《可持续性战略》的修订或其他政策审查。如果突然发生灾难,使计划偏离轨道,项目管理也会有所帮助。以及,突如其来的洪水可能会在实际工作中延误空间规划工作,但如果一些已确定的战略住房用地首次被洪水淹没,也可能会产生更深层次的影响。

方框 8.7　设定 SMART 目标

> **制定的目标必须是:**
> 具体的
> 可衡量的
> 可实现的
> 及时的

资料来源: anon

　　使用项目管理还有助于从一开始就确定哪些人需要参与,以及何时需要参与。在编制 LDF 时,这部分工作可通过《可持续性指标》来完成,但可能会有利益相关者(见方框 8.8)集中参与任何基础设施或已确定行动的实施,因此让他们参与项目规划过程会很有帮助。

方框 8.8 识别项目利益相关者

项目的利益相关者可以是以下任何一种或全部：
- 项目的客户
- 交付成果的使用者
- 组织内受项目成果影响的其他人员
- 组织外部受项目影响的人员
- 管理人员和必须执行项目的人员
- 作为项目的一部分或随后将提供货物和服务的供应商

资料来源：政府商务办公室，2009 年

方框 8.9 项目管理面临哪些挑战？

项目管理在以下情况下可能面临挑战：
- 人们发现很难一起工作
- 组织内部缺乏共同的方法
- 必须应对本可预见的意外危机
- 很难让人们专注于项目而不是他们的部门或专业；
- 组织不了解项目管理的好处

资料来源：Nokes & Kelly，2007

方框 8.10 为什么项目会出错？

项目在以下情况下可能会出错：
- 一开始就没有考虑周全
- 项目管理的纪律似乎妨碍了非正式的工作方式
- 由于政治压力，项目在实施过程中发生了变化
- 项目委员会在项目过程中更换，从而降低了连续性
- 存在一种"乐观主义偏见"，认为一切都会"好起来"，而不管相反的证据或未管理的风险
- 项目是"镀金的"——即随着项目的进展，会获得更多的可交付成果

项目失败的原因也有很多种，从一开始就考虑这些原因也是很重要的，这样可以避免陷入陷阱，或将其确定为需要管理的风险。方框 8.9 和方框 8.10 列出了这些问题。项目管理一开始可能会受到热烈欢迎，但在实践中可能较难遵守其纪律。如果按计划使用项目管理，很可能会与出现的新问题发生冲突，而这些新问题似乎更重要，而且可能会出现"扩展"项目可交付成果以纳入更多问题的趋势。这可能会导致"范围蠕变"。如果这不是项目的核心问题，而是组织"解决"的问题，就需要谨慎处理。如果立法或实践表明运营环境正在发生变化，例如通过检查员对提交的 DPD 的回应，则可能需要进行审查，以确保可交付成果符合预期目标。这种变化的可能性可以纳入风险登记

册，以便在项目框架内采取必要的行动。在某些项目中，项目委员会或利益相关者小组可能会开始对项目过程或进度提出一些令人尴尬的问题。这可能会是人们极度想通过更换项目委员会成员来解决这个问题，但只有在极端的情况下才需要这样做，因为从性价比角度而言，我们宁愿首先保证项目的连续性以及处理已确定的问题。

项目委员会主席在确保项目进展方面发挥着重要作用。他们将通过项目经理来开展工作，并每天与项目保持联系。项目管理人员将提供任何问题或事项的早期预警，这些问题或事项可以在不召开特别董事会会议的情况下避免或处理。如果在项目实施过程中出现重大障碍或关键问题，项目董事会主席还需要召集自律性监督办公室（见方框 8.9）。

在编制 LDF 时，PPS 12（CLG，2008c）明确指出，项目管理是一种必要的方法，如方框 8.11 所示。使用项目管理可大大有助于实现空间规划和交付。

方框 8.11　LDF 的项目管理要求

> 敦促地方当局确保采用有效的计划管理技术来推进核心战略并协调证据库的制作。为了正确制定核心战略，有必要进行各种研究（如住房市场评估、住房用地可用性、洪水和交通）。地方当局应努力使这些研究的时间表与核心战略保持一致，以免核心战略意外受阻。这意味着要与主要利益相关者讨论项目时间表。与主要利益相关者就证据基础的主要组成部分达成一致意见也会有所帮助。

资料来源：PPS 12（CLG，2008c）：4.56

绩效管理

在过去 20 年里，将绩效管理方法引入规划管理过程的力度不断加强。目前，私营部门和公共部门的规划实践都受到绩效管理的制约，尽管各自的结果可能有所不同。在公共部门，绩效管理的方法不断变化且层层递进——最佳价值（1999 年）、综合绩效评估（2004 年）和地区综合评估 / 一个地方（2009 年）都是在地方当局和组织的改进与变革成果目标背景下制定的。在地方政府中，目前有 198 个衡量绩效的目标，其中许多都与地方和规划相关。在中央政府和其他机构中，作为三年期企业社会责任进程的一部分，通过公共服务协定制定了绩效目标。这种目标方法最初以筒仓为基础，侧重于从中心到特定服务的纵向整合（Bevan 和 Hood，2006；Hood，2007）。现在，目标被设定为与地方相关联的横向综合体，如《地方自治协定》中使用的目标（地方政府，2008d）。

在私营部门，绩效目标可能与咨询公司的活动量和业务量有关，也可能与客户在任何特定项目上的成功结果有关。这些目标可以是团队目标、个人目标或分公司目标，在某些情况下可能会对公司的地位、潜在的股票价格以及满足专业赔偿保险要求的能力产生一定的影响。空间规划中的绩效管理是在为这两个领域的地方设定的众多目标中设定的，因此必须牢记这一点。

绩效管理似乎是一种更容易应用于开发管理的活动，它以过程为基础，以开发完成为终点。空间规划活动似乎不太适合采用绩效管理方法，尽管在考虑本书所阐述的空间规划要素时，有可能对空间规划的许多组成过程和结果进行绩效管理。如果没有绩效管理，就很难评估在多大程度上实现了目标和过程。在详细讨论这个问题之前，先讨论绩效管理的作用。

为什么要进行绩效管理？

绩效管理是对组织目标实现情况进行问责的一种手段。管理人员通过这些指标来确保其控制下的资源得到部署，以实现所需的目标，同时也用来确保工作人员和系统按照所需的速度和质量开展工作。一些评论家认为，绩效管理只是注重数量上的产出，但所有绩效管理都有质量方面的内容。如果完成任务的方式草率，还得重新进行，那么确定任务完成所需的阶段就没有用处。因此，绩效管理与质量管理和保证原则相关。绩效管理还与结果有关。如果在规定的天数内发放了饮酒许可证，但没有考虑到市中心许可证数量的累积影响，那么决策的质量就会出现问题。绩效管理是任何组织实现其战略目标的关键途径（Lawrie，2003）。

组织绩效不佳的原因有很多，这些都是需要解决的提高绩效的障碍。这些障碍包括：

- 惰性；
- 系统不断变化；
- 对问题没有自主权；
- 对变革的投资没有适当嵌入，例如信息技术系统；
- 缺乏方向感；
- 没有意识到变革或转型的必要性；
- 部门和部门的文化各不相同；
- 假定的绩效优于实际情况；
- 不了解用户对服务的看法；
- 风格内向和孤立主义。

绩效管理系统被认为是提高绩效的有效工具（Hughes，2004），需要加以开发，以适应特定组织或活动问责制的需要。绩效管理制度需要被纳入"日常工作"，而不是额外的东西；也就是说，绩效管理制度需要成为组织所需任务的新方法的基础（审计委员会，2002）。如方框 8.12 所示，绩效管理方法可以侧重于一种衡量标准，也可以是定量和定性结果的混合体（见方框 8.13），并以平衡记分卡的方法加以综合（Lawrie，2003）。

有证据表明，绩效管理系统的应用对某些组织产生了相当大的积极影响。例如，在对环境局（Lawrie，2003）的案例研究中，1996 年，一些组织合并在一起，需要改进手段来确保整个组织以联合的方式开展工作，以实现其设定的目标。

方框 8.12　绩效指标的作用

绩效指标需要：

- 与企业、团队和任务目标挂钩
- 使当选的政治家能够评估进展情况
- 为管理人员评估进展情况提供足够的业务信息
- 能够通过定期的日常活动收集而不是作为特定的一次性过程收集信息
- 实时收集和提供
- 以"仪表板"或每日提供的具体报告的形式呈现
- 能够在流程未按时完成以及可能对流程的其他部分造成影响时提醒每个人
- 以红色 / 黄色 / 绿色交通灯汇总格式显示
- 能够用于基于行动的干预，即"根据事实采取行动"（审计委员会 /IDEA，2002 年）
- 定期审查

方框 8.13　将绩效框架与 LDF 挂钩

地方政府绩效框架明确规定，交付（即竣工）足够数量的住房、经济适用房以及住房用地供应是 198 项指标之一，将收集相关信息。如果完工量或住房供应量落后于住房供应数字，地方可能会发现，在国务大臣的指导下，这一指标的改善将成为修订的《地方区域协议》的一部分。迅速制定并通过合理的核心战略是提高该指标绩效的关键手段。

资料来源：PPS 12（CLG，2008c）：§4.57

在本案例研究中，"目标声明"的使用被认为是一个有用的工具。这为该机构的战略计划和目标带来了重点和更清晰的成果定义，并使本质上权力下放的组织中的不同单位保持一致。

在实施绩效管理系统的过程中，可以预期取得一些关键成果：

- 明确整个组织的方向；

- 组织中的人员对组织目标有更多了解，并与目标保持一致；
- 更强的目标成就感；
- 更加注重那些绩效不佳的领域；
- 建立反馈回路，以确保绩效管理的结果能够为未来更好的实践提供信息。

空间规划中的绩效管理

在空间规划中应用绩效管理对公共和私营部门都有影响。在公共部门，地方当局有义务"（通过）……经济、效率和效益的结合，确保持续改进……"（1999 年《地方政府法》：第 3 节）。在地方政府使用绩效方法的过程中，现在有证据表明，绩效管理的应用在改善服务和组织方面发挥了重要作用，主要是为其用户和服务地点服务（Hughes 等人，2004）。

中央政府和《地方政府法案》（CLG 和地方政府协会，2008）为地方住房与规划绩效框架制定了全国性方法。这表明了住房与规划的实施在多大程度上被纳入了地方治理进程，如地方评估与协调进程（见方框 8.13），以及与其他目标的相互联系，如：

- NI 141 弱势人群实现独立生活的百分比；
- NI 145 有学习困难的成年人获得安居的百分比。

与此同时，还将通过规划实现三个具体的住房目标：

- NI 154 净额外住房；
- NI 155 已交付的经济适用房数量（总计）；
- NI 159 准备开发的住房用地供应。

这些目标的实施已经确定，并通过规划和住房交付补助金的奖励予以激励除此之外，还可以增加与以下方面有关的目标：

- NI 8 成年人参与体育活动；
- NI 171 增值税登记率；
- NI 185 地方当局业务活动的二氧化碳减排量。

除了这些国家目标外，地方当局还将制定地方绩效管理目标，以确保空间规划开发计划按照由政府提交并经政府批准的"土地开发战略"完成。对于当地居民、企业和土地所有者来说，他们通过了开发规划文件也很重要，这样他们就可以放心，该地区的基础设施需求正在通过各部门的合作伙伴得到推进。可以通过计划和项目管理方法来管理开发规划文件的关键绩效措施，越来越多的地方当局正在任命训练有素的项目经理来支持规划师通过项目管理来提高绩效。

最后，有越来越多的证据表明，向公众报告绩效信息具有重要作用，尽管在这方面还没有达成一致的做法。在某种程度上，地方当局的绩效报告，以及现在由审计委员会更广泛地向地方合作伙伴提供绩效报告，为公众提供了对地方绩效和进展的知情评估。在空间规划中，地方的未来及其实施是任务的核心。因此需要对公民和社区负责，并让他们在制定愿景和优先事项方面发挥作用。在规划过程中，因为规划强调的是咨询的投入部分，这种与社区和人民的接触往往被忽视。公民也有权以通俗易懂、与时俱进的方式了解他们所关心的问题。可以通过公民小组或焦点小组来讨论和制定汇报绩效的方式（CLG，2008h）。重要的是要考虑到绩效管理信息反馈的不同受众。

开发管理

从开发控制到开发管理的过渡仍在进行中，但它代表了一个重要的转变，即从被动的、监管的开发控制方法转变为更加积极主动的方法，其运作方式与再生类似。开发管理的重点是交付，是 2004 年作为 LDF 引入的空间规划体系的一部分，开发管理需要以不同的方式进行管理，以实现这些交付成果。

直到 20 世纪 80 年代末，开发行业对规划申请处理时间的延误表示担忧，才真正开始考虑开发控制的管理问题。政府支持他们的观点，认为这种拖延阻碍了投资，有损国家利益。最初关于加快规划申请审批速度的相对优势的讨论大多是以审批结果的质量为背景的，许多规划师认为，对当地有利的结果需要更长的谈判时间。他们认为，虽然规划申请的审批时间目标是八周，但地方议员很少就处理申请所需的时间提出投诉，而且开发商也经常拖延提交所需的资料，并利用该系统来满足自己的时间要求，从而拖慢了系统的运行速度。无论耗时长短，申请程序都是由开发商或代理机构发起的，地方当局在收到申请后或通过申请前阶段的讨论作出回应。

然而，早期的规划传统在开发控制方面采取了更加积极主动的方法。从 1947 年到 20 世纪 70 年代末的经济危机期间，规划师利用各种工具（如 CDA 和 CPO），对当地的变化和发展采取了更具干预性的方法。这些举措多种多样，涉及确定开发地块和建议的过程。开发控制系统通过使用地块或"规划单元"，对当地土地的集约和开发采取积极主动的方法。在某些情况下，这可能是为了为公共部门的开发创造用地，但这种方法同样可能被用于为私营部门创造潜在的开发用地。

到 20 世纪 70 年代末期，由于两个关键原因，这一角色开始退出实践。首先，CDA 和 CPO 的使用变得过于机械化，导致了社区的崩溃。尽管战后长期存在住房需求，但人们也感觉到为开发而清理的土地比可能使用的要多。约翰·贝杰曼（John Betjeman）等公众人物发起了一些运动，再加上《斯克芬顿报告》（1969 年），导致了一种更加"放手"的做法。第二个原因是，用于新开发的资金减少，许多曾经繁荣的工业区，如伦敦内城和伯明翰，正经历着高失业率和经济变革。为了应对这些问题，地方当局和政府制定了更为专业的复兴方法，以应对地方层面的经济衰退。这些活动还得到了欧盟结构基金的支持，该基金从 20 世纪 70 年代开始提供，并通过内部地区研究之后的城市计划提供其他资金（Lawless，1989）。

面对这些批评、过度热衷于运用规划工具以及由新兴专业团体主导的新议程，规划师们退缩了，转而采取了一种应对而非主动的模式，尽管他们所拥有的一切权力依然存在，并且随着时间的推移得到了加强。重建活动不可避免地集中在那些正在发生变革或需要新投资的地区。其他地区则更多地采用由开发商主导的规划方法，在开发规划框架内提交个别规划申请。主要重点仍然是加快规划申请的审批速度。中央政府为加快规划申请提供了一些财政支持，并采用了其他方法来提高系统的性能。

作为回应，通过使用授权协议，由规划官员决定的规划申请数量有所增加。此外，还引入了通过使用 LDO 将开发从详细控制中剥离出来的可能性，并降低了对住户许可类型的要求（Killian 和 Pretty，2008）。规划监察局推出了通用申请表 OneApp，可与更多基于 IT 的系统一起管理流程。地方当局一站式服务和业务流程再造（BPR）的出现也使得资源利用的速度和效率得以提高。一些机构引入了"快速通道"系统，使代理人能够更快地确定其申请，以换取更严格的质量控制。为处理规模较大的申请，成立了开发控制小组，这比以前的地区小组更有效率。

然而，在所有这些变化中，开发控制过程仍然是一个响应系统，而不是一个规划将采取积极主动的方法来交付的系统。这一点直到开发管理的作用确立后才得到重视。将开发管理作为空间规划的实施工具，意味着以前只负责对提交的规划申请进行裁决的人员的角色发生了重大转变。它还对管理过程的方式产生了影响。它被描述为一个"端到端"的过程（规划咨询服务，2008c：5），从通过与开发商建立积极主动的关系来鼓励规划申请，到一旦获得规划许可后的后续交付。向开发管理的转变既需要不同的流程管理方法，也需要不同的文化。在开发控制的实践中，规划师必须对提交的规划申请做出回应，尽管也有应要求提供申请前建议的职责，而且在某些地方当局，这种建议对某些类型的开发是收费的。然而，这与规划师主动寻求实现 LDF 中确定的开发要求截然不同。这意味着要与开发商、土地所有者以及土地和建筑物的潜在用户进行讨论，然后通过谈判和其他工具（如 CPO）来实现所需的开发，以支持土地集约。总之，开发管理的角色被描述为"开发机会的寻求者和塑造者"（规划咨询服务，2008c：7）。

尽管开发管理对于规划专业人员来说并不陌生，但那些曾在地方政府开发控制部门工作过的规划人员可能对这类方法的经验较少。在实践中，它将主要具有地方政府开发控制经验的规划师的经验和做法扩展到了可能正在为开发而征集土地的私营部门规划师的经验中。开发管理将公共和私营部门监管规划人员的经验汇集到相同的活动中。然而，在实践中，并非所有规划专业人员来说都能轻松完成这一转变。在某些情况下，规划师可能会对既要促进开发，又要参与其监管工作感到不自在。如果开发管理涉及的是较大型的规划，那么规划申请更有可能由地方当局的议员来决定，这可能不是问题。

从开发控制办法转向开发管理办法将需要一个有管理的变革方案，明确侧重于新的活动，以及可能包括以下内容的过渡计划：

- 由首席执行官和行政议员转变企业开发管理的角色；
- 对规划人员和议员进行培训，使他们能够发挥更积极的作用；
- 在使用规划师资源时充分利用计划和项目管理工具；
- 与规划师密切合作，实施 LDF；
- 与地方当局内部的其他企业专业人员建立更密切的工作关系，例如资金融通、产权、再生等建立更密切的工作关系；
- 与公共服务提供者建立更密切的工作关系，如住房、休闲、交通等内部服务部门和负责卫生、警署、法院、大学、住房等外部部门；
- 培养规划人员的技术技能，包括谈判、开发评估；
- 培养规划人员的软技能，包括与合作伙伴合作、建立网络、信息共享、促进和建立共识；
- 修订程序和流程；
- 采用计划方法，积极促进所需的开发；

- 修订一套绩效指标；
- 定期报告取得的成果。

结论

空间规划的管理需要一些新的工作方式和组织模式。对于 LDF 和核心战略而言，采用项目和绩效管理的方法应能在确保流程与其他流程的整合以及按时完成方面发挥重要作用。在开发管理方面，在规定时间内对规划申请的数量做出决定仍将是重点，但对于较大型的申请或需要满足 LDF 确定的基础设施需求的申请，则需要一系列新的管理方法。

需要一些新的业务流程来支持开发管理的交付角色（规划咨询服务，2008d）。这可能包括以下范围的专家，但并非所有角色都是必要的，也可能不在规划部门：

- 基金经理——他们有可能就所有部门所需的资金进行谈判，并确保所需的开发尽可能有一个良好的筹资建议。
- 业务分析师——负责为所需基础设施的资金筹措提供业务案例，并与基金经理合作。
- 项目发起人——对特定领域或类型的开发项目进行领导和监督；项目发起人还可以委托开发团队，并充当内部服务的"客户"，如咨询过程、沟通计划；他们还可以掌握预算。
- 客户经理——负责与特定开发商、土地所有者和 / 或公共服务部门联络。
- 开发团队——由一系列技能人员组成，负责管理一个地区的一系列项目，如城镇中心或战略地块的开发。
- 计划和项目经理——负责管理资源，并将其与交付要求联系起来；计划和项目经理还将管理项目之间的依赖关系，并在规定的时间内交付开发项目和基础设施。
- 合作伙伴关系经理——其职责是与拟建基础设施的管理者和用户合作，确保指定的开发项目适合目的并符合规定的标准。
- SRO——可能是执行委员或地方当局的主管，凌驾于程序之上，负责推广计划并克服指导上的障碍。
- 质量管理者——他们可以提供质量保证程序，以确保高效率、高效益地完成所有工作。

规划咨询服务处制定的案例研究中列出了其中一些在开发管理中的作用。

第 9 章
区域和次区域空间规划

导言

英国的区域空间规划仍在发展之中，可能要到 2012 年以后才能得到最充分的体现。这一过程经历了多次迭代和错误方向，空间规划的意向被其他议程所转移或颠覆。在本章中，我们将从更广泛的背景下来审视区域空间规划的方法，这有助于更好地理解区域空间政策的制定过程及其在实施过程中的作用。区域规模也是英国其他地区发展较快的领域之一。苏格兰和威尔士制定的国家计划对英国的区域规划有相当大的影响，并在很多方面开始展示未来几年的发展方向。在北爱尔兰，2001 年发布的《区域发展战略》（RDS）创建了许多框架，这些框架至今仍在使用。

对于英国的区域规划而言，一直存在着各种紧张、压力和挑战，这些因素使得空间规划成为代表不同利益的活动，而不是为空间政策建立一个协调的框架。英国区域活动的一个关键问题是没有民主问责制。2004 年全民公决失败后，有关英国地区治理的建议被否决。如果考虑到苏格兰和威尔士的经验和历史，在 1979 年关于权力下放的全民公决失败之后，苏格兰和威尔士花了 20 年时间制定了独特的政策和治理结构，然后才再次举行全民公决。英国可能会在 2020 年代初出现这种情况。与此同时，制定具有地区特色的方法，并对支出的优先次序做出一定的决策，可以支持在适当的时候建立直接选举产生的地区治理结构的基本途径。与此同时，间接的地区治理结构正在迅速发展，次地区治理作为这一宪法议程的一部分，可能会更快地出现（英国政府，2008；英国财政部，2009c；CLG，2009d）。Turok（2008a：15）还对正在出现的次区域、地方和邻里方法的发展在多大程度上相互替代或互补提出了质疑。

英国区域规划的欧洲背景

英国区域空间规划的发展也必须置于更广泛的政策背景之下。首先是在英国和欧盟出现的特大区域。1994 年出版的《欧洲 2000+》（CEC）确定了基于经济和自然地理的欧洲空间地理。这些特大区域，如大西洋弧、波罗的海和西北欧，现在都有自己的委员会，并与欧盟委员会有直接联系。每个特大区域都以不同的方式开始发展，有些区域的空间政策方法比其他区域更成熟。从一开始，特大区域就将民族国家一分为二，在一定程度上承认了对欧洲成员国内部和成员国之间不同利益和联系。随着时间的推移，这些边界不断扩大和模糊，从而使更多的成员国被划分到各个集团中。为促进联合活动而设立的 INTERREG 计划为这些欧洲特大区域提供了支持。美国也采取了类似的方法，到 2003 年，美国确定的特大城市地区占国土面积的 20%，占国家人口的 66%（Lang 和 Dhavale，2005）。

　　欧盟在区域层面上的这种方法变化，代表了区域空间规划发展及其更广泛的政策制定和实施的联系的一种更基本的方法。当欧盟于 1957 年成立时，它关注的是更广阔的领土，这与法国和德国的传统一脉相承，但英国于 1973 年加入欧盟的谈判要点之一，是将自《巴罗报告》（1940 年）以来一直有效的、针对具体地点的区域政策方法纳入其中。英国制定了一系列措施来支持落后和发展过快的地区，如选择性援助和新城镇。20 世纪 70 年代初，欧盟引入了结构性基金，并将其应用于存在经济和社会问题的特定地区，第一位区域委员来自英国。

　　到了 20 世纪 90 年代初，这种方法被重新审视。欧洲单一贸易市场的扩大，以及随后欧盟向更多东欧国家的扩张，引发了一场关于变革的辩论。1992 年的《马斯特里赫特条约》包括了针对西班牙、葡萄牙、希腊和爱尔兰的最后一揽子结构性基金。此后，欧盟开始以新的方式与地方合作。这一进程的部分内容包括建立地区委员会（Morphet，1994），以及逐步将用于满足特定需求的结构性基金转为用于支持发展跨境工作和更广泛的地区倡议的资金。

　　从 1991 年开始实行的一体化和发展 ESDP 是这一长期进程的一部分。随着时间的推移，用于衰退地区的资金比例将被通过 INTERREG 用于新方法的资金比例所取代。这项政策也有了一个新的名称——"领土凝聚力"，它不仅适用于确保各地区携手合作，增进欧洲的一体化和理解，而且也适用于使欧洲在当地市场中取得更大的经济成功。诸如"金砖四国"（巴西、俄罗斯、印度和中国）等国家都有增长和发展的潜力，甚至可能远远超过由 25 个或更多国家组成的欧盟。东欧的开放在这场运动中发挥了积极作用。既提供了廉价劳动力的机会，又扩大了劳动力队伍，从而提高了竞争能力。同时，这些劳动力受过良好的教育，可以预期他们会将更多的收入用于购买商品和服务。因此，如果商品可以在欧洲本土制造和供应，这将有利于整个欧洲的经济。

　　随着 ESDP 的作用不断增强，包括特大区域安排的发展（Hague 和 Jenkins，2005；

Duhr，2010），经济发展和增长的方法也在不断拓宽。这对英国的区域空间规划产生了影响，并通过一些重要发展体现出来。首先，领土凝聚力政策方法的应用，意味着对当地所有政策的应用进行更大的评估。同时，对辅助性及其应用也更加重视。在过去的十年里，这种兴趣通过新的地方主义在空间尺度的另一端得以体现（Corry，2004），并已经发展成为跨党派对地方化的兴趣（保守党，2009；Bogdanor，2009；英国政府，2009a）。Hope 和 Leslie 将此转化为英国中央政府对空间意识的日益重视，他们认为这意味着政府应更加关注其政策在不同空间尺度及其之间的影响。他们认为，这种空间意识的增强有三个关键方面（2009：37）：

1　地方之间和地方内部的差异和不同。
2　跨白厅和跨部门。
3　地方和区域实施机构，以及推进地方政府机构。

　　最后，Hope 和 Leslie 提出了一系列建议，包括建立中央公务员的"权力下放义务"（2009：45-46），通过对所有政策和立法进行"权力下放测试"来履行这一义务。目前，任何中央政府政策的行动分配和执行机制都是随机的。

　　第三个考虑因素是对公共资金的直接国内管理和监督，特别是欧盟提供的资金。自 1973 年以来，欧盟为地方政府提供的资金一直通过中央政府部门管理的一系列机构进行指导，主要是通过政府组织和地区发展机构。资金由计划委员会管理，其中包括各种地方利益相关者，包括民主问责的政治家。然而，在其他成员国，这些资金已被置于直接的民主控制之下。在苏格兰、威尔士和北爱尔兰，这一问题在一定程度上通过权力下放的管理方式得到了解决，但英格兰尚未建立这样的制度。2004 年全民公决后提议在英格兰建立一个由直接选举产生的地区议会，这本是缩小这一差距的一种方法，但这一提议未能实现，政府不得不考虑实现这一目标的其他方法。

　　《地方经济发展与复兴审查》（英国财政部，2007a）提出了一些倡议，如果这些倡议得到实施，将在地方一级更直接地控制欧盟资金方面迈出重要一步。在地区层面，将以经济计划和实施方案的形式制定新的战略（CLG，2009e）。这些战略预计将由地区领导委员会制定，虽然这些委员会不是直接选举产生，但更接近于地方对优先事项和交付的民主控制。这些领导委员会将向议会的特别委员会报告。与此同时，地区部长和办公室的作用也将得到加强。以前曾设立过地区部长，但建立一个定期开会的地区部长小组和扩大办事处的建议意义重大。目前，地区部长还将其职责与国务部长的

职责相结合，但有人建议应取消这两种职责，而将地区部长的职责作为主要活动（Hope
和 Leslie，2009）。

英国特大区域

区域空间规划的另一项发展也受到了欧盟的一些影响。这就是英国特大区域作用
的发展。1994 年，欧盟成员国曾讨论过，每个成员国都应设立一定数量的区域，以适
应其现有区域的需要。较大的国家，如英国、法国和意大利可能有八个大区，而人口
最多的德国可能有十个大区。这种方法从未以任何重要的方式重新出现过，但在英国
（如适用），可以将其定义为苏格兰、威尔士、北爱尔兰、北英格兰（东北部、西北部、
约克郡和亨伯赛德郡）、中部地区（东米德兰兹、西米德兰兹和东英吉利亚）、西南部
和东南部。这样就有七个大区，第八个大区的问题仍然存在。最初，直布罗陀是第八
个大区，但后来通过欧洲委员会采取的行动，现在直布罗陀已成为西南大区的一部分。
第八个地区可能是伦敦。

英国各特大区域的发展速度各不相同，尚未真正成为空间规划和交付的实体。每
个特大区域都有自己的主要关注点，并以不同的方式发展。

（1）北方之路

"北方之路"一直在通过财政部主导的方法发展，以解决人们对 75 年来北方经济
表现不佳的担忧。尽管在工业革命时期，大英帝国和制造业使英国在钢铁、煤炭、造
船和能源生产方面领先于世界，但 20 世纪 30 年代的大萧条留下了经济依赖的后遗症，
连续几轮的地区政策都未能改变这一状况。通过各种举措，公共工作岗位被转移到北
部各地区——卫生和所得税转移到约克郡和亨伯赛德郡；养老金储蓄、英国广播公司和
教育转移到西北部；教育、养老金和农业补贴转移到东北部，但这些转移导致这些经济
体比以前更加依赖政府资金。这些地区的企业创办率也较低，女企业家人数也较少（英
国财政部，2004）。

2004 年，财政部采用了一种不同的方法来应对并最终试图将这些长期挑战转移到
北方经济。财政部不仅希望减少对中央政府的依赖，而且希望看到这些地区对国民经
济做出积极贡献的潜力。关于人们为何失业、入狱、不识字或露宿街头的证据显示，
这与他们的早期成长经历有很大关系，尤其是对于那些在寄养家庭中长大的儿童而言。
这是整个英格兰的一个普遍问题，并不是特别局限于某个地区。然而，一些人和社区

犯罪率高、教育水平低和预期寿命较短的原因往往指向微观地区的文化问题，例如以前的采矿村、海滨城镇的部分地区和一些具有强烈地方文化和风俗意识的住宅区，事实证明这些地方的文化和风俗不受公共政策干预的影响。这些地方可能由帮派或家庭管理，当地人感到无力摆脱，他们唯一的愿望就是搬走（Taylor，2008）。儿童被强烈地融入一种反学校、反权威的文化中，而父母往往从未工作过，却将自己的经验作为榜样传授给孩子。

2004年，一个由政府、地方政府及其他公共和私营部门利益联盟成立，目的是通过"北方之路增长战略"来应对这些挑战。他们成立了"北方之路"作为一个新的组织，采取文化驱动的方式来促进该地区的经济增长。这是一种转变，不再将北部视为一个依赖政府投资来维持经济基础的地方，而是将私营部门置于主导地位。该组织还致力于减少区域间的竞争，采取更加联合的方式，为特大型地区创造更多的价值，并认为这将为共同发展提供更有力的支持。

"北方之路增长战略"的主要方针是集中关注特大型地区的优势和劣势。该地区的优势在于其城市、相互联系、大学以及在东南部压力之外的良好居住环境，而其劣势在于技能水平低、非活跃和失业率高以及交通投资不足（Balls，2003）。这种方法是在"北方之路增长战略"中制定的，取决于区域战略（RES）来实现变革。该战略还强调了城市地区，并为其制定了新的投资计划。该增长战略包括一系列重要的实施建议，但并未确定实施的方式和地点，也未确定必要的资金。MacLeod和Jones认为，"北方之路"的主张是"大胆的"（2006：46），仍然属于中央集权议程的一部分。在确定"北方之路"的实施机制时，并没有明确将区域或地方层面的空间规划确定为实现这些变化的手段。

随着"北方之路"发展成为一个拥有秘书处和管理结构的组织，它也领导并响应了更广泛的政策利益，将城市地区的发展作为经济变革的发动机。它发现，城市集中了大量技能较差和没有工作的人群，同时也创造了更可持续的方法来利用现有的基础设施，改用公共交通，并利用这些大城市区域内已有的技能和商业集中地。北方之路重点发展城市区域，因此，随着城市区域政策的出现，北方之路拥有最多的城市区域，前两个治理试点也在其区域内。从此意义上，它在制定政府政策以支持其已确定的需求方面是一个成功的举措，但与早期针对表现不佳地区的地区经济政策不同，次区域举措并不局限于有再生需求的地区。一份关于英国北部的报告（经合组织，2008）支持了"北方之路"在促进创新方面的作用，认为这是刺激该地区建立更坚实的经济基础的一种方式。

（2）其他英国特大地区

其他英国特大地区的发展速度不及北方之路。米德兰之路是 2005 年由东米德兰和西米德兰共同制定的。《精明增长》（Smart Growth）（emda，2005）提出了一项分析和行动计划，说明这两个地区需要什么来提高其对国内生产总值的贡献，包括确定支持经济发展的具体项目。东部地区是大东南地区的主要增长点，同时也是剑桥—伊普斯维奇高科技轴线的支撑点，尽管早期的研究将东部地区和东米德兰地区整合为一个发展弧线，但东部地区的作用却被排除在这一分组之外。在西南部，特大区域和区域边界似乎是一致的，尽管未来可能会发生变化。与"北部之路"和"中部之路"类似，该地区几乎没有开展额外的具体工作，尽管该地区一直处于通过区域资金建议计划（英国财政部，2008）倡议关于提供更多对政府支出决策的影响的最前沿，该计划汇集了各地区对优先事项和支出的考虑。

在英国范围内，东南地区仍然是一个难以考虑的特大地区。1993 年之前，该地区被确定为伦敦周边的整个地区。然而，由于该地区包含了大约一半的英格兰人口和三分之一的英国人口，因此这一概念一直存在问题。地方当局通过东南地区规划会议（SERPLAN）反映了政府对该地区的定义，该会议是为协调该地区而成立的一个志愿机构，而不是一个战略性地区规划机构。在 1996 年 SERPLAN 关闭之前，它主要关注住房增长和特定地点的住房数量分配。自从东南大区被拆分并分布在伦敦、南部和东部地区之后，较大的东南大区一直处于休眠状态，其中的大区都有自己的区域空间规划方法。最近，人们对再次讨论这种方法产生了一些兴趣（Musson，2005）。

正如格拉森（Glasson）和马歇尔（Marshall）所指出的，特大区域具有"可变的稳固性"（2007：128）。北方之路仍然取得最大进展，尽管在其区域内建立功能性的多边协议和城市区域可能会将主要重点从特大区域转移到次区域。这可能是一条必经之路，避开了 2004 年区域主义的崩溃后的区域规模。另一方面，一旦北部特大区域拥有了运作良好的次区域，就可能形成更具活力的领导层，并与东南部形成制衡。它还可能形成一个在规模上与其他欧盟国家新兴地区相似的地区。

区域

在区域空间政策的制定过程中，机构冲突和竞争阻止了对交付的共同关注，而这正是有效空间规划方法的核心。马歇尔认为，自 2004 年以来，区域政策改革的发展一直是通过政府强有力的政策推动的，但却没有引起评论家的注意。2001 年（英国财政部和贸工部）就提出需要以新的方式解决地区政策问题。在《英国的生产力：[3]——区域维度》中，考虑了"英国各地区之间和内部经济表现的显著和持续差异"（v）。报告指出，生产力最低地区的人均国内生产总值比最富裕地区（当时为伦敦）低 40%。报告进一步指出，"各地区之间的差距和相对排名一直存在。这种尚未开发的潜力可能会产生巨大的影响。如果所有落后地区都能将其生产率提高到目前的平均水平或更高，那么英国人均收入将提高约 1000 英镑"（同上）。为此，"地区经济政策必须侧重于提高最薄弱地区的绩效，而不是简单地重新分配现有的经济活动。只有通过'拉平'的过程，整个国家才能获得真正的经济收益"（同上）。

政策应对措施是通过 1999 年《地区发展机构法》建立 RDA，该法还要求 RDA 编制地区战略，每三年审查一次。然而，与此同时，还发布了《规划绿皮书》（DTLR 2001b），旨在通过建立 RSS 来解决区域规划的新方法问题。这将取代 1994 年引入的区域规划指导系统，该系统在其进程中更多地由中央政府主导，而非地方自主。这两份报告都没有交叉引用这些举措。由于《2004 年规划与强制购买法》推动了 RSS 的引入，RES 成为法定文件，旨在为各地区未来 10～20 年提供基于交付的方法（英国财政部、DTI 和 ODPM，2004：44）。一旦采取了这种方法，政府的其他部门也认为制定以地区为重点的战略可能是有益的，住房战略（2003 年）、交通战略（2006 年）和文化战略（2001 年）也是如此。

政府还对如何利用适用于结构基金和国家援助政策的欧盟区域政策进行了改革，这些政策规定了国家政府可以以不被视为反竞争的方式干预支持特定产业的范围。作为这一进程的一部分，政府建议，制定区域政策的方法应更加灵活，并由当地决定。利用"本土优势"来解决"实际弱点"，从而促进经济增长（英国财政部、贸工部和公共政策与市场部，2004：3）。该文件还认识到，有必要整合政府在各地区的现有投资，以便"联合行动，取得最佳效果"（同上：4）。在英国各地区，这种联合有望通过地区议会、RDA 和政府办公室的工作来实现。《区域规划指南》是 RSS 的前身，它的制定是 RES 实施过程的一部分，并"为其提供了一个长期的空间框架"（同上：9）。区域内的协调方法也通过三个国家部门之间的 PSA 得到支持。该计划于 2002 年制定，将于 2003～2008 年间实施，其目标是"持续改善英国所有地区的经济表现，并逐步缩小持续存在的增长率差距"（同上：14）。这一目标得到了同期其他 PSA 目标和协议的支持。此外，还成立了一个地区协调组，负责将所有这些工作结合在一起，并管理政府办事处网络。

《规划绿皮书》（DTLR 2001b）的出版表明，在适当的时候，区域规划将有一种新的方法。该绿皮书抓住了财政部的思路所引发的区域空间尺度上的变革情绪，提出了一种更加综合的方法，而且这种方法有望由地方政治领导人和其他利益相关者来管理，而不是由中央政府来领导。区域规划指导的变化已经通过 PPG 11（DETR，2000）得以实施，在《规划绿皮书》中，已经建议放弃 PPG 11，并制定新的 RSS 方法来取代 RPG。人们仍然认为，RPG 对战略问题的关注不够，也没有与其他正在形成的区域战略（如 RES）相结合。该提案旨在创建具有法定地位的 RSS，并要求 LDF 和运输计划与之保持一致。同时，RSS 应确定其区域内的次区域以及每个区域的空间战略（DTLR 2001b：§4.42）。

RSS 是由各地区制定的，通过这种方式，各地区可以对提案拥有更多的自主权。这也是一种机制，通过这种机制，各地区可以分配中央政府确定的住房增长，以满足国家未来的经济需求。自推出以来，RSS 与其前身 RPG 一样，卷入了规划纠纷，成为长期审查的对象。由于 RSS 继续将重点放在住房上，而其他区域战略又各司其职，这意味着 RSS 并没有发挥其区域空间战略的作用。这些战略不但没有确定未来的投资方向，反而成为地区政党和地方政治的政治工具。强调通过这一过程实现住房增长，也有助于增强中央政府在 RSS 过程中的作用，结果是区域内所有空间尺度的空间规划都被搁置，等待这些现已成为准国家进程的结果。

不过，在发展其更广泛的空间目标方面取得了一些进展，特别是通过它们在为基础设施规划和交付提供背景方面发挥了作用。作为制定东南部地区 RSS 开发的一部分，对所需的基础设施投资规模进行了初步评估。这主要集中在交通和能源领域，并由已经确定的现有提案组成。这一方法是在财政部的支持下进行的，有两个关键作用。首先是为东南部地区的投资提供理由，否则，面对国内其他地区基础设施投资不足的证据，可能会遇到政治困难（McLean 和 McMillan，2003）。与此同时，它开始创建一个框架，使公共部门的基础设施投资决策更加透明，并可作为更广泛的空间交付方法的一部分。这是新的 RSS 系统最初推出时的目的之一，但尚未以系统的方式开发。

在财政部的鼓励下，东南部和西南部地区制定了第二种基础设施规划和交付方法。在西南部，该地区成立了一个基础设施委员会，确定了在开发之前预先为基础设施提供资金的方法，部分原因是为了克服当地人对新住房带来的压力的反对意见。在东南部地区，地区议会委托进行了一项研究，以确定如何通过开发商的贡献为基础设施提供最佳资金。这两个地区都能够利用这项工作，通过地区筹资建议（RFA）影响中央政府在本地区的筹资决策。在西北地区、东北地区以及约克郡和亨伯赛德郡，基础设施规划和交付的方法是通过作为其经济规划方法一部分的次区域战略来实现的。在东部地区，大多数人口增长都是按计划进行的，RDA 委托进行了四项关键基础设施研究，确定了增长的相关要求，这些需求通常是通过规划和投资过程提出的。

确定基础设施需求所采用的方法有许多相似的特点。首先，它们集中于有形基础设施，主要是交通运输，还有一些电信和能源。其次，它们都忽略了洪水风险的预防，而在 2004 ～ 2009 年期间，随着首次遭受洪水的地点比例增加，洪水风险已成为考虑住房地块时的一个新的主要危险。最后，基础设施计划被认为有赖于额外的资金，在市场较强的地区，还有赖于开发商的贡献。在这一过程中，绝大部分用于地区一级的主流公共部门预算都没有受到影响。

RSS 方法持续了五年（2004 ～ 2009 年）。在这五年中，RSS 成为 LDF 制作的主导环境，但仍然存在许多先前的区域规划方法所面临的问题。首先，RSS 从来没有成为该地区"单一"或总体战略的权威。RES 几乎不承认 RSS，导致各区域关系紧张。由于 RSS 未能履行其职责，从而削弱了其在其他政府部门中的地位，这些政府部门已开始制定自己的区域战略和管理方法，以促进自己的服务利益。

其次，RSS 被单一的问题所主导，从未发挥过应有的作用。在东南部、西南部、伦敦、东米德兰兹和东英吉利亚地区，人们强烈倾向于增加住房供给，认为这是这些地区经济增长的持续制约因素，而这是财政部推动的政策。由于人们无法在需要的地方以自己能够承受的价格购买住房，财政部就住房问题（Barker，2004）和规划问题（Barker，2006）进行了两次重大审查，将住房增长作为 RSS 的关键组成部分和战场。尽管政府试图寻找其他方法来鼓励地方政府以积极的方式参与到这一过程中来，比如通过"竞争"来获得增长地区的地位和小额预算，但这仍然是一个问题。最终，政府通过两种新的方法来确定住房需求，几乎完全从区域层面上解决了这一问题。首先是在 2006 年建立了自己独立的国家住房和规划咨询机构，负责人口预测和确定地方一级的住房需求。其次是将提供住房的要求从 RSS（LDF 必须与 RSS 基本一致）转移到由各地方当局通过 LAA 签订合同的要求。这些 LAA"交付合同"是在通过 LDF 评估地方住房需求之前制定的。

对于其他地区，特别是西北部、东北部、约克郡和亨伯赛德郡，财政部的第二个关键政策是经济议程的主导地位。正如我们在前面所指出的，通过"北方之路"发展超大型区域方法，已经在发展一种主要不属于 RSS 范围的次区域经济规划方法。住房也是一个问题，但这方面的政策是通过另一种形式的竞争来推进的——住房市场区域地位的竞争，即拆除旧房，重建更新、更有吸引力的住房存量重新开发。次区域经济规划方法立即转为交付模式，成为可供选择的途径。在这些地区，RSS 从未受到重视，西北地区是最后一个至少有一个健全的 LDF 的地区。这里的规划体系被认为与经济议程无关。

RSS 进程的第三个关键弱点是，尽管它是由区域内的区域议会"所有"的，但它仍然像以前的 RPG 一样受到了很多批评和不被接受。所有权的转移并没有减少地方层面所面临的问题。此外，在那些住房问题占主导地位的地区，RSS 被扭曲为提供住房，空间战略和次区域方法的制定没有得到充分的体现。这也意味着，LDF 的适当背景没有得到充分发展，而这些地区住房问题的主导地位严重影响了人们对 LDF 系统的作用和目的以及与之相配套的职责范围的期望。在 LDF 实施的前四年，直到 PPS 12（CLG，2008c）于 2008 年重新发布之前，编制 LDF 的人员普遍认为，唯一重要的检验标准是在住房数量上是否与 RSS 一致，所有其他检验标准都是虚幻的（Morphet，2007）。事实上，RSS 符合性测试是 27 项测试中的一项，由于不了解 RSS 住房数量的相对作用，许多地方当局在提交 LDF 之前就因不健全或废弃的 LDF 进程而付出了高昂的代价。因此，RSS 新系统并没有加快这一进程。

与以前的制度相比，RSS 进程的其他特点没有改变。尽管地区议会对这一过程拥有自主权和领导权，但 RSS 的法定性质意味着它必须接受公众审查，而且政府在这一过程中的参与程度也更高。政府办公室认为，如果不在地方一级证明这些额外的数字是合理的，就无法以自上而下的方式改变 RSS 中的住房需求。2001 年人口普查是在国内生育率处于周期性最低点时进行的。此外，人口普查还低报了移民人数，特别是来自欧盟 A8 国家的年轻工人，在 2004 年加入欧盟后，移民人数和生育率都有所增长。这就为政府提供了一个强加住房增长的机会，并继续向地方政客确认，无论立法如何规定，这都不是他们的 RSS。政府还延续了其一贯做法，即推迟公布对 RSS 和小组报告的审查结果和时间的做法。这些已被视为政治敏感行为，在特定地点增加住房数量会在国家和地方层面产生破坏性的政治后果。

因此，由于种种原因，RSS 从未完成其使命，而"区域战略"已在十年内进行了第三次迭代（CLG 和 BIS，2010）。新的区域战略将由领导委员会和 RDA 共同领导。RS 将：

- 没有特定模式；
- 时间跨度应为 15 ~ 20 年；
- 确定地区面临的主要挑战；
- 考虑到国家政策，但不重复国家政策，除非涉及某些具体方面；

- 以可靠的证据为基础；
- 有一个可交付的实施计划；
- 注重可持续经济增长，同时考虑环境因素、减缓和适应气候变化、住房和基础设施需求；
- 具有很强的空间维度。

　　RS 最终可能会复制现行制度中的一些弱点。不过，也有一些新的政府机制可以缓解这种情况。首先，引入了区域部长制，以更积极的方式吸引合作伙伴。尽管地区部长将其地区职责与其他部委职责结合在一起，但他们现在得到了政府办公室的支持，以及一个与政府关系密切的智囊团的建议，该智囊团建议将其职责扩展为一个全职职位，这样政府办公室就会成为地区部长的办公室（Hope 和 Leslie，2009）。

　　其次，设立了议会特别委员会，负责审查地区内事务。这种做法取代了区域审查，地区审查一直是地区议会的关键作用之一，但从未被确立为一项重要程序。地区特别委员会是苏格兰和威尔士在 1979 年权力下放全民公决失败后建立的，可能为发展更具体的地区特性铺平道路，并在适当的时候激发公众对直接选举产生的地区政府的兴趣。

　　这种新的区域格局的第三个组成部分是内阁委员会，负责跨政府的投资决策。目前，几乎所有的决策都是在政府部门内部独立做出的。2006 年，麦克林（Mclean）提出了一个问题，即政府各部门在决定投资决策时各自采取的方法及其保存数据的方式所造成的问题（英国财政部，2006）。PSA 20（英国财政部，2007c）的作用是将住房增长纳入政府议程并使之常态化，以此作为一种手段，将更多的企业或跨政府方法整合到基础设施的规划决策中。在地方层面，通过地方预算和通过 LDF 的基础设施交付计划将公共部门支出结合起来的单一地方预算的发展正在引领这一进程。这种方法被称为"总体位置"（英国财政部，2009a），并通过 2007 年《可持续社区法》的产物——《地方支出报告》得到支持。

　　变革的最后一个组成部分是成立住房和社区机构（HCA），该机构汇集了地方一级包括住房和重建在内的一系列资金。它并没有将这笔资金直接置于民主控制之下，而是通过 HCA 与各个地方当局之间的地方"单一对话"，在公共投资决策过程中加强地方投入的机制。HCA 是区域性组织，也将对 RS 进程做出重大贡献。

　　这些新方法也并非没有存在压力和风险。马歇尔将其描述为"对国家政策的一次重大而非同寻常的重新调整"（2008：101）。在领导委员会和 RDA 之间划分 RS 的责任并非易事。到目前为止，由于 RDA 更倾向于与各地区更具战略性的地方当局打交道，这些关系一般都很牢固，但一个关键问题是，政府将通过 RDA 在地区层面继续施加影响。目前，唯一能与之抗衡的是地区特别委员会，尽管从政治议程上看，未来可能会废除 RDA。其次，RS 的空间要素有多强？在地区议会层面组建的规划团队似乎有可能被解散，但现在它们已被纳入新方法的一部分，并将被领导人小组用作与 RDA 抗衡的力量。此外，还需要其他新的治理机制，包括政府部门公布所有地区支出，使其在地区层面发挥作用。各地区已经有了一个提供 RFA 的系统，但正如 Hope 和 Leslie（2009）所指出的，这只占地区层面政府支出的 5%。如果要使其发挥作用，可能需要大幅提高这一比例。他们建议，40% 的国家区域资金应由区域内部决定，以提供更好的区域所有权。

区域空间规划再一次走向新的思路。RS 以经济为重点，将把住房和交通投资作为实现区域国内生产总值增长的关键组成部分。尽管在实践中，空间规划可能会对基础设施的投资和交付地点产生相当大的影响，但在这种新方法中，空间规划的作用并没有得到明确的认可。实际上，区域层级的重要性可能会下降，取而代之的是次区域作为规划和交付决策的空间尺度选择。显然，次区域规模及其新的治理模式正在崛起，并将在未来五到十年内发挥主导作用。

次区域和城市区域

自 20 世纪 90 年代中期以来，次区域空间规划方法一直在逐步发展。正如 Le Gales（2002，转引自 Healey，2009）所指出的，"城市区域的概念深深植根于……空间规划概念之中"。Healey 接着指出，城市区域经常代表一种"功能性现实"，无论是代表一个城市及其腹地，还是代表通过空间和流动连接起来的多中心区域（Davoudi，2003）。次区域和城市区域这两个词几乎是同义词，但又不完全相同。城市区域总是一个次区域（Neuman 和 Hull，2009），而次区域可能是多中心区域（Darwin，2009），也可能是一个自然空间，如国家公园或河流流域所覆盖的区域，该区域没有主要的城市区域，但具有一些由自然特征界定的统一性。直到最近，次区域的概念一直被定义为一种"想象"或"软"空间，它不以行政区域的形式出现，关于如何界定边界的问题也进行了大量讨论（Shaw 和 Sykes，2005）。任何联合工作都有赖于"单薄的"非正式安排，这些安排没有直接的问责制，需要在政治上关注次区域是否能够达成一致的数量有限的目标，以吸引国家的关注和投资（Turok，2009）。关于次区域的许多评论不是集中在其功能作用上，而是在其无法发挥作用上。

2007 年，英国将重点转向次区域的经济重要性，从而改变了治理模式，将次区域从软空间转变为硬空间（英国财政部，2007a）。正如 Turok（2009）所评论的那样，次区域正在成为需要经济复兴的地区以及需要管理增长的地区的政策工具。次区域以两种形式出现。第一种是通过被称为"多区域协议"的次区域合同关系，第二种是被称为"城市区域"的混合版本，曼彻斯特和利兹是其中的首例（英国财政部，2009c；CLG，2009d）。城市区域于 2006 年首次提出（CLGa），已经开始超越单纯的合作关系，转向以法律和治理为基础的合作关系，从而解决了次区域存在的主要问题之一，即其运作没有民主授权（Morphet，2009b；Roberts 和 Baker，2004；Marshall，2007）。

次区域空间规划的趋势至少来自两个方面。首先是欧盟，它对多中心概念非常感兴趣，将其作为理解空间关系和支持投资战略的一种手段（Davoudi，2003；Faludi，2005）。多中心也是考虑如何促进更可持续的生活和工作方式的一种手段。欧盟也对经济和社会投资主要集中在首都城市的现状表示担忧，因为这有可能减少国内其他地方或跨境地区的投资（CEC，2007）。

在英国，东南部大部分地区由伦敦及其经济拉动所主导。在此范围内，还有一些具有多中心特征的综合集镇和城市子系统。朴茨茅斯/南安普顿和雷丁/牛津等地与其他地区重叠，在某些地方形成了空间三角形。在东南部以外的地区，该国的多中心运作方式可能比迄今为止所认识到的更为明显。主要的地区性城市形成了强大的社区和文化中心，并提供了重要的交通枢纽。

它们还在次区域集群和模式内运作。家庭搬迁到郊区，短期内保留了通往大城市的通勤模式，但经过几代人的努力，工作和出行习惯会转移到新社区。第二种驱动力来自美国，有人认为次区域在创造国家财富方面具有重要作用（Lang 和 Dhavale，2005；Carbonell 和 Yaro，2005）。这些次区域被称为"新国家空间"（Brenner，2003；2004），因为他们没有民主问责的治理结构，但他们可以作为政府采取行动的代表。伦敦和东南部的泰晤士门户和从伦敦市中心到彼得伯勒的 M11 公路走廊就属于这类空间。

自 2000 年以来，一系列研究对英国次区域的作用和地位进行了审查。《繁荣社区Ⅱ：权力下放万岁》（LGA，2007）确定了整个英格兰的次区域。2006 年，提出将城市区域作为未来的关键政策领域（CLG，2006a）。城市地区作为潜在的增长动力，长期以来一直受到经济地理学家的关注。现在，城市区域也被确定为可持续发展的单位，能够利用现有的基础设施和有效利用公共交通系统。2007 年，《次国家经济发展与复兴审查》（SMR）将大部分背景思考转化为政策。这确立了 MAA 作为支持次区域交付的政策工具的作用。人们期望 MAA 能够解决更多的结构性基础设施投资问题，如住房、交通规划和重建，而将更多的个人服务和教育排除在这一分组之外。然而，SMR 确实为 MAA 评估提供了一些潜在途径，比如在适当时候接受其他服务。

许多地方当局团体对最初的 MAA 资格投标邀请作出了回应——尤其是北方地区的地方当局，它们已经为政策可能发生的变化做好了准备。然而，与以往许多此类倡议不同的是，该倡议并不仅仅与北部地区相关。莱斯特、朴茨茅斯和南安普顿（PUSH）等其他地方也是早期采用者。在农村地区，策略似乎是鼓励城镇与城市合作，而在大多数农村地区，地方政府重组似乎是达到同一目的的一种手段。

英国所有地区都可参与制定 MAA 协定，而且很可能会有更多地区在 13 个试点项目之后开展工作。根据早先的经验，从试点到在全国推广的过渡非常迅速，预计也会如此。

试点项目的关键问题之一是治理，尽管建立具有新治理模式的城市区域试点项目将克服这一反对意见（CLG，2009d）。次区域空间规划框架的制定仍不明确。目前，没有任何指导意见表明应该形成一个新的次区域规划。在地方层面，假定联合核心战略应作为共同协调框架内的规划来制定。在没有总体空间框架的情况下，次区域发展是否可行？马歇尔（2007 年）认为，次区域是结构规划的自然继承者，结构规划是 1969 年以后英国发展规划的一个操作特征。结构规划在县一级实施，为县内的地区或更多地方规划提供框架。2004 年，作为英国空间规划的一部分，结构规划被废除。不过，结构规划和次区域规划方法有一些不同之处。首先，结构规划以行政边界为基础，与地方的运作方式无关。相比之下，自 2007 年以来不断发展的次区域规划方法则以地方的运作方式为基础。以利兹为例，该城市地区由 11 个地方当局辖区组成，这些辖区由不同类型的地方当局合并而成。如果有必要，可以拆分地方当局辖区，并将一个次区域横跨区域边界，如果这代表了一种空间现实的话。

其次，结构规划只有在高度正规化的情况下才得以通过，尽管最初的设想是参与交付计划，但在实践中却成为在县边界内各当局之间分配住房数量的工具。与此相反，新的次区域方法是通过合并其活动来处理空间规划问题。虽然最终的交付方案可能需要进行可持续性评估，但不需要额外的程序。第三，尽管如前所述，2009 年的《地方民主、经济发展与建设法》规定次区域可拥有跨越行政边界的正式民主结构，但大多数次区域并不是在正式的民主结构内设立的。

结构规划与次区域规划之间的最后一个区别可能是最重要的。结构规划是在自上而下的分级规划模式下制定的，并成为满足地区住房需求的主要机制。次区域规划正在成为主要的实施重点。它们通过利用现有的基础设施和流动模式，实现了可持续发展（Wheeler，2009），并代表了具有某种文化共鸣的地点。2010 年，区域规划体系将转向更加注重交付的体系，作为区域规划体系的一部分，还将制定一项交付计划，该计划将包括所有次区域交付计划（CLG 和 BIS，2010）。伴随着这一进程，地区层面的资金分配和使用可能会发生进一步的变化（Hope 和 Leslie，2009），包括议会中的区域特别委员会在内的新兴的区域治理机构将进一步加大监察的力度。

最后，城市区域是否有可能成为更大的特大城市区域？霍尔（Hall，2009）认为，特大城市区域正在成为 21 世纪的主导形式。他在美国（Carbonell 和 Yaro，2005；Lang 和 Knox，2009）和欧洲都看到了这一发展，POLYNET 研究（Young Foundation：2006）也证明了这一点。霍尔认为，这些特大城市区域可能不是连续的城市区域，甚至不是多中心的城市区域，而是群岛："几个中心岛屿由核心城市经济的尖峰主导，而较低的外围岛屿则永远面临经济淹没的危险"（2009：815）。特大城市区域缺乏民主授权也会削弱其权力（Roy，2009）。然而，在英国，这种空间变化的地理格局现在正与一种治理模式相匹配，这种模式能够更有意识地管理这些安排，而不是将零星的增长和投资作为市场的副产品。

伦敦之谜

伦敦的作用令人费解。它的人口相当于一个小国。伦敦的治理由市长负责，市长接受大伦敦管理局的监督。伦敦政府办公室认为伦敦是一个地区，而伦敦内部制定的 MAA（如奥林匹克行政区）也表明伦敦是一个地区。从法律上讲，GLA 是一个地方当局。将伦敦视为一个次区域或许是更好的方式。伦敦比次区域更大，但如果直接与友好伙伴进行合作，伦敦就无法运作，而这些合作伙伴在就业、交通和整体投资方面非常重要。伦敦市长负责制定《伦敦计划》，该计划相当于 RSS。

虽然 2004 年的《规划与强制购买法》取消了两级规划程序，但 1999 年的《大伦敦管理局法案》所创建的系统重新引入了两级系统。《伦敦规划》和各行政区的 LDF 共同创建了伦敦的空间规划框架。《伦敦规划》的目的是作为指导而非计划，其第一版包括有关交通、经济发展、住房、零售发展、休闲设施、遗产和废物管理设施的政策，以及对伦敦特定地区的指导（Cullingworth 和 Nadin，2006）。伦敦各区的 LDF 必须与市长的空间战略基本一致。与其他地区一样，伦敦也有交通、文化和环境状况战略。然而，伦敦与其他地区的安排有一个主要区别，即大部分公共部门的投资资金已移交给市长。在伦敦，伦敦发展局和伦敦交通局向市长负责，而不是通过中央领导的 RDA 或通过 DFT、公路局和其他交通运营商提供交通资金。

伦敦的模式很可能会在新兴的城市区域模式中复制，以曼彻斯特和利兹为试点，由伦敦市长在这些次区域中行使行政领导角色（CLG，2009d）。与英国其他地区相比，伦敦市长对权力下放的支出拥有更大的控制权，如果这种模式得到推广，那么它可能会成为在超级地区 / 城市地区层面上管理资源的一种更为权力下放的方法。

结论

区域空间规划的发展似乎是在区域之上和区域之下的尺度上发展和交付的。英国特大区域的作用似乎已经确立，并有可能继续下去，由 MAA 中规定的次区域交付计划组成。地区仍然是不同政府部门之间争夺的空间，在目前制定地区战略的方法中，领导权问题尚未解决。要求公开审查地区战略的方法将使其所有建议接受更广泛的审查和考虑，这将是一种新方法。总的来说，它们可以提供一种更加综合的方法。然而，在这一过程中，尽管有了地区战略，或作为更详细发展地区战略的一种手段，特大地区和分地区规划的主导作用仍可继续发挥。关键问题可能取决于有多少次区域空间规划和 LDF，它们与投资和交付计划相联系，以及任何政府部门在多大程度上会利用现行政策工具来满足其当前的目的。因此，目前正在通过一系列层次和级别来制定更加综合的开发和交付方法。

第 10 章
苏格兰、威尔士和北爱尔兰的空间规划

导言

英格兰、苏格兰、威尔士和北爱尔兰的空间规划系统在各自的治理框架内制定，以提供更好的地方。它们在纵向和横向一体化的基础上运作，解决人们的愿景和循证需求。威尔士、苏格兰和北爱尔兰空间规划的发展与其他治理变革相关联。在某些情况下，空间规划被确定为分权和权力下放过程的一部分，其中：

> 向国家和地区的权力下放可能不仅仅是为了解决地方不平等问题，而是为了在拥有不同文化和遗产的国家之间建立更多的领土凝聚力。它也可以成为适应全球化的一种手段。
>
> （Rodriguez-Pose 和 Gill，2005：408）

在其他情况下，规划系统的改革更倾向于空间方法，涉及在次区域层面采取更为集中的方法（Needham，2005），同时在地方层面保持更传统的发展规划方法。空间规划体系受到其他国家规划体系的影响。

有效的空间规划是更广泛的变革计划的一部分，该计划包括愿景、减少气候变化的影响、可持续发展以及经济稳定和增长，并能够在从国家到地方的各种空间尺度上实现这些变革。苏格兰和威尔士的权力下放以及北爱尔兰恢复分权政府的做法，引发了人们对其对公共政策，特别是空间规划的影响的讨论。在权力下放之前，大部分评论都是关于英国是一个过度中央集权的国家，人们认为这会带来各种问题，包括无法在地方层面解决问题，也无法优先考虑社区层面的重要问题（Allmendinger 和 Tewdwr-Jones，2000；2006）。

自权力下放实施以来，讨论转向了与国家分裂有关的问题，在地方一级制定和实施治理和政策方面，存在不同和分歧的方法。另一个比喻是国家的"空心化"，这表明中央政府保持其"总部"职能，但它无权影响多级治理中发生的事情（Jessop，2002）。

这是中央政府模式的另一个变体，尽管 Goodwin 等人（2006）认为，就权力下放而言，空心化与用替代治理模式"填补"治理空间有关，即用新版本的"限制权力"（Raco，2006：326）。这些治理空间是否充满了分歧或趋同的政策？

在实践中，正如本章所示，国家的中心化程度可能低于权力下放前，而且自权力下放以来，分歧也较小。自 1999 年苏格兰和威尔士实施权力下放以来，对英国各地的解决方案及其异同感兴趣的评论者可能比对每个国家权力下放的影响感兴趣的人少。此外，在政策的优先事项上，在空间规划方面，各国的政策重点也可能存在足够的差异，可以认为每个国家的制度都存在分歧。这一点将在下文中进一步讨论，但这些可能是共同框架内的差异，而不是框架之间的差异。

苏格兰议会和威尔士议会引入了不同的规划方法。在权力下放之前，威尔士、苏格兰和北爱尔兰已经有了单独的规划方法，尽管它们都在一个发展规划系统内，该系统在英国具有共同和公认的特点。1999 年之前，在苏格兰和威尔士，苏格兰和威尔士办事处制定了各自的规划政策指导和建议。在北爱尔兰，规划系统过去和现在都由环境部管理。在 2002 年公共行政审查中，有人提议将规划工作归还地方政府。

尽管自 1999 年以来，每届政府都进行了大量的政策讨论和改革，但尚不清楚其是否代表着规划政策的分歧，或者它们是否代表着一种政策赋格曲，即在不同的时间、使用不同的名称和按照不同的顺序推出类似的政策。有人可能会说，这是因为英国规划政策上还有其他更广泛的外部力量，这些力量正在帮助形成一个共同的体系，如全球化、欧盟的影响、领土凝聚力政策以及对空间规划经济作用的关注。这些因素都有一定的说服力，因为四国之间的规划政策仍然保持一致性和连贯性。

如果规划政策是在赋格曲中制定的，那么就有理由表明，个别国家已经采取了新的关键主题和方法。一个国家往往是空间规划政策的主要创新者和推动者，然后被其他国家采用。此外，空间规划的实施也意味着公共部门其他部门在交付、资金和治理方面更加一体化，以及更加连贯和联合的规划和交付形式。对于空间规划而言，这一点在地方治理的持续现代化以及空间规划作为一种交付机制的作用中表现得最为明显。在本章中，将在新兴治理体系的背景下回顾苏格兰、威尔士和北爱尔兰的空间规划体系，并考虑当前实践的有效性。接着讨论了这三种制度与英格兰制度的异同。然后评估了每个国家在进一步发展空间规划方法方面可能采取的下一步行动。

苏格兰

苏格兰空间规划的发展是一个深思熟虑的过程，既要使系统现代化，又要确保其确切地解决苏格兰问题（Allmendinger，2001；2006；Lloyd 和 Purves，2009）。苏格兰关于分离性的持续争论（Brown 和 Alexander，2007；Calman，2009）对这些方法产生了一些影响，特别是在追求经济目标方面，因为苏格兰对空间规划实践的主要贡献是在两个空间尺度上。第一种是通过苏格兰的国家规划方法，特别是关键基础设施和农村地区的管理；第二种是通过城市区域规划。苏格兰的国家规划框架比英格兰或北爱尔兰更先进，并沿袭了威尔士的规划框架。规划白皮书《规划系统现代化》（苏格兰行政部门，2005 年）引入了一种新的规划空间层次结构，包括国家和地方尺度的空间层次结构。

（1）国家规划框架（NPF）

《2006 年规划等（苏格兰）法》引入了更进一步的重大变化，如 Lloyd 和 Peel（2009）所言，包括空间规划的概念。在全国范围内，应讨论和决定苏格兰基础设施投资计划（苏格兰政府，2008c）中已经确定的水或废物处理和交通枢纽的主要基础设施投资。《国家规划框架 2》（NPF2）（苏格兰政府，2009c）的发布表明，它将更加注重交付，包括与主要基础设施提供商的协调。因此，NPF2 是一种"整合和调整战略投资重点并为区域间选择提供信息"的机制（Lloyd 和 Peel，2005：318）。NPF2 还将地方层面的发展规划确定为关键的交付手段之一，包括社区计划。然而，这种整合在性质上更具协商性，表明发展规划过程需要整个市场的视角和协调交付（§77）。

当苏格兰行政部门在 2004 年发布其第一个 NPF 时，它有着强烈的经济重点（Lloyd 和 Purves，2009），随后在 2009 年发布了 NPF2。这两个 NPFs 的不同之处在于，NPF2 旨在对发展优先事项更加具体（同上：90），对执行工作方面更加具体。NPF2 是一种考虑"经济发展、气候变化、交通、能源、住房和再生、废物管理、水和排水、集水区管理和环境保护"政策的手段（苏格兰政府，2009c）。NPF2 的前言还介绍了其在塑造苏格兰未来领土规划方法方面的作用，以及空间规划在调整战略投资优先事项方面的作用。与 NPF1 一样，它保持了对经济的高度关注，并开始成为所有政府政策在空间上的体现。它还认识到，它在 ESDP 和英国其他地区国家空间政策的框架内工作，需要与英格兰东北地区等边境地区的空间规划建立具体的运营关系。它还为四个城市地区创造了环境，指出这些城市地区需要为其所在地区制定空间规划，并集中精力通过各种交付机构和私人投资交付 NPF2 中提出的内容。

NPF2 为苏格兰的未来创造了空间框架。首先，它确定了一系列关键挑战，包括经济及其与地方的关系。其次，它强调了可持续发展的挑战，包括气候变化、运输、能源、废物和新技术等问题。第三个关键挑战是苏格兰的人民和家庭，最近人口的下降通过移民和更高的生育率得到了扭转，预计到 2031 年，家庭人口将增加 19%。这对家庭、基础设施和公共服务都有影响。NPF2 面临的最后一个挑战是苏格兰在世界上的挑战。然后，它继续确定如何通过各种目标、政策和建议来应对这些挑战。

NPF2 还包含战略交通走廊、输电、供水和排水的关键建议。它还为苏格兰的一系列区域及其次区域组成部分提供了空间视角。这些为随后的战略发展计划（SDP）和地方发展计划（LDP）提供了一个框架，尽管在规划白皮书中做出了承诺，但正如《发展规划通告 1》（苏格兰企业，2009a）中所述，除了通过发展规划系统之外，NPF 没有包含任何交付方式。

（2）城市区域

苏格兰的城市地区是国家未来经济的重要组成部分。苏格兰的阿伯丁、邓迪、爱丁堡和格拉斯哥四个城市地区 SDP 的发展提供了国家领导力。在《苏格兰城市评论：分析》中（苏格兰政府，2002）指出，"权力下放使苏格兰处于英国领土管理现代综合方法的前沿"（同上：5）。这种次区域层面的空间规划方法可以被视为英国其他次区域规划的潜在先驱。2002 年（Halden，2002）根据交通、住房和零售集聚区对四个地区的边界进行了审查。这篇文章与对苏格兰城市地区的分析报告同时发表。正如格拉森和马歇尔（2007：121）所证明的那样，这两份报告是对城市地区经济作用的一系列研究中提出的。

2006 年提出了城市地区应制定自己的战略规划安排的建议，其中包括城市地区的一些地方当局。城市区域有自己的 SDPs，将发展规划和行动规划结合在一起。格拉森和马歇尔（2007）还指出了这种方法与苏格兰企业的方法之间的联系，后者也促进了苏格兰城市在建设未来经济成功中的作用（苏格兰企业，2006）。这一规模在 2006 年法案中引入，标志着苏格兰第二个重要的空间规划举措。尽管《2005 年规划白皮书》（苏格兰政府，2005）中未提及城市区域的作用，但在《2006 年规划法案》中确定了城市地区的作用以及 SDP。这些计划以经济为重点，并与经济交付机构建立更大的相互关系，可以提供一种在次区域范围内规划和交付投资和基础设施的手段。另一方面，它们的开发和采用过程依赖于传统的规划方法，《规划通告 1》（苏格兰政府，2009a）中规定的 SDP 和 LDP 的方法之间几乎没有差异。还有关于城市区域规划的提案，其中还将包含短期（5 年）、中期（10 年）和长期（20 年）的基础设施要求（同上：§60）：

> 共同制定城市区域规划。制定城市区域规划的法定要求所在的议会应设立一个具有强制性成员资格的联合委员会。议会应邀请其他理事会、关键机构或基础设施提供商与联合委员会合作，在联合委员会中他们在实施战略方面发挥作用。
>
> （同上：§63）

SDP 现在开始发展。爱丁堡和苏格兰东南部的 SDPs 涵盖了六个地方当局辖区，即边境、法夫和四个洛锡安当局，并成立了一个委员会。在阿伯丁，1/2 地方当局一直在制定以前系统的结构计划，并决定在开始制定 SDP 之前公布（Aberdeen，2008）。在格拉斯哥，有八个地方当局组成了城市区域。SDP 通过格拉斯哥和克莱德河谷现有联合委员会的工作推进，该委员会此前为结构计划设立。在邓迪，有四个地方当局（包括法夫，法夫也是爱丁堡城市地区的一部分）成立了一个名为 TAYplan 的组织来承担 SDP 的工作。SDPs 处于早期阶段，似乎是城市—地区层面的唯一活动。四个城市区域内的所有地方当局也需为其所在地区制定 LDP。这些将与每个地方当局的社区计划有关。地方当局社区计划在每个城市地区都有更广泛的利益，苏格兰还没有出现更广泛的城市地区治理模式。

（3）发展规划

在苏格兰，尽管有大量的政策审查和新的立法，但很难说目前有一个地方空间规划系统在运行。《规划法案》（2006 年）与英国 2004 年的《规划和强制购买法》有很大相似之处，同样强调了监督、社区参与的作用，并要求确定交付计划中提案所需的资源。然而，该系统仍然是一种更传统的发展规划，没有融入地方治理系统，这已成为空间规划的一个决定性特征。

2004 年，苏格兰对国家规划方法进行了审查，其目标之一是使规划系统"符合目的"，尽管当时没有明确界定目的。2006 年法案要求新的发展规划系统考虑到其他公共机构的计划和政策，并应与邻近地方当局的政策保持一致。2009 年，苏格兰政府发布了《发展规划和规划通告 1》（2009a），并指出该系统应以计划为主导。LDPs 应不断更新，并应注重成果（同上：§5）。除了为四个城市制定 SDP 要求外，它还重点关注覆盖苏格兰其他地区的发展计划。尽管被定义为一项发展计划，但通告 1 中概述的方法与 PPS 1 第一版（ODPM，2005e）中规定的方法非常相似，其重点是：

- 证据基础；
- 空间策略；
- 愿景陈述；
- 提案地图；
- 可用于实施计划的资源；
- 与邻近地方当局结盟。

　　英国 LDF 和苏格兰正在实施的 LDP 方法之间的主要区别在于 LDP：

- 较少关注公共机构战略的实施；
- 与单一成果协议无关；
- 不属于公共服务审查的一部分；
- 不需要进行公共资产审查；
- 与社区规划伙伴关系没有明确的关联（最接近的 LSP 等价物）；
- 没有主要的土地所有者团体；
- 没有交付计划；
- 审查过程更关注规划程序，而较少询问。

　　自 2003 年《地方政府（苏格兰）法》以来，苏格兰的发展计划一直与当地社区计划保持一致。发展规划和社区规划之间的这种关系最初看起来很牢固，但最近似乎被削弱了。经过苏格兰审计署的审查（2006 年），社区规划和社区规划伙伴关系已通过 2007 年推出的单一成果协议（SOA），更接近于在整个公共部门实现指定和商定的目标（苏格兰政府，2007；苏格兰政府和 COSLA，2007）。社区规划的作用现在集中在一个更具变革性的议程上（苏格兰政府，2006），该议程尚未包括规划。然而，SOA 已经将房屋建设作为其关键目标之一，因此，如果要有效地交付，当地开发规划和 SOA 之间的关系可能需要变得更加牢固。尽管提到了地方的作用（苏格兰政府和 COSLA，2009），但它并没有提供英格兰出现的叙述政策思路。同样，在 SOA 中也没有提到空间规划。2009 年 7 月，Leven 在提交《规划通告 1》时强调了交付能力作为开发计划过程关键要素的重要性，但这一方法尚未得到进一步发展。

（4）未来方向？

苏格兰的空间规划预计将及时发展，可能通过与更广泛的公共部门交付模式建立更紧密的联系，但目前没有迹象表明这将在地方一级发生。苏格兰继续采取国家空间规划。与通过基础设施规划委员会改善苏格兰经济的比较方法相比，它专注于基础设施是一种更积极的方法，后者是一种监管工具，而不是专注于未来的国家投资。城市区域的方法也可以是创新性的，并为英国其他地区树立榜样。

为什么苏格兰的地方层面没有出现空间规划？ Keating 认为，在苏格兰，人们更加坚持"与公共服务专业保持联系的社会民主治理模式"（2005：461）。 这可能不会带来更综合的方法，但会保持专业界限。也可能存在政策滞后，苏格兰在政策制定方面没有得到同样的重视。苏格兰的政策似乎与英国其他地方的政策如出一辙。在分权政府中，苏格兰可能抓住了这个机会，专注于其他政策领域的改革。库克（Cooke）和克利夫顿（Clifton）认为，苏格兰在经济政策上更有远见，主要考虑的因素是知识的输出和进入苏格兰（2005：445）。

威尔士

2004 年，通过《威尔士空间规划》在威尔士引入了空间规划，并将重点放在国家和次国家层面。这种方法已与威尔士的发展规划是分开的，后者仍处于传统的发展规划模式中，尽管该系统的一些新功能可能会使当地规划系统更接近空间规划实践。在政府权力下放的早期，威尔士议会政府决定空间规划是其自身工作的重要工具。空间规划自成立以来就是一种交付手段，尽管它已通过次国家和地方伙伴关系在国家和次国家层面开展工作，但迄今为止，几乎没有证据表明它被用于指导和交付预期的投资。它还被确定为国家规模的重大基础设施项目的背景。

（1）威尔士空间规划（WSP）

哈里斯和托马斯（2009）在《人、地方和未来：威尔士空间规划》（威尔士议会政府，2004）一书中认为，威尔士的权力下放是一种创新的空间规划方法。涵盖英格兰和威尔士的 2004 年《规划和强制购买法》要求制定威尔士空间规划（WSP）（s60），并且必须获得议会批准。WSP 强调部门间交付和所有具有空间影响的政策之间的相互关系，使其成为实践中空间规划的例子。它是威尔士新兴民族国家架构的一部分，也是威尔士议会政府的执行机制。它也被视为新政治机构的一部分（Harris 和 Hooper，2004）。WSP 允许人们放弃将规划视为监管的观点，因此，很难将其与政治选择联系起来，因其需要表现出正直和公平。现在，它已经转向了一种更为综合的空间规划方法，至少在国家和次国家层面。从一开始，WSP 就被纳入威尔士国家层面的综合治理、投资和交付结构，这是空间规划的关键组成部分之一。

WSP 的制定是有意识地在一个新的权力下放治理体系的背景下进行的，该体系抓住机会将其国家规划过程与欧盟新兴的空间规划方法相一致（Harris，2002：556）。1999 年通过各种出版阶段（Faludi，2004）引入 ESDP，越来越多地为欧盟提供了具有空间或领土层面的基础政策。作为欧盟资金的重要接受者，威尔士关注通过采用 ESDP 中体现的空间方法来确保机会最大化。在 1999 年威尔士议会政府成立后，这成为一个早期目标。在权力下放之前，与 ESDP 直接相关的欧盟方案通过 INTERREG 方案实施，但在 2000 年之后，欧盟支出方案和空间政策之间正在形成一种更广泛的综合方法，尤其是通过一项新的领土凝聚力政策。WSP 的发展是一个机会，可以创建一个以威尔士为重点的计划，可以确定威尔士未来的关键愿景，确定需要投资的地方，以实现这一投资，并在此过程中与利益相关者和合作伙伴建立新的关系。

WSP 的制定工作由大会通过一个利益相关者团体进行。大会得以在威尔士现有的一些机构能力的基础上进一步发展（Harris，2002：558）。同时，这需要与众不同，并能够发展出一种"威尔士式"的做事方式。即使在权力下放之后，威尔士也被视为严重依赖英国国务院委托的政策制定和研究（Powell，2001），当时英国国务院更关心规划绿皮书（DTLR，2001b）的制定和地方当局层面的空间规划，而不是威尔士的全国范围内规划。

如果威尔士想在国家层面引入空间规划，就需要制定自己的方法。在某种程度上，它向其他国家寻求经验。北爱尔兰的规划采用了更为空间化的方法，将经济建设与基础设施规划相结合。与苏格兰也有联系。其他模式包括英格兰的区域规划指导，尽管这是一个平行的改革过程。大会委托进行研究，以确定空间规划方法的共同组成部分（Harris，2002：561），为这一进程提供建议。事后回顾，该研究不包含任何可以区分空间规划方法的关键特征，即整合、交付和投资。然而，尽管没有付诸实施，但关键的识别特征正在出现，特别是通过认识到政策制定的空间后果。尽管这是当时发展规划体系之外的一项重大举措，但这些空间规划的第一步似乎是试探性和被动的。这可能是由于 20 世纪 80 年代和 90 年代规划在地方治理中的作用减弱，使其处于监管和边缘化模式。空间规划作为一种交付手段的新作用尚未明确表达，尽管潜意识中已经开始被理解。

WAG 在权力下放后为威尔士设定的目标是可持续发展、解决社会劣势和确保机会平等（威尔士议会政府，2000），这些是 WSP 的主要重点和驱动因素。它也是"威尔士国民议会和其他机构的政策和方案的空间表达"（威尔士议会政府，2001：2，引自哈里斯和胡珀，2004）。因此，WSP 在包括交通、经济、环境和文化在内的所有其他部门都发挥着政策协调作用（Harris 和 Hooper，2004：154）。WSP 的制定借鉴了整个威尔士的政策文件和计划，还制定了一种地方政策制定和实施方法。在确定 WSP 的四个关键功能时，出现了空间规划。WSP 的职能是：

1　为威尔士的所有政策建立空间背景。

2　为投资提供一个战略框架。

3　提供一种评估 WAG 政策影响的方法。

4　表达威尔士的不同功能区及其特点。

（Harris 等人，2002：563–564）

这种方法很有趣，因为它并不意味着 WSP 拥有独立的愿景和议程，而是一种交付工具。它也不建议该计划应该有自己的证据基础，而是应该使用为整个大会建立的证据基础。它还引入了"功能区"的概念，该概念目前正在英国其他地区使用，以识别行政区域与通过经济或环境地理共同作用的行政区域之间的差异，在英国和欧盟其他地区的城市地区也经常出现。

WSP 的这些功能和特点代表了在实践中从未见过的显著差异。作为一种新的方法，大会可以主张共同使用证据，并需要代表现有的地方，而不是建立一个单独的愿景。这些代表了作为传递机制的空间平移的基本组成部分。然而，利用空间规划为政策和经济的空间影响提供评估工具，在联合王国其他地区尚未得到充分发展。同样值得注意的是，对政策和执行的空间影响的评估以可持续原则为基础的。

作为一份协调文件，WSP 最初从确定其他关键计划和战略的明确空间要素中汲取。然而，一些关键策略没有明确的空间参考，这需要对隐含的空间参考进行评估。这项工作扩展到所有具体的计划和战略，这些计划和战略有助于确定废物等设施的具体位置要求、农村地区等具有空间意义的地区以及确定或提议具体投资的地点，特别是威尔士计划（2001 年）（Harris 和 Hooper，2004）。

WSP 最新的《人、地方和未来》再次强调了空间规划在威尔士的作用。在交付时，它指出，WSP 提供了"更好的机会来调整所有组织的投资，无论是在公共、私营还是第三部门"（同上：3）。这一点通过"交付框架"实现。"然而，这些交付框架既不被视为对交付的承诺，也不包括所有项目……"（同上：4）。然而，已经为次国家区域建立了由非物质主导的空间规划区域小组。2008 年的 WSP 更新在政策方面专门针对当前问题的横向和纵向一体化，但在交付方面较弱，尽管它指出关键作用之一是协调投资。

WSP 的更新证明了其基于统计信息、委托和独立研究的证据的明确基础。在现阶段，它并没有特别将协商反馈作为决策的证据，尽管它确实在文件的其他地方坚定地承诺进行协商和参与。WSP 的治理涉及国家、地区和地方各级。在国家一级，由财政部部长牵头，在区域一级，通过部长级主席委员会牵头，在地方一级，则通过地方战略委员会制定的社区战略牵头。地方发展计划被确定为 WSP 和地方层面社区战略的关键交付机制之一。投资通过欧盟基金、再生基金和 WAG 资助的资本项目，通过战略资本投资委员会进行。它们没有明确包括卫生、地方当局或大学等其他机构的资本投资，这些机构可能在该框架之外做出战略投资决策。

WSP 更新由五种相互关联的主题方法和基于区域的框架组成。五个主题是：

1 建设可持续社区（包括住房和卫生）。
2 促进可持续经济（包括基础设施）。
3 重视我们的环境（包括气候变化）。
4 实现可持续和可达性 。
5 尊重特殊性。

哈里斯和托马斯认为，WSP 更多地代表了一个"发展方向"声明（2009：57），而不是一系列详细的行动，但它已经通过地方交付委员会进行了转化。这表明，它将形成投资，并正在开发一种合作生产的交付模式。

（2）次国家区域战略

WSP 通过六个次国家地区战略实现，这些战略集中于建立该地区的愿景。然后，他们讨论了该地区的五个关键主题，每个主题都有一个关于"与邻国合作"的部分，以处理跨境问题。每个地区都有一个董事会，由 WAG 部长担任主席，WAG 官员和该地区的一名经理为其提供支持。行动计划通过部长级领导的会议和发表临时声明制定。

交付的承诺通过六个领域中的初步交付框架来实现，这些成果的进展将通过 WSP 的年度报告来实现。个别交付计划的进展情况显示为六个月一次的部长级会议议程，尽管它们没有以通用格式显示。目前，这些交付计划与 WSP 没有任何明确的关系，尽管年度报告在发布时可能会发展这种联系。交付方案似乎侧重于更传统的再生项目，而不是对每个领域的所有投资进行概述，但由于形式不同，这很难评估。

（3）发展规划

到 2008 年 12 月，威尔士的任何地区都没有准备好 LDP，2004 年之前存在的前 UDP 系统仍在交付中，斯旺西和下塔尔波特港都在 2008 年底采用了 UDP。自 20 世纪 80 年代以来，威尔士的一些地区就没有在更新过规划，例如卡尔丘陵盆地或 1987 年梅奈海峡。在威尔士中部的一些地区，根本没有批准的发展计划。

威尔士地方综合治理的发展主要集中在外部目标和内部绩效上。提高威尔士在欧盟内外的经济表现一直是一个关键问题。当地的重点是威尔士的经济，从 2009 年起将有年度交付报告。虽然 WSP 是作为一种正式的背景建立的，但威尔士地方当局层面的规划系统的运作仍处于前空间模式。UDP 引入很短暂，从未被确立为一种共同的发展规划模式。规划的同时：威尔士（威尔士议会政府，2002）引入了 LDP 系统，该操作系统一直保持在结构和地方计划模式内。LDP 制度的建立是为了在地方当局一级与 CIS 建立一个单一计划。发展 LDP 的方案必须与议会达成一致（Cullingworth 和 Nadin，2006）。

在威尔士的公共服务中，有相当大的压力需要专注于改善服务和加强服务之间的地方整合。与英格兰的公共服务方法不同，威尔士长期以来一直认为，改善更有可能通过合作而非竞争的交付模式来实现，这些模式以外包、绩效排行榜和成果目标为代表。发展这种方法的原因是文化原因，并且与威尔士的地理位置有关，与城市化程度更高的英格兰相比，威尔士提供替代服务的机会更少。威尔士公共资源合作模式具有横向和纵向的特点。在地方层面，重点是卫生、警察和地方当局等公共机构之间可能的异地办公和共享后台服务（Andrews 和 Martin，2007：150）。垂直一体化通过 WAG 与地方当局和其他合作伙伴之间的关系实现，通过 WSP 体现的次国家伙伴关系等活动来表达。

在 Beecham 审查之后，2006 年引入了地方服务委员会（LSB），从而发展了地方一级更加一体化的工作。LSB 的作用是将来自公共、私营和志愿部门的地方领导人聚集在一起，他们将"共同负责连接所在地区的整个公共服务网络"。LSB 以该地区的社区为基础的，因此，董事会将同意并确保采取一系列优先的联合行动来实现这一目标。这些行动将被表述为"地方交付协议"（威尔士议会政府，2006）。LSB 上还有 WAG 的主要官员。LSB 定期与部长们会面，讨论 WSP，但似乎与这一层面的发展规划几乎没有任何联系（威尔士议会政府，2009）。然而，斯旺西为 LDP 起草了一份交付协议草案（2009 年）。本协议侧重于交付作用的两种用途。其主旨是概述地方当局将如何实现 LDP，类似于英格兰的 LDF。所涉及的第二个实施要素是实施当局制定的关键服务战略及其对土地使用的影响，包括社区计划、儿童和青年计划以及卫生、社会保健和福利战略。

（4）未来方向？

WSP 被视为威尔士未来的一个重要企业工具，这一点已通过将该计划的责任从规划司转移到议会战略司而得到认可（Cullingworth 和 Nadin，2006）。由于 WSP 预计将在影响和代表威尔士其他关键战略的空间影响方面发挥关键作用，有证据表明这一点已经实现吗？哈里斯和胡珀指出，人们一直不愿这样做，该计划仍然与地方一级的发展规划脱节（2006：47）。尽管 WSP 将基础设施投资和交付作为其关键职能之一，但这一作用还不充分，与供资方案没有完全联系（同上：143）。一方面是通过地区战略，另一方面是发展计划，这二者之间的脱节是显著的。这种情况似乎没有实际的整合，从长远来看可能会有问题。其可能意图在威尔士像在苏格兰和英格兰一样制定一种地方性的方法，并将及时缓解这一问题。目前，威尔士的发展计划可以被描述为监管性的，而不是空间性的，或者是综合性的，以交付为重点的，尽管正如斯旺西所示，它们可能正在推进地方空间规划。

北爱尔兰

可以说，北爱尔兰是英国第一个在《塑造我们的未来》（DRD，2001）中制定系统空间规划方法的地区。随着 1994 年欧盟和平与协调基金提供的新机会，北爱尔兰需要制定一种更具战略性的规划方法。在地方一级，1972 年引入的地区、地方和主题计划的作用仍在继续，这些计划由北爱尔兰环境部而不是地方当局制定。1996 年，下议院北爱尔兰事务委员会发布了一份关于北爱尔兰规划系统的报告（Cullingworth 和 Nadin，2006：124），要求改革发展规划系统的压力随之而来，但公共行政审查已经超过了此改变。

这项计划于 2002 年启动，目的是重新调整州内的职责，包括规划，并将许多职能移交给新成立的地方政府。

（1）国家级规划

《贝尔法斯特协定》（1998 年）包含了北爱尔兰空间规划方法的发展。正如 Neill 和 Ellis 所说，该协议具有新颖性，因空间规划首次被公认为在该地区实现持久和平方面发挥着至关重要的宪法认可的作用（2006：133）。这也代表着与规划过程的重大突破，在那个时候，规划过程"在英国有着几乎盲从政策实践的悠久历史"（McEldowney 和 Sterrett，2001：47），但正如莫里西和加菲金所说，为了重塑经济和社会服务分配中的结构性弱点，空间主导的方法恰如其分（2001：66）。他们继续辩称，这种与现有规划系统结构和实践的突破是任何成功变革的基础（69）。一种综合、基于伙伴关系、协调和注重社会凝聚力的方法。

然而，在此之前，已经开始考虑采用空间规划方法来制定北爱尔兰方案（Morphet，1996），而领土凝聚力集成方法的日益增长和欧盟结构性融资方法的广泛变化则是关键的刺激因素，整个爱尔兰都是重要受益者。欧盟正在对城市和农村地区方案进行的改革（Morphet，1998：147）都将对现有的资金流产生重大影响。空间规划方法明显有效地影响了 20 世纪 90 年代末进行的 RDS 开发工作，它还代表了在三个政府部门之间实现"联合治理"的努力（Berry，2001：785）。RDS 是第一批跨越欧洲空间发展视角和欧盟结构基金计划之间新兴关系的空间规划文件之一（Neill 和 Gordon，2001：33），并且一直致力于开发和建立欧洲空间规划"良好实践"的模型（Morrison，2000：8-9）。

《塑造我们的未来：北爱尔兰区域开发战略》（RDS）由北爱尔兰区域发展部（DRD）于 2001 年出版。RDS 专注于区域和次区域层面的交付，涉及一系列机构和交付工具。次区域方法是在适当时候恢复地方政府的基础，关键是以跨部门的方式提供和形成可用的资金整合了物质、社会和经济变化的计划投资范围，实现了《贝尔法斯特协定》中确定的空间规划方法。北爱尔兰区域发展部中负责该进程的领导强调，也许十年前次区域交付方法出现于英国时，经济成分就在空间规划中发挥着强大的领导作用。

作为一个行之有效的空间规划，北爱尔兰区域开发战略有许多关键组成部分。它建立在事实证据的基础上，拥有基于城市枢纽、走廊、集群和门户的愿景和空间战略。制定北爱尔兰区域开发战略的过程也具有高度的参与性（Murray 和 Greer，2002；Murray，2009），它也是在全球到区域的背景下和社会、经济和环境框架内制定的。北爱尔兰区域开发战略在次区域一级转化了这一空间愿景。尽管旨在实施，尽管北爱尔兰区域开发战略的交付要素很强，定义也很明确，但缺乏一个详细的实施和交付计划，以及负责资金、方案和交付的机构，可能是现在北爱尔兰区域开发战略的一个弱点。随后需提交定期监测报告和五年期审查。

《贝尔法斯特协议》通过欧盟在和平与协调计划中的资金提供了用于实施北爱尔兰区域开发战略的资源，它最初是从1994年开始建立的，但作为《协定》的一部分得到了加强。这一组计划的方法是多种多样的，它促进了北爱尔兰和爱尔兰共和国之间的跨境工作，并促进了地方层面的基础设施投资、农村发展和社区项目。北爱尔兰成立了一个跨部门的公民论坛以管理和指导改革与投资的进程，这项工作继续进行"欧盟的和平计划Ⅲ"，旨在建立地方一级的积极关系，接受并处理过去矛盾，创造共享空间，并通过3300万英镑的项目发展关键的指导能力。

对北爱尔兰区域开发战略的审查通过一个公开的程序进行，该审查以调查方法为基础，而非对抗性的方法。它还包括北爱尔兰区域开发战略审查小组提出的"挑战"（Murray和Greer，2002：204）。这不是由提出问题并通过盘问的那些人提出的，而是由审查小组主席提出的。与英格兰拟议的区域战略一样，RDS也要接受公开审查（Murray和Greer，2002：199-201），因此北爱尔兰区域开发战略在空间规划的过程中持续影响着区域范围的形成。

对于北爱尔兰区域开发战略的成功言人人殊，Ellis和Neill认为这是夸大其词（2006：130）。他们的批评的态度与他们在初始文件中看到的"乐观主义偏见"的雏形有关。在他们看来，初始文件没有从根本上处理北爱尔兰的实质性问题。正如Berry等人（2001）指出的那样，从一开始中央政府就局势紧张。在制定北爱尔兰区域开发战略之前，这三个政府部门均来自同一处。尽管战略制定通过公益广告与这些新部门大量的交付计划挂钩，但仍存在片段和改革的潜在问题（同上：785-786）。事后看来，一个关键的弱点可能是缺乏一个更详细的交付计划，确定哪个政府部门或机构负责具体的交付（同上：788）。Murray还认为，尽管采取了技术上自信、积极的方法，但RDS在处理"特征利用、隔离政策、相互联系和自身潜力"问题时表现不佳（2009：126）。

自发布以来，北爱尔兰区域开发战略每年都会收到一份监测报告，第一年的报告名为《2001年9月至2003年3月第一次执行和监测报告》。而随后的年度报告就失去了执行重点，而变成了年度报告或年度监测报告，这些报告评估实现目标和指标的进展情况，而非评估RDS各组成部分的交付情况。因此，我们可以从北爱尔兰区域开发战略交付来评估结果，但不能将其作为北爱尔兰内部共享资金和投资决策的一种手段。

（2）发展规划

从地方层面来讲，随着时间的推移，尽管已经提出了改变的建议，但是北爱尔兰的发展规划基本上没有从 1972 年建立的模式中重建。然而，在北爱尔兰区域开发战略发布后，人们越来越认识到需要在北爱尔兰区域开发战略与当地发展计划之间建立关系作为交付机制。北爱尔兰区域开发战略和开发计划系统之间的不连续性弊端重重，尤其是在对特定应用程序做出决定时，不连续性的弊端在 2005 年 DRD 和 DOENI 发布联合部长声明时达到了顶点。在此声明中，审查开发计划进展缓慢被视为对"北爱尔兰区域开发战略成功实施"的威胁（DRD 和 DOENI，2005：§16）。因此，该声明确认将在北爱尔兰区域开发战略的背景下做出规划申请的决定，且所有开发计划都必须符合北爱尔兰区域开发战略。

制度改革的延迟在很大程度上取决于 2002 年开始的公共行政审查，该审查一直侧重于北爱尔兰内部责任范围的重新调整，其关键特点之一是通过 11 个新成立的地方当局发展的一种新型地方政府模式。规划一直是这些改革的关键部分，期望以此方式地方当局能提供一个新的规划系统。2007 年，北爱尔兰议会政府邀请格里格·劳埃德（Greg Lloyd）教授为北爱尔兰土地利用规划系统的改革提建议（Lloyd，2008）。

劳埃德报告中提到的职权范围及其随后的建议并未在地方一级空间规划中大量应用，相反，报告重申：一个单独的土地使用规划系统与新地方当局成立时规划和交付责任无关。此外，报告建议插入一个新的区域规划层，但没有明确其与北爱尔兰区域开发战略的关系。劳埃德报告中对土地利用规划的一致引用有助于确定其与空间规划方法的区分，后者将更加一体化。尽管提议将开发控制改为开发管理，但尚不清楚其交付职能将如何完成，至少就目前而言，北爱尔兰的基本建设规划是在区域（即全国范围内）进行的，在地方一级重申了不同于传统发展规划系统。

然而，部长们对劳埃德文件的回应可能会使计划更接近于地方一级的空间规划议程。在报告《规划改革：新兴提案》（DOENI，2008）中，新地方规划主导系统的主要目的之一是在支持北爱尔兰社区经济和社会需求的总体框架内协调公共和私人投资（8）。与苏格兰、威尔士和英格兰一样，地方当局必须制定并提交一份发展准备管理计划和一份社区参与声明，这一方法已在"2009 年 7 月公布的北爱尔兰规划系统改革"咨询中得到验证（DOENI），新规划体系的目标是促进经济增长，并建议由 11 个新的地方当局负责发展的规划和管理。重大申请将以与苏格兰和英格兰相同的方式集中确定，区域政策也将集中制定。

地方发展规划的新方法注重速度和利益相关者的参与。规划战略将与现场具体政策和提案一起制定，这将是地方发展规划的两个独立组成部分。此外，该发展计划将与区议会制定的社区计划密切相关，类似于苏格兰和英格兰的做法。地方发展规划在识别和支持交付方面的作用包含在第 §3.7 节中所述的功能目标中。对计划文件的审查将从对抗式变为审问式，并将以英格兰和威尔士的 ToS 提供的模式作为范例（DOENI 2009：附件 4 和 5）。尽管需要在地方层面进行进一步解释，但地方发展计划仍然需要在总体上与地区政策保持一致。它还将重点关注交付并包括实施计划的措施，其中也可以包括交付协议和总计划（同上：§3.44-3.45）。

（3）未来方向

将北爱尔兰区域开发战略引入空间规划是一项重大的国家创新，这项工作为随后的实践提供了借鉴。它与经济发展和欧盟资金发展的联系预示着威尔士和英格兰发展前景。随着地方发展规划的引入，地方传统的发展计划方法将受到威胁，这些变革的成功很大程度上将与文化变革的程度有关，而文化变革需要多维度的实现，该问题已得到认可（DOENI，2009：119）。为了支持这种文化变革，提出了一系列措施为规划者和其他利益相关者提供培训和并支持发展，包括学生助学金、社区援助和规划交付补助金的使用等。是在新地方当局拥有更多权力的背景下，从中央政府移交地方发展规划的权力将很困难。另一方面，这种变化可以使空间规划从一开始就更容易以综合形式制定，而不会遇到将其纳入现有系统的困难。

尽管拟议的发展规划系统与其他地方治理和实施之间没有具体联系，但很明显，在地方当局内部实施新的规划方法会涉及规划部门之外的利益。因此，2011 年后，北爱尔兰的地方空间规划似乎在与英国其他地区大致相同的框架内进行。

结论：空间规划的发散系统还是汇聚系统？

从对英国国家空间规划系统的审查中可以得出的结论是，权力下放十年后，尽管这些系统的名称和交付时间不同，但这些系统仍然相似，仍然具有相同的特征和要求。这四个国家都制定了一种注重不同空间尺度的空间规划方法，且四国之间也进行了知识转让。北爱尔兰区域开发战略的创新为威尔士空间规划提供了信息，威尔士空间规划也开始创新。而且威尔士空间规划进一步发展了这一方法，被定义为实施整个威尔士规划的主要工具，具有一定的空间意义，它还被用来评估政策带来的潜在空间影响。

威尔士空间规划还通过地方委员会制定了明确的交付方法，苏格兰的城区也采用了这种方法，但其交付模式尚未完全发展。在威尔士和苏格兰，次国家级方法源自空间规划，而在英格兰，次国家级方法则是通过城市区域和千年发展目标从经济政策中产生的，这里的空间规划基础是通过地方一级的地方发展规划来实现的。

北爱尔兰空间规划的发展为英格兰 2004 年的区域改革进程提供了信息，当时英格兰引入了 RSS，代表经济、规划 / 区域规划的政府部门之间的紧张关系显而易见。在威尔士，将威尔士空间规划纳入财政部部长领导下的政府中心的决定解决了这个问题，而在苏格兰，《国家政策框架 2》对国家基础设施的重视也产生了同样的效果。

在苏格兰，在为四个城市地区制定战略计划方面发挥了领导作用。虽然在威尔士，也有次国家空间规划区，但这些区域比城市区域更大，覆盖了威尔士的整个领土。苏格兰的发展计划在范围和意图上可能更接近英格兰出现的城市地区试点的范围，而威尔士的次国家方法可能代表了英格兰其他次区域可能发生的情况，这是实施经济发展与城市发展次国家级审查（SNR）的结果（英国财政部，2007a；CLG，2009d 和 e），该审查将通过国家和地方之间的 MAA 进行重新开发和实施。在英格兰，尽管一些地方当局正在通过一个共同的过程或通过一个单一的联合核心战略将其地方发展规划结合起来，但这些次区域方法是在没有特定具体空间的情况下制定的。

在英格兰，空间规划一直是在地方层面通过地方发展规划实施，英格兰的每个地方当局区域都需要编制地方发展规划。目前，尽管苏格兰、威尔士和北爱尔兰的地方规划系统都制定了类似的实施目标，但这些目标尚未启动。2005 年 ~ 2008 年间，英格兰也出现了类似的延迟，因此可能会在适当的时候关注地方实施。

在回顾英国四个国家的空间规划方法时，出现了许多类似的主题，如方框 10.1 所示。它们是在不同的时间尺度内发展起来的，而且在每个国家，似乎不同的范围更占主导地位。一旦领先技术在一个国家得到“检验”，那么其模式就会在其他国家应用。四国定期开会讨论规划系统和运作，这种交叉影响可能是这一持续对话的结果之一。英国空间规划的形成因素也同样具有影响力；在其他国家，比较应对这些因素的方式也不足为奇。

从对威尔士、苏格兰和英格兰的空间规划系统的审查中可以得出的第二个关键结论是，它们的正式过程以及用于每个过程及其组成部分的措辞之间的相似性。主要差异是通过应用和实施这些程序而出现的。因此，要求英国 LDF 通过 ToS 提供其交付能力的证据。一开始，人们认为这与计划文件的交付能力有关，而不是交付计划所需的基础设施和投资（Morphet，2007）。随后，通过修订 PPS 12（CLG，2008c），重申了

方框 10.1　英国国家空间规划的共同主题

> **英国四个国家空间规划的共同主题是:**
> ·将经济作为空间规划的主要成果
> ·确定国家基础设施投资及其实施方式
> ·国家/区域、次区域和地方空间尺度都是空间规划的新兴操作层面
> ·在所有规模上都强调交付
> ·正在通过综合交付模型观察空间规划方法
> ·地方一级的空间规划评估正从对抗性模式转向调查性模式
> ·在地方一级,横向一体化正在发展,尽管速度不同

LDF 作为实现交付手段的作用。威尔士当地交付计划的制定主要集中在计划文件的交付上,而不是计划的结果。

　　另一个可以找到相似之处的领域是地方治理架构的改革。这些改革涉及所有的空间尺度,并与上述每个国家的空间规划发展有关。苏格兰战略发展计划的制定包括一组地方当局,这些地方当局组成了一个城市区域,其方式与英格兰 MAA 的子区域分组大致相同。在地方一级,尽管名称不同,但所有行政部门都有中央和地方政府之间的地方目标和成果协议制度。在英格兰,有地方协议;在苏格兰,有单一成果协议;在威尔士,有地方交付协议。在地方一级,所有国家都建立了跨部门委员会,以根据证据制定共同愿景,并找到更好的方法来联合提供服务,以提高对服务用户的关注、效率和改进。在苏格兰,这些是社区伙伴关系,在英格兰是 LSP,在威尔士是地方服务委员会。最后,所有四个国家都有一种社区规划形式,它越来越成为规划和交付过程的核心,并形成了空间规划的背景。

第 11 章
欧洲、北美和澳大利亚的空间规划

导言

空间规划的发展是一种国际现象（经合组织，2001）。在国际层面上，空间规划仍属于一个通用的、难以捉摸的术语，它与地方性定义和应用存在相关性。但在任何地方，人们都认为，空间规划不仅仅是土地利用规划，而是结合了其他政策，并在不同的空间尺度内和之间进行有效干预。本书主要关注地方尺度的空间规划，因为这是英国空间规划的一个特别突出的特点。在英国的其他地区，空间规划更占主导地位，并在其他尺度上得到发展。在本章中，重点介绍了欧洲、美国和澳大利亚的空间规划。本章旨在为英国的空间规划系统提供背景，展示空间规划的一些前因，并确定未来空间规划政策和实践的任何潜在趋势。空间规划是一项动态活动，它从不同的地点寻求应对挑战的方式及解决方案。

在审视其他国家的空间规划方法和实践方面，受到不同国家文化中方法比较问题的困扰（Friedmann，2005；Sanyal，2005）。通过进行比较研究，关注国家规划系统的各个方面，再考虑它们之间的差异及相似性。这是一种"输入"方式。还可以考虑在空间规划中，是否存在可比较性结果。在各个国家的空间规划中，是否采取了不同的文化限制措施产生了相似的规划结果？更有可能在欧洲使用文化干预措施。通过采用欧洲的总体空间规划框架，在各个空间规划系统中发现了不少相似之处，尽管它们按照不同的国家政府传统得以运作。在欧洲，地区也属于主要的管理尺度，而在地方层面上，地方当局比英格兰更有可能拥有法律自主权。本章确定了欧洲空间规划的一些共性，以及这些共性如何影响英国现在或未来空间规划系统。通过本次讨论，得出的结论之一是，英国的空间规划在欧洲空间规划方式中占据核心地位。

在欧洲以外，还有一些国家通过空间规划框架，将空间规划和交付方法结合在一起。这些都是通过经合组织（OECD）等组织实现的，经合组织将空间规划作为其经济地方主义议程的一部分（经合组织，2001）。世界银行等其他机构也制定了一些政策。各国政府迫切希望制定新的政策理念，尤其是在其他文化中行之有效的情况下（内阁办公室战略部门，2009）。对各国政府而言，其并不太关心与成功举措相关的文化渊源，而更关心此类举措可能代表的机制类型。他们继续寻找可以平替或转移的方式，尽管此类方式存在一定的差异性。对于英国的空间规划，欧洲以外的主要影响来自美国和澳大利亚。

由于综合了欧洲、美国和澳大利亚对框架工作和方法的影响，才形成了如今英国空间规划的基本混合系统。这些影响的程度可能反映了英国空间规划发展的重大转变；人们一直期望能够影响国际规划实践，而不是借鉴国际规划实践。关于这种新的空间规划方法在多大程度上代表了与早期英国规划实践的范式转变，人们进行了一些讨论（Sanyal，2005；Shaw 和 Lord，2007；Morphet，2009b）。例如，泰勒（1999）认为，英国空间规划并未发生范式转变，但发现了不少潜在的元素，这表明其新方法代表着与过去的巨大实践的重大突破。范式转变可能不是在空间规划的背景下产生（Sanyal，2005），而是在空间规划过程中发生（Morphet，2009b）。经常听人言及空间规划中的"互通转变"，规划师提倡采用更谨慎的规划方法（Healey，2006）。与这种模式不同的是，存在着由立法设定并在实践中发展起来的空间规划实践（Newman，2009）。正如Booth 所建议的（2005；2009），正是在其文化背景下设置的系统与来自各方面影响之间的相互联系，造就了正在使用的空间规划过程。本章将重点介绍在欧洲、美国和澳大利亚影响下的英国空间规划方法。

欧洲空间规划的特点

英国的空间规划是在综合的地方治理模式下运作的，它的核心是在这一背景下交付。专注于制定综合规划方法，背后需要强大的经济驱动力，尤其是在住房和基础设施的交付方面。这种经济约束来自美国和欧盟，但美国及欧盟并无共同的空间规划体系，尽管有一种后设叙事提供了空间规划运作的背景和框架（Morphet，2006）。在其他文本中，如 Faludi 和 Waterhout（2002）、《欧盟空间规划系统和政策汇编》（CEC 1997）和 Duhr 等人（2010）。欧洲空间规划的维度为英国的空间规划提供了背景。欧洲也为英国的空间规划提供了一个发展舞台。

正如卡林沃思和纳丁（2006）所证实的那样，欧盟内部空间规划方法的发展虽然趋于放缓但整体稳定。在政策制定的早期阶段，在反欧盟政治占主导地位的时候，在很大程度上，人们隐藏或忽视了创建更一体化方法的举措（Tewdwr-Jones 和 Williams，2001；Jensen 和 Richardson，2006）。这忽略了欧盟立法在交通、环境、公共卫生和竞争政策等国内政策关键领域日益增长的作用，并在英国空间规划实践的核心留下了知识盲区。取而代之的是，一种分散注意力的现象出现了，认为欧盟是资金的主要提供者。Duhr 等人（2010）展示了这一泛欧盟立法平台的影响程度，欧盟内部的所有空间决策目前均位于该泛欧盟立法平台内。

欧盟空间规划方法的一个关键驱动因素是 1992 年欧洲单一市场的发展，这种实践方式一直是自愿合作，而不是专注于任何条约中的一个区域。这是为了确保欧盟现行碎片化监管体制在全球竞争时代不会危害欧洲的利益。人们普遍认为，在美国和加拿大等大型经济体中，并未产生类似的贸易壁垒。将空间规划纳入这一考虑的动力来自三个不同方面。首先，来自于对不同规划监管制度的成本和潜在的欧盟内部利益的担忧。人们认为，虽然维持不同的规划和建筑监管制度会造成财政负担，但可以通过采取有效措施解决。简化英国的规划申请流程是这一方法的成果之一，尤其是因为这被确定为 2000 年通过电子政务方法可用的关键流程之一（CEC 2000）。

采取更一致行动的第二个驱动因素是欧盟不同地区之间吸引移动业务的竞争。将空间指定与其他激励措施结合使用，便于企业跨越国界进行短距离移动，以获得更有利的运营条件，例如更易于获取规划许可。在欧洲境内，高比例的陆地边界使这成为一个真正的威胁，也促进了内部竞争，而重点应该是世界市场内的竞争。另一方面，行政边界很少能够反映人们理解和使用的地方空间规矩的实践。他们通常有共同的潜在地理和边界，这更多地归因于政治分歧，而非文化分歧。也会存在边界冲突。包括规划在内的共同领土做法的潜在作用一直是通过具体的领土方案，如 INTERREG，克服这些分歧的考虑因素（Diez 和 Hayward，2008）。

欧盟空间规划的第三种方法代表着一种根本性和根本性的转变。正如 Duhr 等人（2010）所证明的那样，空间规划的整体方案均按照凝聚力方案制定的。这方面的背景是《欧洲 2000+》（1994 年），它通过关系地理，显示了欧洲的共同利益，而非成员国。已经制定了 INTERREG 等计划，鼓励在欧洲和这些地区进行跨境工作，以促进这种凝聚力原则，即现在重新形成的区域内凝聚力。

然而，这种跨境工作的方式也支撑了欧盟工作方式的根本性转变。这是一个从空间选择性干预方法到包括领土所有地区的干预方法的转变。回顾过去 25 年来，在空间规划方面，欧盟将其注意力集中在落后地区的经济和社会干预上，其长期偏离了发展方向，而不是重新设定方法。在 1973 年英国加入欧盟之前，领土政策反映了法国和德国的领土政策，包括所有地方的领土。这可以从领土管理一词中看出，该术语表示"基于反映所考虑空间内地理和人类状况的平衡概念，设想人员、活动和物理结构的空间配置的公共行动"（Dupuy，2000：11，引自 Faludi 和 Waterhout，2002：30）。法鲁迪和沃特指出，暂时本短语并无具体的英语译文，所以暂时无法充分理解其含义，而且法国空间规划概念的经济组成部分在英语语境中永远让人难以理解。

在加入欧盟时，英国迫切希望拥有一个重要的投资组合，并将其自身的一些政策利益纳入欧盟的势力范围内。若并未制定一个更具体的空间干预主义方法，英国对其落后地区的贡献支持将很快面临危险，而其他主要投资组合已经分配（Young，1998；Grant，1994）。法国人长期以来一直在农业方面处于领先地位，而与英国同时进入的西班牙人，鉴于其基础设施所需的国家现代化规模，在交通方面处于领先位置（Faludi 和 Waterhout，2002）。英国进行了区域经济组合，这种选择性的政策方法被纳入了欧盟的工作制度中。这为结构性基金注入了发展活力，并对下一时期的基础设施支出产生了重大影响。

1989 年，根据时任委员会主席雅克·德洛尔（Jacques Delors）在南特举行的第一次欧洲空间规划会议上的提议，取消这种更具选择性的区域援助方法，代之以更"全面"的"经济和社会发展"方法（Faludi 和 Waterhout，2002：36）。1992 年签署《马斯特里赫特条约》时，时任英国首相约翰·梅杰（John Major）谈判达成的一项协议确保了结构性资金支持方案将是现有资金方式中的最后一项计划。在此之后，将回归到全地区模式。从政治角度来看，这在一定程度上被视为是对欧盟扩大的负责任回应，当时不可能用同样水平的结构性资金支持加入欧盟的国家。它也代表着回归到了 1973 年以前的领土工作模式。

作为 1992 年一揽子资助计划的一部分，跨欧洲网络得到了进一步的支持。这些措施在整个欧洲建立了主要的运输走廊，并有助于改善一些主要的运输联系。受益于这笔资金的计划包括新的铁路投资和道路。TENS 还支持电信和其他公用电网，作为重大改进计划的一部分。他们已经开始在这项新的基础设施投资的基础上形成经济发展走廊。到 2005 年，根据 Polverari 和 Bachtler 提出，欧盟领土政策的制定基础归功于当地的地理位置和居住人员的支持（2005：37）。美国现在正在效仿这种实践。作为奥巴马刺激经济计划的一部分，对基础设施的投资是一个关键的优先事项。区域计划协会正在领导本工作（Carbonell 和 Yaro，2005）。

欧盟的空间规划正在成为欧盟政策发展的关键组成部分，如领土政策一体化（TPI）（Schout 和 Jordan，2007：836；Faludi，2004）。通过本方法中，空间规划现在被视为将分层空间政策整合到由欧盟资助的交付计划中的一个重要组成部分，如 INTERREG，或在国家背景下，作为欧盟的间接来源，如邻域复兴或运输项目。制定一种更"平衡"

的区域内凝聚力方法，为如何将地区之间的竞争方法转变为合作性方式带来了一定的挑战，尤其是当投资来自欧盟以外时。正如 Tewdwr-Jones 和 Mourato（2005）所指出的，这类投资的吸引力通常与规划政策无关，而是与经济滞后地区可用的其他金融投资有关。转向促进整个地区的融资并减少对经济落后地区的资金支援的方法，将使他们更加依赖于以有竞争力的价格提供熟练劳动力。现在，不少企业都从全球角度看地域发展，而现在最具吸引力的地点很可能在中国或印度。这详细说明了从追逐自由但渴望激励的公司转向发展可持续业务，以服务于欧洲更多的地方市场，并将需要制定不同的地方经济增长方式。

欧盟的空间规划方法已在 1999 年商定的 ESDP 中提出。其主要目的是通过在欧盟所有地区实现欧洲政策的三个基本目标，努力实现欧盟领土的平衡和可持续发展：

- 经济和社会凝聚力；
- 自然资源和文化遗产的保护和管理；
- 欧洲领土的竞争力更加稳定。

（CEC 1999：foreword）

正如法鲁迪和沃特所说，ESDP 并非为"总体规划"（2002：159），因为尽管其被描述为一个框架，但其在阻止成员国的采矿决策方面并未发挥作用。然而，它在政策趋同中发挥了一定的影响力和力量，这些方法已经出现了一些示例。例如，在英格兰，为了支持农村社区和加强地区功能，已经通过 MAA 促进城市—农村合作伙伴关系的进一步发展（CEC 1999：25）。其他地方当局团体也建立了增长伙伴关系，例如切尔滕纳姆（Cheltenham）、格洛斯特（Gloucester）和图克斯伯里（Tewksbury），其与城市地区及其农村腹地有关。莱斯特和莱斯特郡已经确立了一个 MAA，作为一个城市和周边地区之间的伙伴关系，该地区部分是交界地带，部分地区属于农村腹地。信息平等接入（CEC 1999：26）是通过英国宽带（英国财政部，2009d）制定的，旨在提高整个英格兰的覆盖率和速度。另一个关键因素是，应更好地利用基础设施，并将其更多地纳入空间规划系统（CEC 1999：28），并在特定领域内加强运输提供者政策之间的合作。地方交通规划的新方法及其与 LDF 的整合就是英格兰发生的一个示例（DFT 2009）。

ESDP 和 INTERREG 资金之间的相互关系已经开始在整合地方方面取得一些成果。欧盟大区为其所在地区以积极的方式聚集在一起，探索和比较对问题的政策反应提供了一种手段。Dabinet（2006）通过北海地区的 VISP 方案说明，欧洲的方法也通过空间规划促进了更综合的方法的概念。正如 Kidd 在 2007 年提出的那样，这种情况一直在加剧。有三种整合方式：

- 地点之间的横向整合；
- 空间尺度之间的纵向整合；
- 组织整合。

在欧洲大陆，部门、组织或地方之间的横向整合可能是一种更常见的方法。在英国，纵向一体化一直是规划中的主导形式，尽管自 2000 年以来，在更广泛的公共政策中，这种形式越来越少。在欧洲大部分地区，位于边境的相邻地区之间的横向政策整合可能很重要。在英国，横向整合主要通过当地 LSP、SCS 和 LAA 集中在地方内的组织整合上。

随着空间规划的发展，有可能在地方政府中看到其综合改革的出现，并将其作为一种交付机制更加牢固地纳入地方政府架构。正如 Booth 所展示的那样，在法国，空间规划"被故意视为巩固地方政府改革的一种手段"（2009 年）。2000 年在法国引入的一种地域连贯性模式的发展，作为代表城市地区规划方法的一种手段（Booth，2005），与规划绿皮书（DTLR 2001b）中提出的 LDF 系统有一些相似之处，然后于 2004 年在英国引入。与英国一样，法国的规划和地方政府改革"旨在相辅相成"（Booth，2005）。Booth 在地方和次区域层面确定了这些变化，鼓励地方当局共同努力，以实现"合同"成果，类似于英格兰和苏格兰城市地区的 MAA。Booth 质疑英国和法国的空间规划系统是否正在融合，尽管他认为没有任何论据支持这一点，但他确实看到了他所描述的两个系统之间的"共同主线"（2005：283）。

北爱尔兰地方政府的改革与规划系统的改革同时进行（见第 10 章），Amdam 在挪威讨论了这一整合（2004 年）。在丹麦的地方一级，空间规划通常与地方当局的经济、卫生和文化计划相结合，2007 年地方政府的改革将市政计划提升为该地区的总体计划，任何地方计划都必须在其中实施（丹麦环境部，2007）。Sehested（2009）将其描述为一种混合形式的规划，规划者处于地方交付的纽带，并置于治理框架内。

尽管 Dabinet（2006）将在欧盟内部不同国家的合作描述为一种主要的学习模式，可以对制度和政治过程进行比较，但经验表明，其影响力在实践中比这更大。在地方一级发展基于项目的工作是文化变革和学习的一个基本特征，这有助于采取更常见的方法，但不是目的地。在英国，欧盟在空间规划实践中的影响是多方面的，包括：

- 地方一级的横向政策一体化；
- 所有空间尺度上的空间政策之间的一致性和连贯性；
- 对城市地区的关注（尽管这也可能是美国对欧盟政策的影响）；
- 越来越多的非正式指定功能城区（FUA），此类功能城区是可以作为将欧盟增长潜力扩展到其经济中心之外的一种手段而开发的子区域；
- 在英格兰境内开发大型区域性方法，例如"北方之路"；
- 在交付的空间背景下，所有公民都能公平获得服务和设施。

正如法鲁迪和沃特（2002）所指出的那样，ESDP 在 1999 年达成协议后并无太大的发展。这是否意味着欧洲的空间规划已经结束？尽管自 1999 年以来，明确的成果较少，但也有其他举措表明，ESDP 中提出的空间规划方法正在进一步发展。也有证据表明，这种空间规划的综合方法正在成员国内部实施。若要实现这一点，则中央领导的政策发展就需要有一定的稳定性。反对空间规划继续发挥作用的主要论点之一是，欧盟内部的边界和国家越来越模糊，因此基于国家的监管规划系统不再适用。然而，正如法鲁迪（2009）所说，欧盟现在提出了"一系列规划者可以在其中锻炼技能的空间环境"（同上：37），空间规划的作用将继续发展。这可能令人困惑，但已经代表了空间规划目前寻求整合的重叠和交错方法。

（1）区域凝聚力的新作用

尽管区域凝聚力的概念在欧盟已经发展了很长一段时间，但其现在已经成为政策和决策的主要决定因素。它也是一个促进几乎任何政策倡议的机制："凝聚力"属于一种弹性概念，可以向任何需要的方向驱动经济发展，作为实际举措的正当理由。它还为网络治理模式创建了一个平台（Bevir 和 Rhodes，2003），模糊了机构和组织的边界。区域凝聚力也被纳入了关于欧盟未来方向的磋商（Jensen 和 Richardson，2006），这体现在《里斯本条约》中，该条约已在整个欧洲达成一致，但尚未批准。正如 Zonneveld 和 Waterhout（2005）所言，区域凝聚力"不应被用作空间规划政策的同义词"，尽管 Schon 询问它是否是空间规划的新"流行语"（2005：390）。相反，空间规划是实现区域凝聚力的机制之一。区域凝聚力的政策结果与通过一系列结果指标衡量的公平性密切相关。从这个角度来看，空间规划是实现成果的一种投入方式，而不是其本身（Schafer，2005）。

关于空间规划的作用，争论仍在继续。Healey 将其视为"塑造者"（2007 年），Mazza（2003）视为计划和地点之间的枢纽，而它可能更像是一个操纵方式，以及一种开放和实现变革的举措。作为将于 2013 年实施的《里斯本条约》的一部分，正在审查区域凝聚力政策在欧盟内部的作用。巴萨的审查是这一过程的一部分。其认为，"有充分的理由将欧盟预算的很大一部分分配给基于地方的发展战略"（Barca，2009：vii）。这一主张的根本驱动因素与英国空间规划的变革作用类似，即"减少由潜在低效率造成的持续利用不足"，包括资产或人员的效率低下。它还展望了"一揽子综合公共产品和服务"的未来发展（同上：25）。采用这种方法的理由是，需要促进可持续的方法和管理跨境相关性。

在巴萨的审查中，提出了基于地方的战略的风险，并反映了英国在 1973 年以后直到 1988 年开始政策改革期间采取更具选择性的干预措施的不利之处。巴萨将这些风险描述为：

- 避开市场的地区；
- 创建依赖文化；
- 燃料租金——地方一级的采掘机；
- 未能为投资该过程的企业或个人提供足够的确定性；
- 防止各方势力聚拢。

作为干预战略的一部分，英国区域和次区域政策的工作流程都致力于解决这些问题。在审查中，巴萨建议未来战略的五个关键要素，如方框 11.1 所示。

（2）欧盟政策如何影响英国的空间规划？

《里斯本条约》《巴萨审查》和英国实施的政策程序之间有很大的相似之处，包括 LAA、通过 CAA 促进经济、转型和绩效管理的义务。然而，目前很难判定英国是在领导欧盟政策，还是在为 2013 年后可能带来的变化做准备。也可能有振兴 ESDP 的刺激措施，这可能是拟议的《欧洲战略发展框架》的一部分或与之结盟。

欧盟政策以多种方式对英国的空间规划政策产生了影响。它必须符合纳入欧盟职权范围的框架。这些主要用于包括废物在内的环境标准，也用于通过 TEN 进行的主要运输投资。还有其他政策领域，如公共卫生，对地方一级减少肥胖的政策和实施以及

方框 11.1　2009 年巴萨的建议

审查欧盟的区域凝聚力政策——巴萨审查的建议

1 将资源集中用于优先事项，例如社会排斥、儿童、移民、经济问题。

2 注重成果的赠款：

　a 建立新的欧洲战略发展框架，用于评估投资和成果

　b 在区域层面建立欧盟与成员国之间的新"合同"关系

　c 加强治理以落实核心优先事项

　d 通过使用目标和监控来进行绩效监控的系统

　e 对结果的记分牌方法

　f 通过一定的灵活性促进创新

3 动员和学习：

　a 开发有效的证据，即循证政策制定

　b 促进反事实影响评估

4 加强欧盟委员会：

　a 让员工对交付成果更加负责

　b 将个人进步与绩效联系起来

　c 促进董事会之间的工作，以促进协作成果的进展

5 通过加强对接触和结果的评估和审查，加强政治制衡

资料来源：Barca 2009

减少其他疾病的环境行动产生了重大影响（NICE 2008）。区域凝聚力政策的实施也对投资和支持衰退的经济产生了影响，而农村发展政策是农村地区干预的主要推动者。

在欧洲背景下，英国的规划系统被认为主要是监管性的，与土地使用有关。通过这种方式，它与其他欧洲国家有相似之处，并使用类似的工具，如开发商对基础设施的贡献（Ache，2003）。然而，自空间规划实施以来，需要多久才能成为现象？空间规划的结果不可避免地与地方的保护和投资有关，LDF 过程中也包含了更广泛的组成部分，此类组成部分超出了土地利用规划的监管方法。其中一个例子是公共部门服务的重塑，以确保其位置最适合满足其服务的社区的需求（CLG 2008c），这似乎是对区域凝聚力政策要求的一种几乎完全的运输。杰尼·里沃利（Janin Rivolin，2005）认为，英国一直是一个表现良好的政府体制，而不是一个合格的体系，因为它并未制定出严格的土地分区方法或采用建筑规范。

除了这些"一致性"政策外，杰尼·里沃利还确定了一系列本质上具有表演性的欧洲政策。通过采用不属于欧盟职权范围的政策，包括英国在内的成员国发起了不需要但"执行商定的集体战略"的变革和政策举措（2005：168）。杰尼·里沃利指出，这些"执行"政策领域之一是采用空间规划，旨在应用这些领域的举措，而是"应用"此类措施。关于英国的规划是否是一种符合形式的模式，可能会有一些争论。规划从业者会惊讶地发现，他们工作的系统并不被视为"合格的"系统。他们会援引以层级

方式施加在其身上的强大垂直压力，以及作为开发许可制度一部分进行环境评估的必要性。也许更好的描述方式是确定这种一致性是否正在进行中。

实施空间规划所需的条件也需要创造，这需要时间。英格兰地方治理结构综合方法的发展为空间规划的有效运作创造了条件。苏格兰城市规划的发展是欧盟其他地区正在发展的方法的另一个示例，如毕尔巴鄂、都柏林、里尔和慕尼黑。在威尔士，次区域规划已经从传统的土地使用方法转变为与公共资金倡议（含结构性资金）的实施相结合的方法，此类资金仍然可用于解决经济和社会问题。

与欧洲空间规划有关的一个尚未解决的问题是它的融合程度。现在已经达成了一项正式协议，在各成员国之间建立一个更加统一的空间规划系统，尽管《里斯本条约》使更大程度的趋同不可避免。这些整合力如方框 11.2 所示。

方框 11.2　欧洲空间规划中的整合力

政策制定和评价的空间维度
- 针对变革优先事项的计划和定期支出审查
- 评价地方一级的干预措施

发展形式
- 发展途径——发展与运输投资相关
- 多中心——由小城镇组成的团体提供可持续解决方案
- 城市区域

环境
- 关于气候变化的政策和行动建立了一个共同的基线
- 对所有项目、计划和方案采用共同的环境影响评估方法
- 通过具体活动，包括废物管理、矿物开采、生物多样性、水质

经济
- 最近的经济危机迫使人们更加关注降低企业的正常运营成本
- 欧盟需要在全球市场上更具竞争力
- 成员国经济结构改革
- 内部市场的长期发展

转型治理
- 降低公共机构的固定运营成本
- 更公平、更可持续地获得当地服务
- 通过空间规划进程制定综合投资方案
- 州内和州间行政和政治领域之间的跨境工作

其中一些影响者值得更详细地探讨。当各国采用一个共同的框架时，但有自己的主动权时，政策过程就类似于一种赋格曲，主题和倡议有着强烈的共同特征和目标，

但实施方式和时间将取决于各国的选择。同样的政策赋格曲在欧盟也很明显，尽管规模更大。选举模式、倡议引入和实施方式的文化差异并不能掩盖其在来源和意图上的相似性。通过 ESDP 和区域凝聚力政策引入欧盟方法的政策制定的"空间性"已开始进入英国（Hope 和 Leslie，2009）。在 ESDP 中，这是通过跨境工作和 INTERREG 计划来推动的，但同样的方法也在英国内部通过 MAA 的次区域工作和北方之路之间的工作来发展。LDF 系统在联合治理结构中的实施为地方一级的这种方法提供了进一步的示例。

多中心性描述了德国有多少城市相互操作。德国城市的规模通常比其他国家的大城市小，通过城市间相互依存关系，为支持更可持续的生活方式创造了有吸引力的居住场所。正如法鲁迪（2005 年）所表明的那样，对区域凝聚力采取多中心方法也是欧盟应对全球经济竞争的更广泛方法的一部分。多中心性是一个适用于英国大部分地区（尽管不是全部地区）的概念。在较大的城市中心，伦敦或伯明翰的发展前景让人感觉势不可挡。然而，在曼彻斯特或西约克郡和南约克郡等大城市周围，有一些城镇网络，它们在服务、文化和就业方面有着相互依存的关系。多中心性在更多的农村地区也很明显，比如东米德兰地区，诺丁汉、莱斯特和德比都很靠近，均在城市空间规划中发挥着主导作用。在西南部，主要的区域机构和设施分布在布里斯托尔、汤顿、埃克塞特和普利茅斯之间（ODPM 2003a）。

欧洲在空间规划方面影响力最大的另一个关键领域是通过欧盟的环境指令和法规。这些在许多方面都很明显，其中许多构成了空间规划证据库的要求。正如 Schout 和 Jordan 所指出的（2008b），自《第五次环境行动计划》（CEC 1992；Morphet，1992）以来，环境一体化一直是欧盟的一个关键目标。从那时起，标准的制定和应用趋于稳步发展。欧盟的环境议程可能会通过应对气候变化的标准来增加，但也因为在实施综合环境监管方面的进展不如预期（Schout 和 Jordan，2008a：959）。奥巴马当选后，美国的立场发生了变化，这意味着对环境监管导致缺乏竞争力的经济结果的担忧现在已经减少，并允许制定一种更国际化的方法。

和往常一样，在推出类似举措的地方，总有人会质疑为何会出现这种情况。是有计划的发生的吗？一个地点的好构思会适用于其他地方吗？政府的政策机构是否一直迫切希望找到解决问题的新方法？政策举措是另一种时尚形式吗？所有这些问题的答案可能在某种程度上都是积极的。知识转移在很多方面起作用。正如杰尼·里沃利和法鲁迪所建议的那样：

英国的观点，揭示了空间规划和土地利用规划之间存在着至关重要但复杂的关联性。因此，它们为欧洲空间规划的概念铺平了道路，并嵌入了从超国家到地方的多层次治理体系中。

（2005：211）

欧洲以外的空间规划

尽管包括 ESDP 在内的欧盟空间规划实践所提供的背景对英国空间规划的发展很重要，但这些并不是唯一的影响。自 1997 年以来，英国的规划系统一直高度关注经济，美国在其中的作用产生了一些影响，并可能对英国空间规划重点的经济转变负责。实现健康的经济增长不仅是英格兰规划体系的目标，威尔士、苏格兰和北爱尔兰也是如此。若美国的经济关注度对英国的空间规划目标产生了显著影响，则澳大利亚对空间规划作为一种交付手段的关注也产生了同样的影响。在澳大利亚，基础设施转型（Dodson，2009）在运营层面发挥着同样重要的作用。英国空间规划系统的混合性可能会减少澳大利亚一些民众对这种方法的反对意见。在英国系统中，基础设施的交付被视为地方一级的横向一体化举措，而非是主要针对私营部门。现在将更详细地探讨如何将此类方法融入英国空间规划。

（1）北美规划

2004 年后，对英国空间规划作用的主要影响是经济方面的（Bennett，2004）。这可以被视为通过空间竞争力和治理促进经济增长的国际趋势的一部分。正如泰茨（Teitz）所说，公共和私营部门的发展方法越来越相互交织，公共部门和私人部门之间的尖锐分歧已经软化到可以很容易地建立公共—私营实体来反映开发商的规划目标的程度（2002：195）。正如布伦纳（Brenner）所言，这可以被理解为"复杂的、跨国家形式的政策转移和意识形态传播的结果"（2003：306），尽管布伦纳将这种方法主要与西欧联系在一起，但它也是经合组织通过其地方经济和就业发展计划（LEED）制定的一项关键政策。

伯奇（Birch）将美国的规划描述为"经常混乱"（2005：332）。规划在联邦结构内运作，各州将权力移交给中央。在规划中，联邦政府对交通和供水拥有一定的权力，这可能会对规划决策产生影响。反过来，各州将权力移交给市政当局，市政当局成立了规划委员会，并将地区的全面规划与包括分区和资本投资在内的实施条款结合起来（同上：333）。美国的规划从公共部门和私营部门之间的尖锐分歧转变为专业规划者的角色也发生了变化。正如泰茨所指出的，规划师对沟通、透明度和有意义的参与的新强调导致了规划师角色及其价值体系的其他变化，"在这个过程中，专业人士与其说是自主的设计师英雄，不如说是一个真正赋予参与者权力的创造性的中介、翻译家和技术资源"（2002：197）。正如泰茨确认的那样，这可能是一个过于简单化的观点，但它代表了规划者的支持作用，而不是那些有答案的人。

在北美，人们一直强调"精明增长"，将可持续作用集中在现有的城市地区。尽管这是基于更有效地利用现有基础设施，但人们有兴趣建设更多能够支持可持续生活方式的基础设施。正如纽曼（Neuman，2009）所指出的，绿色和管理良好的有效基础设施可以为城市提供竞争优势。新经济需要一种新方法。对美国来说，基础设施规划和交付是战略和空间规划的核心。纽曼还指出，美国规划协会的主要规划师正在"引领"基础设施建设，"将基础设施建设提升到规划行业的新战略水平"（同上：210）。

在加拿大，随着地方当局越来越多地使用对开发商的收费来资助基础设施，经济动力也发挥了重要作用。正如沃尔夫（Wolfe，2002）所指出的，这些已经成为现场内外硬成本和软成本的重要且不断增长的资本资金来源。与美国一样，加拿大也参与了"精明增长"倡议，以实现更紧凑的城市发展形式并指导其选址。正如沃尔夫所说，管理增长的问题一直是一个感知到的碎片化问题，许多地方当局难以协调增长。与法国一样，加拿大一直在寻求一种涵盖城市地区的市政关系合并方法，尽管这是通过正式重组，而不是更非正式、更温和的工作安排。在加拿大，当地基础设施规划和资本投资交付采用了联合方法，尽管正如布拉德福德（Bradford，2005）所建议的那样，这将受益于与提供更具文化和社区特色的基础设施相关的方法。但有一种压力是转向更基于项目的方法，这种方法通过多层次协议来跨越治理层，以支持战略方法。

（2）澳大利亚规划

对于2004年后空间规划作用的最后一个也是最不被认可的关键影响，主要源自布莱尔后期对公共服务的态度。这就提出了提供多少"有价值"的公共服务的问题（HMG 2007a）。这次交付讨论的重点大多是教育和卫生服务，但自1997年以来，继续关注规划交付，特别是住房，一直是政府关注的一个关键问题。它开始从不同的角度看待规划的作用，对规划在确定规划申请方面的糟糕表现以及似乎未能为政府预计的住房需求提供足够的土地感到沮丧。

在英国，第三种方法已被转化为考虑捐款计划以换取其获得的公共资金（Morphet，2007b）。这通常被解释为对规划过程如何保持房地产价值、保护特定环境和确定新住房用地的更详细考虑。人们会问到，规划的公共价值是什么？在这种方法中，通过公众对工作人员和民主进程的支持来评估规划中的财政投资，与对规划活动产生的财政和社区回报的更大衡量相权衡。

这一新的规划评估使其发挥了更积极主动的作用，即在使用现有资产和资源方面。目前，还没有计算公共、私营和志愿部门在地方一级的年度资本投资价值，这正成为综合空间规划任务的一个关键利益。到目前为止，规划在这一过程中的主要作用是通过开发控制过程，在开发控制过程中，规划一直是实现开发商贡献的核心，尽管这是一个零星的过程，而不是一般公认的过程，只有 14% 的新住宅产生了开发贡献（审计委员会，2008b）。空间规划的可交付性作用与包括公共部门在内的地方投资的管理有关，而通过采用 CIL 或通过更标准化地应用当前方法，发展贡献正成为这一过程中更系统化的一部分。

更好地利用现有资产和投资的方法也正在中央政府层面实施，现在要求政府部门按照 PSA 20（英国财政部，2007c）的规定，每季度报告其资产使用情况。这一过程旨在使政府支出更加一致和一体化，并对公共部门的资金流产生深远影响。

规划不仅被要求通过其正常的计划制定和发展监管过程在实地实现变革，而且现在必须在两个方面超越这一点。首先是以一种更加综合和"转型"的方式管理基础设施的交付，将公共部门的土地和建筑作为 LDF 的一部分进行审查（CLG 2008c：§2.5）。其次是实现私营部门投资者的捐款水平更加一致。这是根据澳大利亚和新西兰的实践制定的。通过监管，采用规划手段来增加价值。这一点也通过引入"发展管理"来取代英语实践中的"发展控制"而得到了体现。

澳大利亚的规划是以州为基础的，主要继承自英国的制度。格里森和洛（Low，2000）认为，澳大利亚的制度是一种基于共同价值观的制度，将产权监管作为一种更广泛的社区利益机制。引入更为新自由主义的规划方法，包括更加关注私营部门和更加城市化的社会，经常被拿来与美国进行比较，但正如格里森和洛指出的那样，美国和澳大利亚的结果之间的差异很大程度上是基于监管框架的差异，尽管澳大利亚转向了新自由主义，但监管框架仍然存在。在澳大利亚，新的城市发展仍然在一个广泛的可持续框架内，并减少了社会隔离等其他结果。另一方面，一些州政府指责规划系统阻碍了新的投资（Hamnett 和 Lesson，1998）。投资问题的另一个原因是公共部门的私有化，这是 1992 年实施《关贸总协定》关于世界贸易和公共服务的一部分。

在澳大利亚系统中，必须为所有地区制定优先基础设施计划（PIP），尽管假设了有一个优先考虑的增长地区。进行新开发与新基础设施密切相关，"绿色基础设施"的概念主要与绿地开发存在关联性。作为开发许可程序的一部分，基础设施的提供也在大都市地区生效。多德森（Dodson）认为，这一过程现在被视为城市问题的解决方案（2009：109），并指出了通过"基础设施框架"看待城市的风险（同上：110）。然而，正如多德森在墨尔本的一个案例研究中所描述的那样，基础设施规划过程并没有整合在空间规划系统中，而是与空间规划系统分开运作。在某些方面，这代表了英国开发商出资的协商方式，由于立法的使用方式，这种方式与开发有关，但不一定与整个地方有关。

澳大利亚和新西兰的典型规划实践是，采用主要公共部门预算与开发商对基础设施交付的贡献相结合的方法，地方当局将发展出资计划用于所有开发（基督城，2007；Wilmoth，2005）。在澳大利亚，"规划专业的作用是通过管理发展、基础设施和服务来塑造城市、城镇和地区"（澳大利亚规划研究所）。例如，在新南威尔士州，"新南威尔士州政府利用州基础设施捐款和一般收入资助州基础设施"（www.planning.NSW.gov.au）。发展出资计划是根据 1979 年《环境规划和评估法》第 94 条制定的（Dollery，2000；Lang，1990；McNeill 和 Dollery，1999）。发展贡献计划的目标是提供一个行政框架，确保能够作出贡献，以确保提供公共设施来满足新开发的累积需求，并确保现有社区"不会因未来所需的公共设施和公共服务而负担过重开发"（悉尼市，2006：15）。

发展贡献计划设定在一个基线上，以便维持或改进现行标准。确定了特定领域的基础设施需求，并将"捐款计划中的工程分配给所有大大小小的新开发项目"（同上：16）。捐款计划还包括行政管理费。新南威尔士州政府最近对其系统进行了审查，在2008 年 12 月发布的 PS 08-017 号通知中，该审查的目的是"确保基础设施水平与政府的计划相一致，以增加住房供应和负担能力，支持商业并刺激建筑业"（同上：1）。在审查提高基础设施征费的方法时，时机很重要，通知中的一揽子措施反映了加快建设和降低某些类型开发成本的愿景。由于改革，国家在基础设施规划方面的出资比迄今为止更大，而地方当局提高税收的能力受到了限制。然而，尽管经济低迷，该制度仍将有效。

人们对澳大利亚基础设施规划的方法有多种看法。Sandercock 认为，这种方法由于一个特定时期而制定，当时大多数国家资本投资基础设施均将支持"私营部门资源开发项目"（2005：325），几乎没有为城市地区留下多少资本投资，而多德森（2009）则认为这种方法偏离了城市地区的发展。格里森和洛（2000）批评这种方法对支持社区项目的空间规划策略几乎并无帮助，而 Maginn 和 Rofe 认为，正是许多城市周边社区被剥夺了选举权，才促使人们需要在增长的同时提供更多的基础设施，以确保大多数澳大利亚人不会被驱逐出"澳大利亚农村的中心地带"（2007：204）。洛·乔伊（Low Choy）等人（2007）认为，城市和城郊规划过程之间需要更大程度的整合，以将这些城郊增长区的治理与投资结合起来。

在英国，这种方法正在转化为 LDF 过程，该过程将确定需要什么样的基础设施，以及如何使用主流预算为其提供资金。除此之外，还有竞争性融资投标以及私营和志愿部门投资。通过引入 CIL，开发商的贡献将作为资金流补充这一过程。它将更系统地将开发者的贡献集中在通过地方发展框架（LDF）确定的预先确定的需求上，而不是一次性的谈判。它还将鼓励比迄今为止更系统地使用开发商的捐款，因为许多地方当局无法收集捐款，因其担心法律地位受到影响，或者担心捐款政策的实施会阻碍发展。CIL 在地方一级的实施将取决于是否有一个健全的核心战略（CLG 2008c），这与新南威尔士州的制度相呼应，在新南威尔士州，必须制定出资计划，才能收集开发商的捐款（Dollery，2000：311）。

结论

空间规划的国际发展不可避免地导致了思想和实践的交叉融合。其中一些原因在于压倒一切的经济力量导致，另一些原因是由治理的新趋势形成的。英国的空间规划方法借鉴了一系列实践。对一体化的关注与欧洲有着密切的联系，尤其是与地方政府结构的联系。在治理规模之间的这种整合更加垂直化发展的地方，其正在向水平和垂直模式之间更加平衡的方向发展。这不可避免地会产生鼓励机构和组织一体化的效果。此类地方结构似乎正在向具有更大跨行业方法的结构过渡，具有混合经济和组织逆向工程的早期迹象，在这种情况下，地方规划部门接管了其他空间尺度的责任，并进一步提升了层次结构。

第 12 章
空间规划：这一切加起来意味着什么？

导言

直到最近，英国的空间规划实现了异地综合交付。规划只能确定需要做什么，但必须依靠他人来行使主动性。在一段时间内，它并未在制定和实施系统的地方变革计划方面发挥领导作用。它往往没有积极主动地进行重建，也没有确定社区中心或扩建学校等主要新设施的位置。空间规划再次重申了这一交付作用。空间规划现在有能力和工具通过使用证据、咨询与合作来实现这些变化。提供额外住房仍然是空间规划的一个重要焦点，但我们现在看到的是现有社区、设施和更广泛的基础设施。战略选址是新的城镇景观，需要与现有地区相结合，提高质量，确保其未来发展。

空间规划的引入，既提供了机遇，也带来了挑战。地方塑造、协调和增强社区的机会是相当大的，地方作为一个引领时代的重要力量不容小觑。空间规划还提供了一种将组织汇聚在一起讨论的方式，以打破差异和竞争性方法所带来的壁垒。它介绍了在 LSP 范围内工作的方式，并为任何地区提供社会、绿色和物理要求。空间规划是主流而非边缘。它关注的是当地的投资预算。在一个地方政府辖区内，这些费用往往高达数亿英镑。两所新学校、一家诊所和一些防洪设施的投资可能相当可观。规划已经从通过开发商的贡献在产生额外资源方面的边缘作用转变为在整个预算中的中心作用。如表 12.1 所示，空间规划现在具有横向和纵向的综合作用，它是交付和支持经济的核心。这与土地利用规划非常不同，并表明了空间规划在实践中所代表的转变。

综合空间规划：特点和实现		表 12.1
综合空间规划的特点	2004 年后系统中的表现	通过……配送
横向整合	可靠性 LDF 测试 与邻近当局的一致性和连贯性 共同核心战略的合作义务 分区域伙伴关系 / 多领域协议	可靠性测试、自愿安排、自愿和立法 可靠性测试
纵向整合	国家规划政策、区域规划政策	中央政府合同

续表

综合空间规划的特点	2004 年后系统中的表现	通过……配送
组织整合	LAA CAA 合作责任	待定
地方经济增长	评估经济状况的新职责 分区域经济改善委员会	审计委员会
基础设施交付	LSP 对资源的监督 现有公营部门拨款收费 资产最大化转型 社区基础设施征费 CAA	

这也带来了一些挑战。规划师需要扩大他们的非正式、谈判和网络技能,以确保他们能够有效地操作空间规划系统。随着人们理解的深入,这也带来了一些最初的紧张局面。然而,一旦空间规划的机会得到认可,规划师报告说,他们发现这是"令人兴奋的",他们开始计划做的事情是迷人的且令人激动的。更广泛地沟通这一点也需要时间,但合作伙伴和基础设施提供商认识到了合作的力量,一些人说"终于! 这是合作拼图的最后一块"。英国的空间规划已经在当地发展起来,可以为其他人提供经验。它也可以在不同的空间尺度上向其他国家学习,无论是在欧洲、澳大利亚、南非还是北美。

空间规划的 7 个 C

空间规划可以概括一些关键原则吗? 本节确定了空间规划的七个 C,其中包括空间规划及其实施方式。空间规划的引入为涉及交付的规划创造了更大、更中心和更重要的作用。它的范围很广,在所有空间尺度上提供投资(无论是公共、私人还是自愿)方面都具有基本地位。它日益显现的重要性将使它可能成为一项更具企业性质的活动,成为地方当局等组织的中心。基础设施投资需求的确定将在制定、定位未来投资以及确保及时、适当地提供投资方面发挥主导作用。这一重要作用对空间规划的实施提出了一些关键影响:

1. 公司性(Corporate)

空间规划新方法的发展可能在本质上更具公司性。空间交付计划的制定将在所有公共机构中综合使用资本资金，表明这项活动将是任何公共组织的核心。这对地方当局来说特别重要，他们还通过 LSP 为地方一级的所有机构发挥召集作用，并通过合作伙伴和相关机构协调配送。空间规划在与服务提供商以及其他私人和社区投资者一起确定社会、物质和绿色基础设施需求方面的作用是当地任务的核心，但如果没有其他部门和活动的参与，这是无法完成的。

2. 合作性（Cooperative）

空间规划方法的发展需要比迄今为止土地利用规划编制和进程更多的合作。土地使用规划过程经常被视为法律和过程驱动的过程，需要一些时间才能完成。对于那些希望在地方实现关键变革的人，包括公共服务，已经使用了其他工具，如总体规划或特殊的组织交付工具，以进行再生。

既然空间规划涵盖了全方位的基础设施投资活动，就要求规划部门的负责人需要在更加合作的框架内开展这项工作。LSP 无权强迫不同的公共部门组织以相互支持的方式使用预算，因此基础设施计划和方案的大部分开发和交付都需要以新的方式进行。这种合作可以在 LSP 交付小组委员会或其他类似安排内进行，在这些安排中，人口结构不断变化、人口密集或新开发的地方都可以联合考虑。

空间规划是将所有这些结合在一起的过程，规划者可以支持这些计划的制定和交付，并监督其实施。他们还可以通过积极主动的发展管理寻求投资。他们可以就变化提出建议，并评估这项投资的潜在地点，包括通过重组土地和建筑资产的使用来增加同地办公或服务调整，以造福所有人。

3. 合同性（Contractual）

空间规划的本质现在是契约性。LAA 和 MAA 作为地方和国家之间的合同，其作用为投资交付带来了不同的关系。在 2009 年之前，在相关的发展规划中确定的通过发展规划提供住房被视为区域和地方层面之间的背景和联合过程。在新的合约制度下，通过 LAAs 实施，每个地方政府区域在采用发展计划之前签订合同，交付一定数量的房屋、经济适用房和 / 或住房用地。"合同"中包含的住房单元数量基于区域评估，但这些数量可能会随着当地情况的变化而变化。此外，一旦地方当局达到发展计划的提交阶段，他们就没有重新谈判住房数量的空间。"签约"数字可能先于 SHLAA 和 SHMAA 等地方研究的证据发现，可能没有太大的回旋余地。一个考虑因素是，经济衰退意味着在 2009 ~ 2012 年期间，LAA 中确定的所有住房数量可能难以实现。但是，向以合同为基础交付住房的转变是一个重要的转变。

4. 协商性（Consultative）

规划一直是协商性的，空间规划的引入带来了一种更发达的方法，通过编制 SCI 以及参与进来的义务让利益相关者、合作伙伴、土地所有者和社区参与进来。最初，用于支撑 SCI 的过程是一个需要在考虑发展计划的同时考虑的问题。2007 年《地方政府和公众参与卫生法》的实施使空间规划的咨询方法进入了 LSP 的更广泛领域。

现在，它不是单独针对发展计划进行和考虑的咨询，而是更广泛的跨部门和合作伙伴咨询方法的一部分，该方法确保所有咨询活动都可以作为计划制定过程的一部分。空间规划将重新定位协商方法的作用，并将其置于其关注的核心。

5. 凝聚性（Cohesive）

空间规划过程涉及社会、社区和区域的凝聚力。在与空间和社区凝聚力的关系中，通过交付应用空间规划原则，无论是私营、公共还是志愿部门，都具有需要考虑的分配效应。选择促进再生或发展的行动领域可以产生重大影响。这些可能会受到关注、投资和普遍提升；其他区域可以更稳定，变化更少。社区可能担心在这些领域的投资减少，这可能会引起不满。有些领域不适合采取行动，也不适合投资。全面考虑基础设施要求和不足，可以根据一套当地标准和解决这些当地问题的行动来考虑每个领域。

空间规划与区域凝聚力的实现相一致。这是欧盟的一项政策，已被纳入《里斯本条约》。这代表着欧盟政策制定和重点向"位置"的类似转变。它与自 2004 年以来一直是英国政策基础的以文化为中心的社区和次区域再生方法具有相似的特点。区域凝聚力通过差异的力量发挥作用，并接受为了实现任何地区的有益目的，需要采取不同的方法来取得积极成果。它有一些我们已经熟悉的特征。它表明了地点和规模之间的合同关系，这种关系基于具体目标，即总体战略中的资源使用。它处于在伙伴关系框架内，实现核心优先事项需要加强报告框架。它将以当地的优先事项和专门知识为基础。巴萨表示："在以地方为基础的政策中，公共干预依赖于当地知识，可核实并接受审查"（2009：vii）。

在英国，已经选择了子区域作为可以识别文化差异的空间尺度。其中，地方和社区做出了推动地方发展的多重贡献。欧盟对区域凝聚力的态度会在英国地方层面产生影响吗？空间规划的重点是识别愿景和不足以及如何实现变革，这是区域凝聚力方法的前沿。英国的地方空间规划模式促进了区域凝聚力。

6. 气候变化（Climate change）

空间规划在支持提供减少气候变化影响的解决方案方面发挥着关键作用。在未来十年，气候变化适应和缓解的必要性可能是政策和战略实施的主要驱动力。气候变化主题将通过空间规划进入实际实施。除了支持发展中国家的国际行动和变革外，在英国，这将意味着执行碳预算以限制排放，增加低碳能源发电，并为洪水风险做好准备。在许多领域，这将代表排水和能源系统的改造方案以及通过回收利用进行能源生产。这可能意味着为所有类型的住房制定一项重大计划，使其达到可接受的标准。气候变化也会对建筑和住宅的设计产生影响。空间规划的作用是汇集更可持续的生活和工作方式，并确定气候变化风险地区（DECC 2009）。

在地方层面，空间规划将确定支持低碳活动的机会，并帮助社区获得其可能带来的好处。LAA 包括一系列低碳目标，97% 的地方当局已经采用了其中一个目标（CLG 2009d）。这些将需要通过 LDF 交付。从长远来看，可能会制定更详细的方法。

7. 基本建设方案（Capital programmes）

基本建设方案是空间规划的最后一个关键组成部分，因其是实现交付的手段。资本计划是正式的会计工具，可以展示任何组织如何对其长期未来进行投资。它们需以有助于识别特定项目或计划的方式显示在所有组织的资产负债表上。在私营部门，它们可以用来评估一家公司的价值。

公共部门的基本建设方案是一系列资金来源和传统方法的产物。任何基本建设方案的预算规模都将取决于一个组织的资产、借贷意愿以及从竞争性来源获取资金的有效性。一些基本建设方案项目可能取决于政府新举措和政策的实施，包括综合诊所和为未来建设学校。

一些公共部门机构与其他组织和私营部门建立合资企业。其可能会汇集资产和风险来支持发展。地方当局可以利用其强制购买权来组装可用于支持重大重建的场地。

任何组织拥有的资本资产几乎都是偶然的，对地方当局来说，在地方政府重组时都会发生重大转移。1974 年，资产的转移主要是从区议会转移到县议会。在后一轮单一制议会的创建中，这些转移是从县议会转移到新的单一制议会，或在地方当局之间重新分配资产。每个地方当局对资本投资采取不同的方法。一些地方当局以"无债务"为荣，这意味着他们只会在自己的资源范围内为任何投资提供资金，而不会承担任何借款。其他人将交易他们的房地产资产并筹集贷款，以便能够重建市中心、建造游泳池或剧院。许多其他地方机构拥有可以为其作出贡献的资产。

　　空间规划涉及所有组织在地方层面对资本的使用。例如，总位置、总资本和发布地方支出报告等举措将使其成为一个更常规的过程。空间规划的作用是与早期做出这些投资决策的人合作，以确保以有效和高效的方式进行投资，支持社区的未来。

空间规划的下一步是什么？

　　英国的空间规划建立于 2004 年。在引入后的头五年里，人们对与之前的制度的主要差异及其提供的机会的理解发生了转变。在某种程度上，空间规划一直在等待其他治理改革，这些改革目前已经到位，可以使其在一个综合框架内运作，并将全部重点转向交付。在接下来的一段时间里，这一点将进一步深入。随着空间规划的发展，它可能会将注意力转向其他空间尺度，尤其是子区域。在这里，对交通、住房和再生的关注使空间规划的整合作用成为次区域项目的核心部分。到 2020 年，次区域可能会覆盖整个英国，到那时，空间规划可能会再次将注意力转向各区域。空间规划将在未来几年发展并应对变化，而其根源仍将在于塑造和交付场所。

参考文献

6, P., D. Leat, K. Seltzer and G. Stoker, (2002) *Towards Holistic Governance: The New Agenda in Government Reform*, (Basingstoke: Palgrave Macmillan).

Aberdeen, City and Shire Strategic Development Plan Authority (2008) *Structure Plan* (Aberdeen: SDPA).

Ache, P., (2003) 'Infrastructure Provision and the Role of Planning in the Ruhr Region', in Ennis, F., (ed.), (2003b) *Infrastructure Provision and the Negotiating Process*, (Aldershot: Ashgate), 135–54.

Albrechts, L., (2006) 'Bridge the Gap: From Spatial Planning to Strategic Projects', *European Planning Studies*, 14:10, 1487–500.

Aldridge, S. and D. Halpern, with S. Fitzpatrick, (2002) *Social Capital: A Discussion Paper*, (London: PIU/Cabinet Office).

Alexander, E., (2009) 'Dilemmas in Evaluating Planning, or Back to Basics: What is Planning For?', *Planning Theory and Practice*, 10:2, 233–44.

Allmendinger, P., (2001) 'The Head and the Heart: National Identity and Urban Planning in a Devolved Scotland', *International Planning Studies*, 6:1, 33–54.

Allmendinger, P., (2006) 'Escaping Policy Gravity: The Scope for Distinctiveness in Scottish Spatial Policy', in Tewdwr-Jones, M. and P. Allmendinger, (eds), *Territorial Identity and Spatial Planning: Spatial Governance in a Fragmented Nation*, (Abingdon: Routledge), 153–66.

Allmendinger, P. and G. Haughton, (2006) 'The Fluid Scales and Scope of Spatial Planning in the UK', *Project paper 2*.

Allmendinger, P. and G. Haughton, (2007) 'The Fluid Scales and Scope of UK Spatial Planning', *Environment and Planning (A)*, 39:6, 1478–96.

Allmendinger, P. and M. Tewdwr-Jones, (2000) 'Spatial Dimensions and Institutional Uncertainties of Planning and the "New Regionalism"', *Environment and Planning (C)*, 16:6, 711–26.

Allmendinger, P. and M. Tewdwr-Jones, (2006) 'Territory, Identity and Spatial Planning', in Tewdwr-Jones, M. and P. Allmendinger, (eds), *Territorial Identity and Spatial Planning: Spatial Governance in a Fragmented Nation*, (Abingdon: Routledge), 3–21.

Amdam, R., (2004) 'Spatial Planning as a Regional Legitimating Process', *European Journal of Spatial Development*, 11, 1–22.

Amin, A., N. Thrift and D. Massey, (2003) *Decentering the Nation: Radical Approach to Regional Inequality*, (London: Catalyst).

Anderson, B., (2006) *Imagined Communities*, (new edition), (London: Verso).

Andrews R., and S. Martin, (2007) 'Has Devolution Improved Public Services?' *Public Money and Management*, 27:2, 149–56.

Ashworth, R., (2003) *Evaluating the Effectiveness of Local Scrutiny Committees, ESRC report on award R000223542*, (Swindon: ESRC).

Atkins, (2008) *Local Development Frameworks: Evidence Bases*, (London: PAS).

Audit Commission, (2002) *A Force for Change*, (London: Audit Commission).

Audit Commission, (2004) *People, Places and Prosperity*, (London: Audit Commission).

Audit Commission, (2006a) *Securing Community Benefits Through the Planning Process*, (London: Audit Commission).

Audit Commission, (2006b) *The Planning System: Matching Expectations and Capacity*, (London: Audit Commission).

Audit Commission, (2008a) *In the Know*, (London: Audit Commission).

Audit Commission, (2008b) *Positively Charged*, (London: Audit Commission).

Audit Commission, (2008c) *A Mine of Opportunities*, (London: Audit Commission).

Audit Commission, (2009a) *Comprehensive Area Assessment*, (London: Audit Commission).

Audit Commission, (2009b) *Is There Something I Should Know?*, (London: Audit Commission).

Audit Commission, (2009c) *Draft Strategic Approach to Housing (KLOE)*, (London: Audit Commission).

Audit Commission and IDeA, (2002) *Acting on Facts: Using Performance Measurement to Improve Local Authority Services*, (London: Audit Commission).

Audit Scotland, (2006) *Community Planning: An Initial Review*, (Edinburgh: Audit Scotland).

Baker, M. and S. Hincks, (2009) 'Infrastructure Delivery and Spatial Planning: The Case of English Local Development Frameworks', *Town Planning Review*, 80:2, 173–99.

Baker, M., J. Coaffee and G. Sherriff, (2006) 'Achieving Successful Participation in the New UK Planning System', *Planning Practice and Research*, 22:1, 79–93.

Balls, E., (2003) 'Foreword', in Corry, D. and G. Stoker, (eds), *New Localism*, (London: NLGN).

Barca, F., (2009) *An Agenda for a Reformed Cohesion Policy: A Place-based Approach to Meeting European Challenges and Expectations*, (Brussels: CEC).

Barker, K., (2004) *Review of Housing Supply*, (London: HM Treasury).

Barker, K., (2006) *Review of Land-use Planning*, (London: HM Treasury).

Barnes, M., (2008) 'Passionate Participation: Emotional Experiences and Expressions in Deliberative Forms', *Critical Social Policy*, 28:4, 461–81.

Beecham, J., (2006) *Making the Connections: Delivering Beyond Boundaries: Transforming Public Services in Wales*, (Cardiff: Welsh Assembly Government).

Bennett, R.J., C. Fuller and M. Ramsden, (2004) 'Local Government and Local Economic Development in Britain: An Evaluation of Developments Under Labour', *Progress in Planning*, 62, 209–74.

Beresford-Knox, T., (2003) 'Good Management in Planning Departments', *Planning*, 18 July, 21.

Berry, J., L. Brown and S. McGreal, (2001) 'The Planning System in Northern Ireland Post-devolution', *European Planning Studies*, 9:6, 781–91.

Bevan, G. and C. Hood, (2006) 'What's Measured is What Matters: Targets and Gaming in the English Public Health System', *Public Administration*, 84:3, 517–38.

Bevir, M. and R. Rhodes, (2003) *Interpreting British Governance*, (Abingdon: Routledge).

Bevir, M. and F. Trentmann, (eds), (2007) 'After Modernism: Local reasoning, Consumption and Governance', *Governance, Consumers and Citizens Agency and Resistance in Contemporary Politics*, (Basingstoke: Palgrave Macmillan).

Birch, E.L., (2005) 'U.S. Planning Culture Under Pressure: Major Elements Endure and Flourish in the Face of Crises', in Sanyal, B., (ed.), *Comparative Planning Cultures*, (New York: Routledge), 331–57.

Bishop, J., (2008) Presentation to PAS event for councillors, Warwick University Business School, 30 January.

Bishop, K., M. Tewdwr-Jones and D. Wilkinson, (2000) 'From Spatial to Local: The Impact of the European Union on Local Authority Planning in the UK', *Journal of Environmental Planning and Management*, 43:30, 309–34.

Blears, H., (2002) *Communities in Control*, (London: Fabian Society).

Boaz, A., L. Grayson, R. Levitt and W. Solesbury, (2008) 'Does Evidence-based Policy Work? Learning from the UK experience', *Evidence and Policy*, 4:4, 233–53.

Boddy, M., J. Lovering and K. Bassett, (1986) *Sunbelt City? A Study of Economic Change in Britain's M4 Growth Corridor*, (Oxford: Clarendon Press).

Bogdanor, V., (2009) 'Straw has wasted his chance to wield the reformer's broom', *The Guardian*, 21 July, 26.

Booth, P., (2005) 'The Nature of Difference: Traditions of Law and Government and Their Effects on Planning in Britain and France', in Sanyal, B., (ed.), *Comparative Planning Cultures*, (New York: Routledge), 259–83.

Booth, P., (2009) 'Planning and the Culture of Governance: Local Institutions and Reform in France', *European Planning Studies*, 17:5, 677–95.

Bounds, A., (2009) 'Manchester heads council revolution', *Financial Times*, 23 July, www.ft.com.

Brabham, D.C., (2009) 'Crowdsourcing: The Public Participation Process for Planning Projects', *Planning Theory*, 8:3, 242–62.

Bradford, N., (2005) *Place-based Public Policy: Towards a New Urban and Community Agenda for Canada*, (Ottawa: Canadian Policy Research Network).

Brenner, N., (2003) 'Metropolitan Institutional Reform and the Rescaling of State Space in Western Europe', *European Urban and Regional Studies*, 10:4, 297–324.

Brenner, N., (2004) *New State Spaces: Urban Governance and the Rescaling of Statehood*, (Oxford: Oxford University Press).

Brown, G., (2009) *Prime Ministerial Statement on Constitutional Reform*, 10 June, (London: Hansard).

Brown, G. and D. Alexander, (2007) 'Stronger Together: The 21st Century Case for Scotland and Britain', *Fabian Ideas 621*, (London: The Fabian Society).

Brownill, S. and J. Carpenter, (2007) 'Increasing Participation in Planning: Emergent Experiences of the Reformed Planning System in England', *Planning Practice and Research*, 22:4, 619–34.

Bruce-Lockhart, S., (2004) *Innovation Forum Kent Public Service Board*, (London: ODPM).

Burgess, G. and S. Monk, (2007) *The Provision of Affordable Housing Through s106: The Situation in 2007*, (London: RICS Education Trust/Joseph Rowntree Foundation).

Burrows, R., N. Ellison and B. Woods, (2005) *Neighbourhoods on the Net: The Nature and Impact of Internet-based Neighbourhood Information*, (Bristol: The Policy Press).

CABE, (2006) *Physical Activity and the Green Environment*, (London: CABE).

Cabinet Office, (2008) *The Pitt Review: Lessons Learned from the 2007 Floods*, (London: Cabinet Office).

Cabinet Office Strategy Unit, (2009) *Power in People's Hands: Learning from World Class Public Services*, (London: Cabinet Office).

Calman, K., (2009) The Calman Commission on Scottish Devolution, (London: The Swiftland Office).

Cameron, D., (2009) Speech to Open University, Milton Keynes, 26 May.

Carbonell, A. and R. Yaro, (2005) 'American Spatial Development and the New Megalopolis', *Land Lines*, 17, 1–4.

Carmona, M. and L. Sieh, (2005) 'Performance Management Innovation in English Planning Authorities', *Planning Theory anLuxd Practice*, 6:3, 303–33.

Carmona, M., S. Marshall and Q. Stevens, (2006) 'Design Codes: Their Use and Potential', *Progress in Planning*, 65, 209–89.

CEC, (1992) *Towards Sustainability: The Fifth Environmental Action Plan*, (Brussels: CEC).

CEC, (1994) *Europe 2000+ Cooperation for European Territorial Development*, (Brussels: CEC).

CEC, (1997) *The EU Compendium of Spatial Planning Systems and Policies*, (Luxembourg: CEC).

CEC, (1999) *European Spatial Development Perspective: Towards Balanced and Sustainable Development of the Territory of the European Union*, (Brussels: CEC).

CEC, (2000) *Common List of Basic Public Services for a Government*, (Brussels: CEC).

CEC, (2007) *Growing Regions, Growing Europe: Fourth Report on Economics and Cohesion*, (Luxembourg: CEC).

Centre for Public Scrutiny, (2007) *The Good Scrutiny Guide*, (London: CfPS).

Centre for Public Scrutiny, (2008) *Community Engagement Library Monitor 7*, (London: CfPS).

Christchurch, City of, (2007) *Development Contributions Policy 2007–2009*, (Christchurch, New Zealand: City of Christchurch).

Clark, J. and E. Hall, (2008) 'Will the Lessons be Learned? Reflections on Local Authority Evaluations and the Use of Research Evidence', *Evidence and Policy*, 4:4, 255–68.

Clarke, J., (2005) 'New Labour's Citizens: Activated, Empowered, Reponsibilized, Abandoned?' *Critical Social Policy*, 25:4, 447–63.

Clarke, J., (2007) '"It's Not Like Shopping": Citizens, Consumers and the Reform of Public Services', in Bevir, M. and F. Trentmann, (eds), *Governance, Consumers and Citizens Agency and Resistance in Contemporary Politics*, (Basingstoke: Palgrave Macmillan), 97–118.

CLG, (2006a) *Strong and Prosperous Communities: Local Government White Paper, vol. 1*, (London: CLG).

CLG, (2006b) *Planning for Sustainable Waste Management: Companion Guide to PPS 10*, (London: CLG).

CLG, (2006c) *Planning Policy Statement 3: Housing*, (London: CLG).

CLG, (2007a) *Planning Policy Statement 3 (PPS 3): Housing*, (London: CLG).

CLG, (2007b) MAAs announcement, (London: CLG).

CLG, (2007c) *Development of the New LAA Framework: Operational Guidance*, (London: CLG).

CLG, (2007d) *Strategic Housing Market Assessments*, (London: CLG).

CLG, (2007e) *Strategic Housing Market Assessments: Annexes*, (London: CLG).

CLG, (2007f) *Housing Green Paper*, (London: CLG).

CLG, (2007g) *Identifying Sub-regional Housing Market Areas*, (London: CLG).

CLG, (2007h) *Strategic Housing Land Availability Assessments: Participative Guidance*, (London: CLG).

CLG, (2007i) *Using Evidence in Spatial Planning*, (London: HMSO).

CLG, (2007j) *Planning Green Paper*, (London: CLG).

CLG, (2007k) *Planning Policy Statement: Planning and Climate Change, Supplement to PPS 1*, (London: CLG).

CLG, (2008a) John Healey's statement on new rules for creating parishes, 15 February.

CLG, (2008b) *How to Develop a Local Charter*, (London: CLG).

CLG, (2008c) *Planning Policy Statement 12: Local Spatial Planning*, (London: CLG).

CLG, (2008d) *Creating Strong, Safe and Prosperous Communities: Statutory Guidance*, (London: CLG).

CLG, (2008e) *Community Infrastructure Levy*, (London: CLG).

CLG, (2008f) *Stakeholder Involvement: Spatial Plans in Practice*, (London: CLG).

CLG, (2008g) *Participation and Policy Integration in Spatial Planning: Spatial Plans in Practice*, (London: CLG).

CLG, (2008h) *Reporting Performance Information to Citizens*, (London: CLG).

CLG, (2008i) *Neighbourhood Statistics, Vacant Dwellings*, (London: CLG).

CLG, (2009a) *Planning Together 2*, (London: CLG).

CLG, (2009b) *Planning Policy Statement: Planning for Sustainable Economic Growth*, (London: CLG).

CLG, (2009c) *Places Survey*, (London: CLG).

CLG, (2009d) *Strengthening Local Democracy*, (London: CLG).

CLG, (2009e) *Policy Statement on Regional Strategies and Guidance on the Establishment of Leaders' Boards*, (London: CLG).

CLG, (2009f) *Infrastructure Planning Commission Implementation Route Map*, (London: CLG).

CLG, (2009g) *Community Infrastructure Levy*, (London: CLG).

CLG, (2009h) *National and Regional Guidelines for Aggregates Provision in England 2005–2020*, (London: CLG).

CLG, (2009i) *PPS 25 Companion Guide*, (London: CLG).

CLG, (2009j) *Housing and Planning Delivery Grant (HPDG): Consultation or Allocation Mecanisam for Year 2 and Year 3*, (London: CLG).

CLG, (2010a) *Planning Policy Statement 25: Development and Flood Risk*, (London: CLG).

CLG, (2010b) *Community Infrastructure Levy: An Overview* (London: CLG).

CLG and BERR, (2008a) *Taking Forward the Sub National Review of Economic Development and Regeneration*, (London: CLG).

CLG and BERR, (2008b) *Taking Forward the Sub National Review of Economic Development and Regeneration: The Government Response to Public Consultation*, 25 November, (London: CLG).

CLG and BIS, (2009) *Local Democracy, Economic and Construction Bill Policy Document on Regional Strategies*, (London: CLG).

CLG and BIS, (2010) *Policy Statement on Regional Strategies*, (London: CLG).

CLG and LGA, (2008) *Housing and Planning: The Critical Role of the New Local Performance Framework*, (London: CLG).

Collins, P., (2009) 'Successful Policy Relies on Failure and Mistakes', *The Times*, 20 July, 15.

Conservative Party, (2009) *Control Shift Returning Power to Local Communities: Responsibility Agenda Policy Green Paper no 9*, (London: The Conservative Party).

Conservative Party, (2010) *Open Source Planning*, (London: The Conservative Party).

Corry, D., (2004) 'Introduction', *Choice Cuts: Essays on the Improvement of Local Public Services*, (London: New Local Government Network), 7–10.

Cooke P., and N. Clifton, (2005) 'Visionary, Precautionary and Constrained "Varieties of Devolution" in the Economic Governance of the Devolved UK territories', *Regional Studies*, 39:4, 437–51.

Counsell, D., P. Allmendinger, G. Haughton and G. Vigar, (2006) '"Integrated" Spatial Planning: Is it Living up to Expectations?', *Town and Country Planning*, September, 243–6.

Cowell, R., (2004) *Sustainability and Planning: A Scoping Paper for the RTPI*, (London: RTPI).

Crook, A., J.M. Henneberry, S. Rowley, R.S. Smith and C. Watkins, (2008) *Valuing Planning Obligations in England: Update Study for 2005–2006*, (London: CLG).

Cuff, N. and W. Smith, (2009) *Our Towns, Our Cities: The Next Steps for Planning Reform*, (London: The Bow Group).

Cullingworth, B. and V. Nadin, (2006) *Town and Country Planning in the UK*, (14th edition), (Abingdon: Routledge).

Dabinett, G., (2006) 'Transnational Planning: Insights from Practices in the European Union', *Urban Policy and Research*, 24:2, 283–90.

Danish Ministry of the Environment, (2007) *Spatial Planning in Denmark*, (Copenhagen: Ministry of the Environment).

Davies, P., (2004) *Is Evidence-based Government Possible?*, (London: Cabinet Office).

Darwin, N., (2009) 'Devolution for Smaller Cities', in Hope, N., (ed.), *Cities, Sub-regions and Local Alliances, MAA Forum Essay Collection*, (London: NLGN), 28–32.

Davis Smith, J. and P. Gay, (2005) *Active Ageing in Active Communities: Volunteering and the Transition to Retirement*, (York: Joseph Rowntree Foundation/The Policy Press).

Davoudi, S., (2003) 'Polycentricity in European Spatial Planning: From an Analytical Tool to a Normative Agenda', *European Planning Studies*, 11:8, 979–1000.

Davoudi, S. and I. Strange, (2009) 'Space and Place in Twentieth-century Planning: An Analytical Framework and an Historical Review', *Conceptions of Space and Place in Strategic Spatial Planning*, (Abingdon: Routledge), 7–42.

DCSF, (nd) *New Pupil Places (Basic Need) Allocation and the Safety-valve: 2006–2007 and 2007–2008, Annex A*, (London: DCFS).

DECC, (2009) *The Road to Copenhagen: The UK Government's Case for an Ambitious International Agreement on Climate Change*, (Norwich: TSO).

Defra, (2007a) *Guidance on Water Cycle Studies*, (London: Defra).

Defra, (2007b) *Integration of Parish Plans into the Wider Systems of Local Government*, (London: Defra).

Defra, (2009) 'Hilary Benn announces decisions on water company plans', press statement, 3 August.

DETR, (1998) *Modern Local Government: In Touch with the People*, (London: HMSO).

DETR, (2000) *Planning Policy Guidance Note 11: Regional Planning*, (London: DETR).

Development Trusts Association, (2006) *Bonds and Bridges: A DTA Practitioner Guide to Community Diversity*, (London: DTA).

DFT, (2009) *Statutory Guidance to Support Production of Local Transport Plans*, (London: DFT).

DH, (2007) *Guidance on Joint Strategic Needs Assessment*, (London: DH).

DH, (2008) *JSNA Core Indicators*, (London: DH).

Dickert N. and J. Sugarman, (2005) 'Ethical Goals of Community Consultation in Research', *American Journal of Public Health*, 95:7, 1123–7.

Diez, T. and K. Hayward, (2008) 'Reconfiguring Spaces of Conflict: Northern Ireland and the Impact of European Integration', *Space and Polity*, 12:1, 47–62.

Doak, J. and G. Parker, (2005) 'Networked Space? The Challenge of Meaningful Participation and the New Spatial Planning in England', *Planning Practice and Research*, 20:1, 23–40.

Dodson, J., (2009) 'The "Infrastructure Turn" in Australian Metropolitan Spatial Planning', *Space and Polity*, 14:2, 109–23.

DOENI, (2008) *Planning Reform: Emerging Proposals*, (Belfast: DOENI).

DOENI, (2009) *Reform of the Planning System in Northern Ireland: Your Chance to Influence Change: Consultation Paper*, (Belfast: DOENI).

Dollery, B., A. Witherby and N. Marshall, (2000) 'Section 94 Developer Contributions and Marginal Cost Pricing', *Urban Policy and Research*, 18:3, 311–28.

DRD, (2001) *Shaping Our Future*, (Belfast: DRD).

DRD and DOENI, (2005) 'Development Plans and Implementation of the Regional Development Strategy', a statement by John Spellar MP, Minister for Regional Development and Angela Smith MP, Minister for the Environment, 31 January.

DTLR, (2001a) *Strong Local Leadership: Quality Public Services*, (London: Cm 5237).

DTLR, (2001b) *Planning: Delivering a Fundamental Change – The Planning Green Paper*, (London).

Dryzek, J. and P. Dunleavy, (2009) *Theories of the Democratic State* (Basingstoke: Macmillan).

Duhr, S., C. Colomb and V. Nadin, (2010) *European Spatial Planning and Cooperation*, (Abingdon: Routledge).

Durning, B., (2004) 'Planning Academics and Planning Practitioners: Two Tribes or a Community of Practice?', *Planning Practice and Research*, 19:4, 435–46.

Durning, B., (2007) 'Challenges in the Recruitment and Retention of Professional Planners in English Planning Authorities', *Planning Practice and Research*, 22:1, 95–110.

EC, (2008) 'PEACE III', monthly progress report to Programme Monitoring Committee, December.

Eddington, R., (2006) *Understanding the Relationship: How Transport Can Contribute to Economic Success*, (London: HM Treasury and Department for Transport).

Ellis, G. and W.J.V. Neill, (2006) 'Spatial Governance in Contested Space: The Case of Northern/North of Ireland', in Tewdwr-Jones, M. and P. Allmendinger, (eds), *Territorial Identity and Spatial Planning: Spatial Governance in a Fragmented Nation*, (Abingdon: Routledge), 123–38.

emda (2005) *Smart Growth* (Nottingham: emda).

Ennis, F., (ed.), (2003) 'Infrastructure Provision and the Urban Environment', *Infrastructure Provision and the Negotiating Process*, (Aldershot: Ashgate), 1–18.

Entec, (2007) *Local Development Frameworks: Effective Community Involvement*, (London: PAS).

Enticott, G., (2006) Modernising the Internal Management of Local Planning Authorities: Does it Improve Performance? *Town Planning Review*, 77(2): 147–72.

Faludi, A., (2004) 'European Spatial Development Perspective in North-West Europe: Application and the Future', *European Planning Studies*, 12:3, 391–408.

Faludi, A., (2005) 'Polycentric Territorial Cohesion Policy', *Town Planning Review*, 76:1, 107–18.

Faludi, A., (2009) 'A Turning Point in the Development of European Spatial Planning? The "Territorial Agenda of the European Union" and the "First Action Programme"', *Progress in Planning*, 71, 1–42.

Faludi. A. and B. Waterhout, (2002) *The Making of the European Spatial Development Perspective: No Masterplan*, (Abingdon: Routledge).

Fiedler, F., (1967) *A Theory of Leadership Effectiveness*, (New York: McGraw-Hill).

French, D. and M. Laver, (2009) 'Participation Bias, Durable Opinion Shifts and Sabotage Through Withdrawal in Citizen's Juries', *Political Studies*, 57:2, 422–50.

Friedmann, J., (2005) 'Planning Cultures in Transition', in Sanyal, B., (ed.), *Comparative Planning Cultures*, (New York: Routledge), 29–44.

Gallent, N. and D. Shaw, (2007) 'Spatial Planning, Area Action Plans and the Rural–Urban Fringe', *Journal of Environmental Planning and Management*, 50:5, 617–38.

Galloway, T.D. and R.G. Mahayuni, (1977) 'Planning Theory in Retrospect: The Process of Paradigm Change', *Journal of the American Planning Association*, 43:1, 62–71.

Gershon, P., (2003) *Releasing the Resources to the Front-line*, (London: HM Treasury).

Gibb, K. and C.M.E. Whitehead (2007) 'Towards the More Effective Use of Housing Subsidy: Mobilisation and Targeting Resources', *Housing Studies*, 22:2, 183–200.

Gibson, T., (1979) *People Power, Community and Work Groups in Action*, (London: Penguin).

Gibson, T., (1998) *The Doers Guide to Planning for Real*, (London: Neighbour Initiatives Foundation).

Gibson, T., (2008) *Streetwide Worldwide: Where People Power Begins*, (Chipping Norton: Jon Carpenter).

Giddings, B. and B. Hopwood, (2006) 'From Evangelistic Bureaucrat to Visionary Developer: The Changing Character of the Master Plan in Britain', *Planning Practice and Research*, 21:3, 337–48.

Glasson, J. and T. Marshall, (2007) *Regional Planning*, (Abingdon: Routledge).

Gleeson, (1998) 'The Resurgence of Spatial Planning in Europe', *Urban Policy and Research*, 16:3, 219–25.

Gleeson, and N. Low, (2000) 'Revaluing Planning: Rolling Back Neo-liberalism in Australia', *Progress in Planning*, 53:2, 83–164.

GMGU, (2008) *Joint Waste Planning in Metropolitan and Unitary Authorities: Evidence Gathering and Review*, (Manchester: GMGU Urban Vision).

Goodsell, T.L., C.J. Ward and M.J. Stovell, (2009) 'Adapting Focus Groups to a Rural Context', *Community Development*, 401, 64–79.

Goodwin, M., M. Jones and R.A. Jones, (2006) 'The Theoretical Challenge of Devolution and Constitutional Change in the United Kingdom', in Tewdwr-Jones, M. and P. Allmendinger, (eds), *Territorial Identity and Spatial Planning: Spatial Governance in a Fragmented Nation*, (Abingdon: Routledge), 35–46.

GovMetric, (2009) Newsletter 8, www.govmetric.com.

Grant, C., (1994) *Delors: Inside the House that Jacques Built*, (London: Nicholas Brealey).

Greed, C., (2005) 'An Investigation of the Effectiveness of Gender Mainstreaming as a Means of Integrating the Needs of Women and Men into Spatial Planning in the United Kingdom', *Progress in Planning*, 64, 243–321.

Guy, S., S. Marvin and T. Moss, (2001) 'Conclusions: Contesting Networks', in Simon, G., S. Marvin and T. Moss, (eds), *Urban Infrastructure in Transition Networks: Buildings Plans*, (London: Earthscan), 197–206.

Hague, C. and P. Jenkins, (eds), (2005) *Place Identity, Participation and Planning*, (Abingdon: Routledge).

Halden Consultancy, D., (2002) *City Region Boundaries Study*, (Edinburgh: Scottish Stationery Office).

Hall, P., (1973) *The Containment of Urban England: The Planning System, Objectives, Operations, Impacts*, (London: Allen and Unwin).

Hall, P., (2009) 'Looking Backward, Looking Forward: The City Region of the Mid-21st Century', *Regional Studies*, 43:6, 803–17.

Hamnett, S. and M. Lesson, (1998) 'Metropolitan Plan Making in Australia', in Spoehr, J., (ed.), *Beyond the Contract State: Ideas for Social and Economic Renewal in South Australia*, (Adelaide: Wakefield Press).

Hampton, P., (2005) *Better Regulation*, (London: HM Treasury).

Harris, N. and A. Hooper, (2004) 'Rediscovering the "Spatial" in Public Policy and Planning: An Examination of the Spatial Content of Secotoral Policy Documents', *Planning Theory and Practice*, 5:2, 147–69.

Harris, N. and A. Hooper, (2006) 'Redefining the Space that is Wales: Place, Planning and the Spatial Plan for Wales', in Tewdwr Jones, M. and P. Allmendinger, *Territorial Identity and Spatial Planning: Spatial Governance in a Fragmented Nation*, (Abingdon: Routledge), 139–52.

Harris, N. and H. Thomas, (2009) 'Making Wales: Spatial Strategy Making in a Devolved Context', in Davoudi, S. and I. Strange, (eds), *Conceptions of Space and Place in Strategic Spatial Planning*, (Abingdon: Routledge), 43–70.

Harris, N., A. Hooper and K. Bishop, (2002) 'Constructing the Practice of "Spatial Planning": A National Spatial Planning Framework for Wales', *Environment and Planning (C)*, 20:4, 555–72.

Haughton, G. and P. Allmendinger, (2007) 'Growth and Social Infrastructure in Spatial Planning', *Town and Country Planning*, November, 388–91.

Haughton, G. and P. Allmendinger, (2008) 'The Soft Spaces of Local Economic Development', *Local Economy*, 23:2, 138–48.

Haughton, G., P. Allmendinger, D. Counsell and G. Vigar, (2010) *The New Spatial Planning*, (Abingdon: Routledge).

Healey, P., (2006) *Collaborative Planning*, (2nd edition), (Basingstoke: Palgrave Macmillan).

Healey, P., (2007) *Urban Complexity and Spatial Strategies: Towards a Relational Planning for Our Times*, (Abingdon: Routledge).

Healey, P., (2009) 'City Regions and Place Development', *Regional Studies*, 43:6, 831–43.

Henry, M., (2009) 'Holding onto our Long-term Vision', *Active in Adversity: Councils Respond to Recession*, (London: Solace Foundation Imprint/The Guardian), 16–18.

HCA, (2009) *Investment and Planning Obligations: Responding to the Downturn*, (London: HCA).

HCA, (2010) *Single Conversation: Futher Inflammation of Local Investment Plan*, (London: HCA).

HMG, (2007a) *Building on Progress: Public Services*, (London: Prime Minister's Strategy Unit).

HMG, (2007b) *Building on Progress: the Role of the State*, (London: Prime Minister's Strategy Unit).

HMG, (2007c) *PSA Delivery Agreement 7: Improve the Economic Performance of all English Regions and Reduce the Gap in Economic Growth Rates Between Regions*, (London: HMG).

HMG, (2009a) *Building a Better Britain*, (London: HMG).

HMG, (2009b) *The UK Low Carbon Industrial Strategy*, (London: HMG).

HMSO, (1965) *The Future of Development Plans*, (London: HMSO).

HMSO, (1970) *Development Plans Manual*, (London: HMSO).

HM Treasury, (2003) *UK Membership of the Single Currency: An Assessment of the Five Economic Tests*, (London: HM Treasury).

HM Treasury, (2004) *Devolved Decision Making 2: Meeting the Regional Economic Challenge: Increasing Regional and Local Flexibility*, (London: HM Treasury).

HM Treasury, (2006) *Devolved Decision Making 3: Meeting the Regional Economic Challenge: The Importance of Cities to Regional Growth*, (London: HM Treasury).

HM Treasury, (2007a) *Review of Sub-National Economic Development and Regeneration*, (London: HM Treasury).

HM Treasury, (2007b) *The Transformation Agreement*, (London: HM Treasury).

HM Treasury, (2007c) *Public Service Agreement 20*, (London: HM Treasury).

HM Treasury, (2007d) *The Budget*, (London: HM Treasury).

HM Treasury, (2008) *Regional Funding Advice: Guidance on Preparing Advice*, (London: HM Treasury).

HM Treasury, (2009a) *Operational Efficiency Programme: Final Report*, (London: HM Treasury).

HM Treasury, (2009b) *Operational Efficiency Programme: Property – The Carter Report*, (London: HM Treasury).

HM Treasury, (2009c) *The Budget*, (London: HM Treasury).

HM Treasury, (2009d) *Building Britain's Future*, (London: HM Treasury).

HM Treasury and Cabinet Office, (2007) *The Future Role of the Third Sector in Social and Economic Regeneration: Final Report Cm 7189*, (London: HMSO).

HM Treasury and Communities and Local Government, (2009) *Business Rate Supplements: A Consultation on Draft Guidance to Local Authorities*, (London HM Treasury).

HM Treasury and DTI, (2001) *Productivity in the UK: 3 – The Regional Dimension*, (London: HM Treasury).

HM Treasury, DTI and ODPM, (2004) *Devolved Decision Making: 2 – Meeting the Regional Economic Challenge: Increasing Regional and Local Flexibility*, (London: HM Treasury).

Hood, C., (2007) 'Public Service Management by Numbers: Why Does it Vary? Where Has it Come From? What Are the Gaps and the Puzzles?', *Public Money and Management*, 27:2, 95–102.

Hood, C., O. James, G. Jones and T. Tavers, (1998) 'Regulation Inside Government: Where New Public Management Meets the Audit Explosion', *Public Money and Managment*, 18:2, 61–98.

Hood, C., O. James and C. Scott, (2000) 'Regulation of Government: Has it Increased, is it Increasing, Should it be Diminished?', *Public Administration*, 78:2, 283–304.

Hood, C., and G. Peters, (2004) 'The Middle Aging of New Public Management: Into the Age of Paradox?', *Journal of Public Administration Research and Theory*, 14:3, 267–83.

Hope, N. and C. Leslie, (2009) *Challenging Perspectives: Improving Whitehall's Spatial Awareness*, (London: NLGN).

House of Commons, (2004) *Choice, Voice and Public Services: Fourth Report of Session 2004–2005*, (London: House of Commons Public Administration Committee).

House of Commons, (2009) *Select Committee on CLG, Report on Planning Skills*. (London: House of Commons).

HUDU, (2007a) *Health and Urban Development Toolkit*, (London: NHS London Healthy Urban Development Unit).

HUDU, (2007b) *Delivering Healthier Communities in London*, (London: NHS London Healthy Urban Development Unit).

HUDU, (2009a) *Planning fo Health in London: The Ultimate Manual for Primary Care Trusts and Boroughs*, (London: NHS London Healthy Urban Development Unit).

HUDU, (2009b) *Integrating Health into the Core Strategy: A Guide* (London: NHS London Healthy Urban Development Unit).

HUDU, (2009c) *Watch Out For Health: A Checklist For Assessing the Health Impact of Planning Proposals*, (London: NHS London Healthy Urban Development Unit).

Hughes, M., C. Skelcher, P. Jas, P. Whiteman, D. Turner, (2004) *Learning from the Experience of Recovery: Paths to Recovery – Second Annual Report*, (London: ODPM).

Imrie, R., and M. Raco, (2003) *Urban Renaissance?: New Labour, Community and Urban Policy*, (Bristol: The Policy Press).

Janin Rivolin, U., (2005) 'Cohesion and Subsidiarity', *Town Planning Review*, 76:1, 93–106.

Janin Rivolin, U. and A. Faludi, (2005) 'The Hidden Face of European Spatial Planning: Innovations in Governance', *European Planning Studies*, 13:2, 195–215.

Jensen, O.B., and T. Richardson, (2006) 'Towards a Transnational Space of Governance? The European Union as a Challenging Arena for UK Planning', in Tewdwr-Jones, M. and P. Allmendinger, (eds), *Territory, Identity and Spatial Planning*, (Abingdon: Routledge), 47–63.

Jessop, B., (2002) *The Future of the Capitalist State*, (Cambridge: Polity Press).

Johnson, K. and W. Hatter, (nd) *Realising the Potential of Scrunity* (London: New Local Government Network and Centre for Public Scrutiny).

Jones, E., (2001) 'Liveable Neighbourhoods', paper to conference *Australia: Walking the 21st Century*, Perth, 20–22 February.

Kearns, A., (2003) 'Social Capital, Regeneration and Urban Policy', in Imrie, R. and M. Raco, (eds), *Urban Renaissance? New Labour, Community and Urban Policy*, (Bristol: The Policy Press), 36–60.

Keating, M., (2005) 'Policy Convergence and Divergence in Scotland Under Devolution', *Regional Studies*, 39:4, 453–63.

Keating, M., (2006) 'Nationality, Devolution and Policy Development in the United Kingdom', in Tewdwr-Jones, M. and P. Allmendinger, (eds), *Territorial Identity and Spatial Planning: Spatial Governance in a Fragmented Nation*, (Abingdon: Routledge), 22–34.

Kidd, S., (2007) 'Towards a Framework of Integration in Spatial Planning: An Exploration from a Health Perspective', *Planning Theory and Practice*, 8:2, 161–81.

Killian, J. and D. Pretty, (2008) *The Killian Pretty Review: Planning Applications – A Faster and More Responsive System: Final Report*, (London: CLG).

Kitchen, T., (2007) *Skills for Planning Practice*, (Basingstoke: Palgrave Macmillan).

Kondra, A.Z and D.C. Hurst, (2009) 'Institutional Processes of Organizational Culture', *Culture and Organization*, 15:1, 39–58.

Kuhn, T.S., (1969) *The Structure of Scientific Revolutions*, (2nd edition), (Chicago: University of Chicago Press).

Lang, J., (1990) 'The Provision of Infrastructure in New Urban Developments in Three Australian States', *Urban Policy and Research*, 8:3, 91–104.

Lang, R. and D. Dhavale, (2005) 'America's Megapolitan Areas', *Land Lines*, 17, 3.

Lang, R. and P.K. Knox, (2009) 'The New Metropolis: Rethinking Megalopolis', *Regional Studies*, 43:6, 789–802.

Lawless, P., (1989) *Britain's Inner Cities*, (London: Paul Chapman Publishing).

Lawrie, G., I. Cobbold and J. Marshall, (2003) *Design of a Corporate Performance Management System in a Devolved Governmental Organisation*, (Maidenhead: 2GC Active Management).

Leach, S., C. Skelcher, C. Lloyd-Jones, C. Copus, E. Dunstan and D. Hall, (2003) *Strengthening Local Democracy: Making the Most of the Constitution*, (London: ODPM).

Le Gales, P., (2002) *European Cities: Social Conflicts and Governance*, (Oxford: Oxford University Press).

Leven, R., (2009) 'Priorities for New Development Plans', *Development Plan Workshop*, 13 July, (Edinburgh: Scottish Executive).

Lewisham's Citizen's Jury, (2004) *To What Extent Should the Car Fit into Lewisham's Future Transport Plans?* (London: L.B. Lewisham).

LGA, (2007) *Prosperous Communities II: Vive la Dévolution*, (London: LGA).

LGA, (2009) *Counting Cumbria*, (London: Leadership Centre for Local Government).

Lloyd, G., (2008) *Planning Reform in Northern Ireland: Independent Report to the Minister of the Environment*, (Belfast: DOENI).

Lloyd, G. and D. Peel, (2005) 'Tracing a Spatial Turn in Planning Practice in Scotland', *Planning Practice and Research*, 20:3, 313–25.

Lloyd, G. and D. Peel, (2009) 'New Labour and the Planning System in Scotland: An Overview of a Decade', *Planning Practice and Research*, 24:1, 103–18.

Lloyd, G., and G. Purves, (2009) 'Identity and Territory: The Creation of a National Planning Framework for Scotland', in Davoudi, S. and I. Strange, (eds), *Conceptions of Space and Place in Strategic Spatial Planning*, (Abingdon: Routledge), 71–94.

Low Choy, D., C. Sutherland, S. Scott, K. Rolley, B. Gleeson, J. Dodson and N. Sipe, (2007) *Change and Continuity in Peri-Urban Australia: Peri Urban Case Study: South East Queensland Monograph 3*, (Brisbane: Griffith University).

Lucci, P. and P. Hildreth, (2008) *City Links*, (London: Centre for Cities).

Lyons, M., (2004) *Well Placed to Deliver Shaping the Pattern of Government Service*, (London: HM Treasury).

Lyons, M., (2007) *Place Shaping: A Shared Ambition for Local Government*, (London: HM Treasury).

MacLeod, G. and M. Jones, (2006) 'Mapping the Geographies of UK Devolution: Institutional Legacies, Territorial Fixes and Network Topologies', in Tewdwr-Jones, M. and P. Allmendinger, (eds), *Territorial Identity and Spatial Planning: Spatial Governance in a Fragmented Nation*, (Abingdon: Routledge).

Maginn, P.J. and M.W. Rofe, (2007) 'Urbanism and Regionalism Down Under: An Introduction', *Space and Polity*, 11:3, 201–8.

Marshall, T., (2004) 'Regional Planning in England: Progress and Pressures since 1997', *Town Planning Review*, 75:4, 447–72.

Marshall, T., (2007) 'After Structure Planning: The New Sub-regional Planning in England', *European Planning Studies*, 15:1, 107–32.

Marshall, T., (2008) 'Regions, Economies and Planning in England after the Sub-national Review', *Local Economy*, 23:2, 99–106.

Massey, D., A. Amin and N. Thrift, (2003) *Decentering the Nation*, (London: Catalyst Forum).

Masterman, M., (1970) 'The Nature of a Paradigm', in Lakatos, I. and A. Musgrave, (eds), *Criticism and the Growth of Knowledge*, (3rd edition), (Cambridge: Cambridge University Press), 59–89.

Mayo, E. and T. Steinberg, (2007) *The Power of Information: An Independent Review*, (London: Cabinet Office).

Mayor of London, (2007) *Health Issues in Planning: Best Practice Guidance*, (London: Mayor of London).

Mayor of London, (2009) *London City Charter*, (London: Mayor of London and London Councils).

Mazza, L., (2003) 'Dalla città diffusa alla città diramata, 7. Nuove forme di pianificazione urbanistica a Milano', edited by Detragiache, A., (Rome: Franco Angeli).

McEldowney, M. and K. Sterrett, (2001) 'Shaping a Regional Vision: the Case of Northern Ireland', *Local Economy*, 16:1, 38–49.

McLean, I and A. McMillan, (2003) 'The Distribution of Public Expenditure Across the UK Regions', *Fiscal Studies*, 24:1, 45–72.

McNeill, J. and B. Dollery, (1999) 'A Note on the Use of Developer Charges in Australian Local Government', *Urban Policy and Research*, 17:1, 61–9.

Mintrom, M., (2003) 'Market Organizational and Deliberative Democracy Choice and Voice in Public Service Delivery', *Administration and Society*, 35:1, 52–81.

Morphet, J., (1992) *Towards Sustainability: The EU's Fifth Action Programme*, (Luton: LGTB).

Morphet, J., (1993) *Local Authority Chief Executives: Their Function and Role*, (Harlow: Longman).

Morphet, J., (1994) 'The Committee of the Regions', *Local Government Policy Making*, 20:5, 556–60.

Morphet, J., (1996) *Emergent Trends in EU Spatial Systems*, paper for DOENI, unpublished.

Morphet, J., (1998) 'Local Authorities', *British Environmental Policy and Europe*, (Abingdon: Routledge), 138–52.

Morphet, J., (2004) *RTPI Scoping Paper on Integration*, (London: RTPI).

Morphet, J., (2005) 'A Meta-narrative of Planning Reform', *Town Planning Review*, 76:4, iv–ix.

Morphet, J., (2006) 'Global Localism: Interpreting and Implementing New Localism in the UK', in Tewdwr-Jones, M. and P. Allmendinger, (eds), *Territorial Identity and Spatial Planning: Spatial Governance in a Fragmented Nation*, (Abingdon: Routledge), 305–19.

Morphet, J., (2007a) 'The New Decision Making Process within Local Government', *Journal of Planning and Environment Law*, (special edition), 1–9.

Morphet, J., (2007b) *Delivering Inspiring Places*, (London: National Planning Forum).

Morphet, J., (2008) *Modern Local Government*, (London: Sage).

Morphet, J., (2009a) *A Steps Approach to Infrastructure Planning and Delivery for Local Strategic Partnerships and Local Authorities*, (London: PAS).

Morphet, J., (2009b) 'Local Integrated Spatial Planning: The Changing Role in England', *Town Planning Review*, 80:4, 383–415.

Morphet, J., (2009c) 'Delivering Joined up Public Services', *Planning*, 7 August, 1830, 23.

Morphet, J., N. Gallent, M. Tewdwr-Jones, B. Hall, M. Spry and R. Howard, (2007) *Shaping and Delivering Tomorrow's Places: Effective Practice in Spatial Planning (EPiSP)*, (London: RTPI, CLG, GLA and JRF).

Morrissey, M. and F. Gaffikin, (2001) 'Northern Ireland: Democratizing for Development', *Local Economy*, 16:1, 2–13.

Morrisson, B., (2000) 'Staying Ahead of the Game on the Quality Front', *Planning*, Special Irish Supplement, 8–9 June.

Mullins, C., (2009) *A View from the Foothills*, (London: Profile Books).

Murray, M., (2009) 'Building Consensus in Contested Spaces and Places? The Regional Development Strategy for Northern Ireland', in Davoudi, S., and I. Strange, (eds), *Conceptions of Space and Place in Strategic Spatial Planning*, (Abingdon: Routledge), 125–46.

Murray, M. and J. Greer, (2002) 'Participatory Planning as Dialogue: The Northern Ireland Regional Strategic Framework and its Public Examination Process', *Policy Studies*, 23:3/4, 191–209.

Musson, S., A. Tickell and P. John, (2005) 'A Decade of Decentralisation? Assessing the Role of the Government Offices for the English Regions', *Environment and Planning A*, 37:8, 1395–1412.

Nadin, V., (2007) 'The Emergence of the Spatial Planning Approach in England', *Town Planning Review*, 22:1, 43–62.

Needham, B. (2005) 'The New Dutch Spatial Planning Act: Continuity and Change in the Way in Which the Dutch Regulate the Practice of Spatial Planning', *Planning Practice and Research*, 20:3, 327–40.

Neill, W.J.V., (2004) *Urban Planning and Cultural Identity*, (Abingdon: Routledge).

Neill, W.J.V. and M. Gordon, (2001) 'Shaping Our Future? The Regional Strategic Framework for Northern Ireland', *Planning Theory and Practice*, 2:1, 31–52.

Neuman, M., (2009) 'Spatial Planning Leadership by Infrastructure: An American View', *International Planning Studies*, 14:2, 201–17.

Neuman. M. and A. Hull, (2007) 'The Futures of the City Region', *Regional Studies* 43:6, 777–87.

Neuman, P., (2008) 'Strategic Spatial Planning: Collective Action and Moments of Opportunity', *European Planning Studies*, 16:10, 1371–84.

NHS, (2007a) *A Guide to Town Planning for NHS Staff*, (London: NHS).

NHS, (2007b) *A Guide to the NHS for Local Planning Authorities*, (London: NHS).

NICE, (2008) *Promoting and Creating Built or Natural Environments that Encourage and Support Physical Activity*, (London: NICE).

Nokes, S. and S. Kelly, (2007) *The Definitive Guide to Project Management: The Fast Track to Getting the Job Done on Time and on Budget*, (Financial Times Series), (London: Financial Times/Prentice Hall).

NRU, (2002) *The 'Learning Curve': Developing Skills and Knowledge for Neighbourhood Renewal*. (London: ODPM).

O'Brien, M., S. Clayton, T. Varag-Atkins and A. Qualter, (2008) 'Power and the Theory-and-practice Conundrum: The Experience of Doing Research with a Local Authority', *Evidence and Policy*, 4:4, 371–90.

ODPM, (2002) *Sustainable Communities: Delivered Through Planning*, (London: HMSO).

ODPM, (2003a) *Polycentricity Scoping Study*, (London: ODPM).

ODPM, (2003b) *Sustainable Communities: Building for the Future*, (London: ODPM).

ODPM, (2004a) *Learning from the Experience of Recovery*, (London: ODPM).

ODPM, (2004b) *The Egan Review: Skills for Sustainable Communities*, (London: ODPM).

ODPM, (2004c) *Community Involvement in Planning*, (London: ODPM).

ODPM, (2005a) *Planning Policy Statement 10: Planning for Sustainable Waste Management*, (London: ODPM).

ODPM, (2005b) *Sustainability Appraisal of Regional Spatial Strategies and Local Development Documents*, (London: ODPM).

ODPM, (2005c) *Annual Monitoring Report (AMR) – FAQs and Seminar Feedback on Emerging Best Practice 2004/05*, (London: ODPM).

ODPM, (2005d) *Local Development Framework Monitoring: A Good Practice Guide*, (London: ODPM).

ODPM, (2005e) *Planning Policy Statement 1: Delivering Sustainable Development*, (London: ODPM).

ODPM, (2005f) *Circular 05/05 Planning Obligations*, (London: ODPM).

OECD, (2001) *Towards a New Role for Spatial Planning*, (Paris: OECD).

OECD, (2008) *North of England: Review of Regional Innovation*, (Paris: OECD).

Office of Government Commerce, (2009) PRINCE 2, (London: OGC).

OPSR, (2005) *Choice and Voice in the Reform of Public Services*, (London: Cabinet Office).

Osborne, D. and T. Gaebler, (1993) *Reinventing Government*, (London: Penguin).

Osborne, D. and P. Hutchinson, (2004) *The Price of Government*, (New York: Basic Books).

Page, B., (2009) *Understanding People, Perceptions and Place*, (London: Ipsos MORI).

Page, B. and M. Horton, (2006) *Lessons in Leadership*, (London: IDeA/Ipsos MORI).

Parker, G., (2008) 'Parish and Community-led Planning, Local Empowerment and Local Evidence Bases: An Examination of West Berkshire', *Town Planning Review*, 79:1, 61–85.

Planning Advisory Service, (2007a) *Delivering the Difference: Annual Report 2006/07*, (London: PAS).

Planning Advisory Service, (2007b) *Open for Business: Changing the Way that Local Authorities Work with Developers*, (London: PAS).

Planning Advisory Service, (2007c) *Local Development Frameworks: Guidance on Sustainability Appraisal*, (London: PAS).

Planning Advisory Service, (2008a) *Prevention is Still Better than Cure*, (London: PAS).

Planning Advisory Service, (2008b) *Plan and Deliver: How Partners are Working in Partnership to Create Better Places*, (London: IDeA).

Planning Advisory Service, (2008c) *Development Management Guidance and Discussion Document*, (London: ILGA).

Planning Advisory Service, (2008d) *Finding the Flow: Re-engineering Business Processes for Planning*, (London: IDeA).

Planning Advisory Service, (2008e) *Positive Engagement: A Guide for Planning Councillors, updated version*, (London: PAS).

Planning Advisory Service, (2008f) *Equality and Diversity: Case Studies*, (London: IDeA).

Planning Advisory Service, (2008g) *Waste Content of Core Strategies*, www.pas.gov. uk, (accessed 4 May 2009).

Planning Advisory Service, (2009) *Planning Together: Case Studies*, (London: PAS).

Planning Inspectorate National Service, (2005) *Development Plans Examination: A Guide to the Process of Assessing the Soundness of Development Plan Documents*, (Bristol: PINS).

Planning Inspectorate National Service, (2007) *Local Development Frameworks: Lessons Learnt Examining Development Plan Documents*, (Bristol: PINS).

Planning Inspectorate National Service, (2008) *Tests of Soundness*, (Bristol: PINS).

Planning Inspectorate National Service, (2009a) *Local Development Frameworks: Examining Development Plan Documents – Procedure Guidance*, (Bristol: PINS).

Planning Inspectorate National Service, (2009b) *Local Development Frameworks: Examining Development Plan Documents, Learning from Experience*, (Bristol: PINS).

Planning Inspectorate National Service, (2009c) *General Advisory Guidance*, (Bristol: PINS).

Planning Inspectorate National Service, (2009d) *Brief Guide to Examining Development Plan Procedure*, (Bristol: PINS).

Planning Institute of Australia, 'About Planning', www.planning.org.au (accessed November 2009).

Pollitt, C. and G. Boockaert, (2004) *Public Management Reform: A Comparative Analysis*, (2nd edition), (Oxford: Oxford University Press).

Polverari, L, and J, Bachtler, (2005) 'The Contribution of European Structural Funds to Territorial Cohesion', *Town Planning Review*, 76:1, 29–42.

POS, (2008) *Strategic Housing Land Availability Assessment and Development Plan Document Presentation*, (London: PAS).

Powell, K., (2001) 'Devolution, Planning Guidance and the Role of the Planning System in Wales', *International Planning Studies*, 6:2, 215–22.

Power, M., (1997) *The Audit Society*, (Oxford: Oxford University Press).

Prince's Foundation for the Built Environment, (2005) *Sherford New Community Enquiry by Design, 4–6 October, 2004 Summary Report*, (London: the Prince's Foundation for the Built Environment).

Prince's Foundation for the Built Environment, (nd) *Enquiry by Design*, (London: Prince's Foundation for the Built Environment.

Prior, A., (2005) 'UK Planning Reform: A Regulationist Interpretation', *Planning Theory and Practice*, 6:4, 465–84.

Putnam, R., (2000) *Bowling Alone*, (New York: Simon and Schuster).

Raco, M., (2003) 'New Labour: Community and the Future of Britain's Urban Rennaissance', in Imrie, R. and M. Raco, *Urban Renaissance?: New Labour, Community and Urban Policy*, (Bristol: The Policy Press).

Raco, M., (2006) 'Building New Subjectivities: Devolution, Regional Identities and the Re-scaling of Politics', in Tewdwr-Jones, M. and P. Allmendinger, (eds), *Territorial Identity and Spatial Planning: Spatial Governance in a Fragmented Nation*, (Abingdon: Routledge), 320–34.

Rader Olsson, A., (2009) 'Relational Rewards and Communicative Planning: Understanding Actor Motivation', *Planning Theory*, 8:3, 263–81.

Raynsford, N., (2004) *Developing a Ten-Year Vision for Local Government*, (London: ODPM).

Reeves, D., (2005) *Planning for Diversity: Policy and Planning in a World of Difference*, (Abingdon: Routledge).

Roberts, P. and M. Baker, (2004) 'Sub-regional Planning in England', *Town Planning Review*, 75:3, 265–86.

Rodriguez-Pose, A. and N. Gill, (2005) 'On the "Economic Dividend" of Devolution', *Regional Studies*, 39:4, 405–20.

Rowlandson, K. and S. McKay, (2005) *Attitudes to Inheritance in Britain*, (York: Joseph Rowntree Foundation/The Policy Press).

Roy, A., (2009) 'The 21st Century Metropolis: New Geographies of Theory', *Regional Studies*, 43:6, 819–30.

RTPI, (2007) *Extra Care Housing: Development Planning, Control and Management*, (London: RTPI).

RTPI, (2009a) *Delivering Healthy Communities, RTPI Good Practice Note 5*, (London: RTPI).

RTPI, (2009b) *Planning to Live with Climate Change Action Plan*, (London: RTPI).

Sandell, M., (2009) *The Reith Lectures*, (London: BBC).

Sandercock, L., (2003) *Cosmopolis II, Mongrel City*, (London: Mansell).

Sandercock, L., (2005) 'Picking the Paradoxes: A Historical Anatomy of Australian Planning Cultures', in Sangal, B., *Comparative Planning Cultures*, (New York: Routledge), 309–30.

Sanyal, B., (2005) 'Hybrid Planning Cultures: The Search for the Global Cultural Commons', in Sanyal, B., (ed.), *Comparative Planning Cultures*, (New York: Routledge), 3–25.

Schafer, N., (2005) 'Co-ordination in European Spatial Development', *Town Planning Review*, 76:1, 43–56.

Schon, P., (2005) 'Territorial Cohesion in Europe', *Planning Theory and Practice*, 6:3, 389–400.

Schout, A. and A. Jordan, (2007) 'From Cohesion to Territorial Policy Integration (TPI): Exploring the Governance Challenges of the European Union', *European Planning Studies*, 15:6, 835–51.

Schout, A. and A. Jordan, (2008a) *EU-EPI, Policy Co-ordination and New Institutionalism*, (Barcelona: l'Instituit Universitari d'Estudios Europeus).

Schout, A. and A. Jordan, (2008b) 'The European Union's Governance Ambitions and its Administrative Capacities', *Journal of European Public Policy*, 15:7, 957–74.

Scottish Enterprise, (2006) *Scottish Enterprise Operating Plan 2006–2009*, (Edinburgh: Scottish Enterprise).

Scottish Executive, (2005) *Modernising the Planning System*, (Edinburgh: Scottish Executive).

Scottish Executive, (2006) *Transforming Public Services*, (Edinburgh: Scottish Executive).

Scottish Government, (2002) *Review of Scotland's Cities: The Analysis*, (Edinburgh: Scottish Stationery Office).

Scottish Government, (2005) *Modernising the Planning System: White Paper*, (Edinburgh: Scottish Government).

Scottish Government, (2006) *Community Planning Advice Note 4*, (Edinburgh: Scottish Government).

Scottish Government, (2007) *Scottish Budget Spending Review*, (Edinburgh: Scottish Government).

Scottish Government, (2008a) *Scottish Planning Policy Parts 1 and 2*, (Edinburgh: Scottish Government).

Scottish Government, (2008b) *National Planning Framework 2: 2008 Proposed Framework*, (Edinburgh: Scottish Government).

Scottish Government, (2008c) *Infrastructure Investment Plan*, (Edinburgh: Scottish Government).

Scottish Government, (2009a) *Planning Circular 1: Development Planning*, (Edinburgh: Scottish Government).

Scottish Government, (2009b) *Scottish Planning Policy Part 3: Consultative Draft*, (Edinburgh: Scottish Government).

Scottish Government, (2009c) *National Planning Framework for Scotland 2*, (Edinburgh: Scottish Government).

Scottish Government and COSLA, (2007) *Concordat*, (Edinburgh: Scottish Government and COSLA).

Scottish Government and COSLA, (2009) *Concordat on Single Outcome Agreements*, (Edinburgh: Scottish Government).

Sehested, K., (2009) 'Urban Planners as Network Managers and Metagovernors', *Planning Theory and Practice*, 10:2, 245–63.

Shaw, D. and O. Sykes, (2005) 'Addressing Connectivity in Spatial Planning: The Case of the English Regions', *Planning Theory and Practice*, 6:1, 11–33.

Shaw, D. and A. Lord, (2007) 'The Cultural Turn? Culture Change and What it Means for Spatial Planning in England', *Town Planning Review*, 22:1, 63–78.

Shipley, R. and J.L. Michela, (2006) 'Can Vision Motivate Planning Action?', *Planning Practice and Research*, 21:2, 223–44.

SIP, (2009a) *Surrey Infrastructure Capacity Study, Part 1A: Demographic Analysis, Governance, Funding Outlook*, (Kingston: Surrey Improvement Partnership).

SIP, (2009b) *Surrey Infrastructure Capacity Study, Part 1B: Infrastructure Baseline and Future Needs Analysis*, (Kingston: Surrey Improvement Partnership).

Skeffington, A., (1969) *People and Planning: Report of the Committee on Public Participation in Planning*, (London: HMSO).

Snape, S. and P. Taylor, (2000) *Realising the Potential of Scrutiny: A Hard Nut to Crack*, (London: NLGN).

Snape, S. and S. Leach, (2002) *The Development of Overview and Scrutiny in Local Government*, (London: ODPM).

Soja, E.W., (1996) *Thirdspace*, (Oxford: Blackwell).

Spencer, K., A. Taylor, B. Smith, J. Mawson, N. Flynn and R. Batley, (1986) *Crisis in the Industrial Heartland*, (Oxford: Clarendon Press).

Stern, N., (2009) *A Blueprint for a Safer Planet*, (London: The Bodley Head).

Swansea, City and County of, (2009) *Draft Delivery Agreement for Local Development Plan*, (Swansea: City and County of Swansea).

Sweeting, D. and H. Ball, (2002) 'Overview and Scrutiny of Leadership, Bristol City Council', *Local Governance*, 28:3, 201–12.

Sydney, City of, (2006) *Development Contributions Plan*, (Sydney, Australia: City of Sydney).

Sykes, R., (2003) *Planning Reform: A Survey of Local Authorities*, (London: Local Government Association).

Taylor, M., (2008) *Transforming Disadvantaged Places: Effective Strategies for People and Places*, (York: Joseph Rowntree Foundation).

Taylor, M., M. Kingston and S. Thake, (2002) *Networking Across Regeneration Partnerships: A National Study of Regional Approaches*, (York: Joseph Rountree Foundation).

Taylor, N., (1999) 'Anglo American Town Planning Theory Since 1945: Three Significant Developments but no Paradigm Shifts', *Planning Perspectives*, 14:4, 327–45.

Teitz, M.B., (2002) 'Progress and Planning in America over the Past 30 Years', *Progress in Planning*, 57, 179–203.

Tett, G., (2009) Speech to RTPI Planning Convention, June.

Tewdwr-Jones, M. and R. Williams, (2001) *The European Dimension of British Spatial Planning*, (London: Spon Press).

Tewdwr-Jones, M. and J.M. Mourato, (2005) 'Territorial Cohesion, Economic Growth and the Desire for European "Balanced Competitiveness"', *Town Planning Review*, 76:1, 69–80.

Tewdwr-Jones, M. and P. Allmendinger, (eds), (2006) *Territorial Identity and Spatial Planning: Spatial Governance in a Fragmented Nation*, (Abingdon: Routledge).

Turok, I., (2008) 'A New Policy for Britain's Cities: Choices, Challenges and Contradictions', *Local Economy*, 23:2, 149–66.

Turok, I., (2009) 'Limits to the Mega-City Region: Conflicting Land and Regional Needs', *Regional Studies*, 43:6, 845–62.

Turok, I. and P. Taylor, (2006) 'A Skills Framework for Regeneration and Planning', *Planning Practice and Research*, 21:4, 497–509.

UNECE, (2002) *Convention of Access to Information: Public Participation in Decision Making and Access to Justice in Environmental Matters*, (Geneva: UNECE).

Van de Walle, S. and T. Bovaird, (2007) *Making Better Use of Information to Drive Improvement in Public Services*, (Birmingham: Inlogov).

Varney, D., (2006) *A Better Service for the Citizens and Businesses: A Better Deal for the Taxpayer*, (London: HM Treasury).

Wainwright, H., (2003) *Reclaim the State Adventures in Popular Democracy*, (London: Verso).

Wates, N., (2000) *The Community Planning Handbook: How People can Shape Their Cities, Towns and Villages in any Part of the World*, (Hastings: Earthscan).

Welsh Assembly Government, (2000) *Better Wales*, (Cardiff: WAG).

Welsh Assembly Government, (2002) *Planning: Delivering for Wales*, (Cardiff: WAG).

Welsh Assembly Government, (2004) *Spatial Plan for Wales*, (Cardiff: WAG).

Welsh Assembly Government, (2006) *Local Delivery Agreements*, (Cardiff: WAG).

Welsh Assembly Government, (2008) *People, Places, Futures: The Welsh Spatial Plan 2008 Update*, (Cardiff: WAG).

Welsh Assembly Government, (2009) *LSB update*, June, (Cardiff: WAG).

Western Australia Government, (2003) *The Enquiry-by-Design Workshop Process: A Preparation Manual*, (Perth: The Government of Western Australia, Department for Planning and Infrastructure).

Wheeler, S., (2009) 'Regions, Megaregions and Sustainability', *Regional Studies*, 43:6, 863–76.

Wicks, M., (2009) *Energy Security: A National Challange in a Changing World*, (London: BIS).

Williams, P., (2002) 'The Competent Boundary Spanner', in *Public Administration*, 80:1, 103–24.

Wilmoth, D., (2005) 'Urban Infrastructure Planning: Connection and Disconnection', paper presented to *State of Australian Cities Conference*, Brisbane, 30 November–2 December.

Wolfe, J.M. (2002) 'Reinventing Planning: Canada', *Progress in Planning*, 57, 207–35.

Wong, C., (2006) *Indicators for Urban and Regional Planning: The Interplay of Policy and Methods*, (Abingdon: Routledge).

Wood, C., (2008) 'Progress with Development Plan Documents: Lessons Learnt in England?', *Journal of Planning and Environment Law*, March, 265–74.

Woodman, C.L., (1999) 'The Evolving Role of Profession in Local Government', *Local Governanace*, 25:4, 211–220.

Wright, T. and P. Ngan, (2004) *A New Social Contract: From Targets to Rights in Public Services*, (London: The Fabian Society).

Young Foundation, (2006) *The Polycentric Metropolis: Learning from Mega-city Regions in Europe*, (London: The Young Foundation).

Young, H., (1998) *This Blessed Plot: Britain and Europe from Churchill to Blair*, (London: Overlook Press).

Zonneveld, W. and B. Waterhout, (2005) 'Visions on Territorial Cohesion', *Town Planning Review*, 76:1, 15–27